量子图像和视频处理与安全

宋显华 王莘 著

电子工业出版社
Publishing House of Electronics Industry
北京·BEIJING

内 容 简 介

本书以海量图像和视频安全保密为应用背景，围绕图像和视频的特征，从量子计算的角度对图像和视频编解码安全机制进行研究，确立了图像和视频信息安全的量子计算理论框架，揭示了量子图像和视频感知信息的处理本质。通过图像和视频数据的量子化表示，开展量子图像和视频表示方法的建立、量子处理线路的构造和量子安全保密算法的设计，为海量图像和视频的安全保密提供了新型量子计算模型。

本书可供从事量子图像和视频处理、多媒体安全、量子计算、信息科学和计算机视觉等方向研究的博士生和硕士生学习参考，同时对相关研究人员具有指导价值。

未经许可，不得以任何方式复制或抄袭本书之部分或全部内容。
版权所有，侵权必究。

图书在版编目（CIP）数据

量子图像和视频处理与安全 / 宋显华，王莘著.
北京：电子工业出版社，2024.8. -- ISBN 978-7-121-48769-9
Ⅰ. TP385
中国国家版本馆 CIP 数据核字第 202489E6P8 号

责任编辑：孙 伟　　　特约编辑：徐 震
印　　刷：北京盛通数码印刷有限公司
装　　订：北京盛通数码印刷有限公司
出版发行：电子工业出版社
　　　　　北京市海淀区万寿路 173 信箱　邮编 100036
开　　本：787×1092　1/16　印张：12　字数：307.2 千字
版　　次：2024 年 8 月第 1 版
印　　次：2024 年 8 月第 1 次印刷
定　　价：49.80 元

凡所购买电子工业出版社图书有缺损问题，请向购买书店调换。若书店售缺，请与本社发行部联系，联系及邮购电话：（010）88254888，88258888。
质量投诉请发邮件至 zlts@phei.com.cn，盗版侵权举报请发邮件至 dbqq@phei.com.cn。
本书咨询联系方式：（010）88254608 或 sunw@phei.com.cn。

前　言

1982 年，美国物理学家 Richard Phillips Feynman 在研究用经典计算机模拟量子力学系统时首次提出了量子计算和量子计算机的概念。量子计算是一种遵循量子力学规律，调控量子信息单元进行计算的新型计算模式。由于量子态相干叠加性的存在，某些已知的量子算法在处理特定问题时相较于传统的计算机速度更快，其中，有代表性的算法是 Shor 大数因子分解算法、Grover 量子搜索算法和 HHL（Harrow-Hassidim-Lloyd）求解线性系统的量子算法。量子计算机除了有理论意义上的计算速度提高，还有在不同领域发挥作用的现实可能性。

量子图像和视频处理与安全是融合量子物理、数学、信息科学和计算机视觉的新兴交叉研究领域，能利用量子并行计算优势解决图像和视频的量子化表示和处理等问题，研究的是经典图像和视频与量子图像和视频之间的转化和处理问题，也是多媒体技术和量子计算相结合的产物，能为海量图像和视频信息处理提供新原理和新方法，推动多媒体安全领域的发展。

本书以量子图像和视频安全保密为应用背景，以量子计算为工具，重点介绍了量子图像和视频的表示方法、处理策略、安全保密算法及计算机编程仿真的实现方法。本书第 1 章概述了量子图像和视频处理研究的目的和意义，介绍了量子计算基础知识，并综述了量子图像和视频处理与安全的研究进展。第 2~10 章，主要介绍了作者在量子图像和视频处理与安全保密方面的研究成果。其中，第 2 章主要介绍了四种量子彩色图像表示模型及其制备方法，第 3 章主要介绍了量子图像的基本运算，第 4 章介绍了量子图像几何运算规则，第 5 章介绍了量子图像压缩方法，第 6 章介绍了量子图像水印框架和算法，第 7 章介绍了量子图像加密算法，第 8 章介绍了量子图像秘密分享算法，第 9 章介绍了量子视频加密策略，第 10 章介绍了量子视频隐写方法。第 11 章简要介绍了量子图像和视频相关仿真实验的方法和程序代码。

本书在编写过程中得到了哈尔滨理工大学理学院的多方鼓励与帮助，理学院宋清昆院长、张辉院长和张颖院长为本书的编写和出版提供了很多指导。感谢本书研究成果的合作者：博士生导师牛夏牧，博士后合作导师王慧强教授，姆努菲亚大学的 Ahmed A. Abd El-Latif 教授，蒙特雷科技大学的 Venegas-Andraca 教授，中国航天科工集团空间工程总体部桑建芝博士，作者指导的研究生陈光龙和李梦梦。电子工业出版社对本书的出版给予了大力支持，责任编辑孙伟同志对本书的内容、结构及文字处理等方面提出了很多宝贵的建议；哈尔滨理工大学理学院数学系研究生陈光龙、姚全正、赵园园、李梦梦、张丽娜、梁佳琪、孙文璐和蒋迪协助作者校对了全部书稿，在此一并表示衷心感谢。

感谢黑龙江省自然科学基金（LH2022F032）和山东省自然科学基金（ZR2022LLZ003）的支持和鼓励。感谢黑龙江省复杂系统优化控制与智能分析重点实验室、国家级一流本科专业建设点"信息与计算科学"对本书出版提供的支持。

由于作者水平有限，书中难免存在不足之处，欢迎同行专家和读者批评指正。

宋显华

2024 年 1 月于哈尔滨

目 录

第1章 绪论 ··· 1
　1.1 研究目的及意义 ·· 1
　1.2 量子图像和视频基础 ··· 2
　　1.2.1 量子力学相关概念 ·· 2
　　1.2.2 量子计算相关概念 ·· 3
　1.3 量子图像和视频研究进展综述 ·· 11
　　1.3.1 量子图像和视频表示综述 ·· 11
　　1.3.2 量子图像和视频处理综述 ·· 20
　　1.3.3 量子图像和视频安全综述 ·· 22
　1.4 本书组织结构 ·· 24
第2章 量子图像和视频表示 ·· 26
　2.1 量子图像表示 ·· 26
　2.2 量子彩色图像表示 QIRHSI ··· 27
　　2.2.1 QIRHSI 表示 ·· 27
　　2.2.2 QIRHSI 的制备 ··· 28
　　2.2.3 改进的 QIRHSI（IQIRHSI） ··· 32
　2.3 量子彩色图像表示 CQIPT ··· 33
　　2.3.1 CQIPT 表示 ·· 33
　　2.3.2 CQIPT 的制备 ··· 34
　2.4 量子彩色图像表示 NCQI ·· 36
　　2.4.1 NCQI 表示 ··· 36
　　2.4.2 NCQI 的制备 ·· 36
　2.5 量子彩色图像表示 MCLPQI ·· 39
　　2.5.1 MCLPQI 表示 ··· 39
　　2.5.2 MCLPQI 的制备 ·· 40
　2.6 量子视频表示 ·· 42
　　2.6.1 量子视频表示框架 ·· 43
　　2.6.2 量子视频表示 QVNEQR 和 QVNCQI ······································ 43
　2.7 本章小结 ·· 43
第3章 量子图像基本运算 ··· 45
　3.1 QIRHSI 的算术运算 ··· 45

3.1.1 量子比较器 ··· 45
3.1.2 基于强度的求反 ································· 45
3.1.3 基于强度的取补 ································· 46
3.1.4 基于强度的加法 ································· 47
3.1.5 基于强度的减法 ································· 48
3.1.6 复杂度分析 ······································· 52
3.1.7 实验示例 ··· 54
3.2 量子噪声图像 ·· 56
3.3 本章小结 ·· 58

第4章 量子图像几何运算 ································ 59

4.1 QIRHSI 的基本几何变换 ··························· 59
4.1.1 两点交换 ··· 59
4.1.2 循环平移 ··· 61
4.1.3 翻折变换 ··· 62
4.1.4 直角旋转 ··· 66
4.1.5 复杂度分析 ······································· 68
4.1.6 实验示例 ··· 68
4.2 IQIRHSI 的尺度缩放 ································· 72
4.2.1 最近邻插值法 ···································· 73
4.2.2 改进的量子彩色图像的缩放 ·············· 74
4.2.3 实验示例 ··· 77
4.3 本章小结 ·· 79

第5章 量子图像压缩 ·· 80

5.1 QIRHSI 的压缩 ·· 80
5.2 压缩率分析 ·· 82
5.3 本章小结 ·· 86

第6章 量子图像水印 ·· 87

6.1 量子图像水印数学模型 ······························ 87
6.1.1 量子图像水印的嵌入和提取 ·············· 87
6.1.2 量子图像水印的优化数学模型 ·········· 88
6.2 基于量子小波变换的量子图像水印 ··········· 90
6.2.1 量子小波变换 ···································· 90
6.2.2 水印算法 ··· 92
6.2.3 仿真结果及分析 ································· 93
6.3 本章小结 ·· 94

第7章 量子图像加密 ·· 95

7.1 相关知识 ·· 95
7.1.1 广义 Logistic 映射 ····························· 95

>   7.1.2 量子 Logistic 映射 ··· 95
>   7.2 QIRHSI 加密框架 ··· 96
>   7.3 QIRHSI 的加密和解密 ··· 97
>   7.3.1 加密方案 ·· 97
>   7.3.2 解密方案 ·· 103
>   7.4 仿真结果及分析 ··· 104
>   7.4.1 统计和差分分析 ··· 105
>   7.4.2 密钥敏感性分析 ··· 111
>   7.4.3 密钥空间分析 ··· 111
>   7.4.4 鲁棒性分析 ·· 112
>   7.4.5 复杂度分析 ·· 112
>   7.5 本章小结 ·· 113

第 8 章 量子图像秘密分享 ·· 114

>   8.1 量子图像秘密分享的概念 ··· 114
>   8.1.1 经典图像秘密分享 ··· 114
>   8.1.2 量子秘密分享 ··· 115
>   8.1.3 量子图像秘密分享概念的延伸探讨 ··· 115
>   8.2 FRQI 的秘密分享 ··· 116
>   8.2.1 分享方案 ·· 116
>   8.2.2 恢复方案 ·· 120
>   8.3 MCQI 的秘密分享 ·· 123
>   8.3.1 分享方案 ·· 124
>   8.3.2 恢复方案 ·· 125
>   8.4 仿真结果及分析 ··· 127
>   8.4.1 仿真结果 ·· 127
>   8.4.2 性能分析 ·· 127
>   8.5 本章小结 ·· 127

第 9 章 量子视频加密 ·· 129

>   9.1 改进的 Logistic 映射 ·· 129
>   9.2 量子视频置乱 ··· 130
>   9.2.1 帧间位置置乱 ··· 130
>   9.2.2 帧内像素位置置乱 ··· 131
>   9.3 量子视频异或（XOR） ··· 131
>   9.4 量子视频的加密和解密 ·· 133
>   9.4.1 加密方案 ·· 133
>   9.4.2 解密方案 ·· 135
>   9.5 仿真结果及分析 ··· 135
>   9.5.1 量子视频加密展示 ··· 136
>   9.5.2 安全性分析 ·· 137

		9.5.3 统计分析 ·· 138
		9.5.4 密钥空间分析 ·· 142
		9.5.5 复杂度和实时性分析 ·· 143
		9.5.6 压缩率分析 ·· 143
	9.6	本章小结 ·· 143

第10章　量子视频隐写 ·· 144
    10.1　QVNEQR 的帧运动检测 ··· 144
    10.2　最低有效量子比特位（LSQb） ··· 146
    10.3　QVNEQR 的隐写 ·· 147
        10.3.1　QVNEQR 的受控比较器 ·· 147
        10.3.2　QVNEQR 的最低有效位隐写 ··· 149
    10.4　基于运动矢量的 QVNEQR 隐写 ·· 151
    10.5　仿真结果 ··· 152
    10.6　本章小结 ··· 152

第11章　量子算法程序设计 ·· 153
    11.1　MATLAB 仿真 ·· 153
        11.1.1　FRQI 的 MATLAB 仿真 ··· 153
        11.1.2　NEQR 的 MATLAB 仿真 ··· 154
        11.1.3　QIRHSI 的 MATLAB 仿真 ·· 155
        11.1.4　CQIPT 的 MATLAB 仿真 ··· 157
        11.1.5　量子小波变换的 MATLAB 仿真 ··· 158
    11.2　量子图像压缩的仿真 ··· 159
    11.3　本章小结 ··· 167

附录 ··· 168
    附录 A　Hilbert 空间 ·· 168
    附录 B　Fourier 变换 ·· 170
        B.1　连续 Fourier 变换 ··· 170
        B.2　离散 Fourier 变换 ··· 170
        B.3　量子 Fourier 变换 ··· 171
    附录 C　图像颜色空间 ··· 171
        C.1　彩色基础 ··· 172
        C.2　RGB 模型 ··· 174
        C.3　HSI 模型 ··· 175
        C.4　模型转化 ··· 175

参考文献 ··· 177

第1章 绪论

网络和媒体技术飞速发展的同时也面临诸多安全性问题，如媒体安全理论及技术在解决海量图像和视频安全问题方面存在局限性。本书以海量图像和视频安全保密为应用背景，围绕图像和视频媒体的感知属性，从量子计算的角度对图像和视频编解码安全机制进行研究，为媒体处理和安全保密提供了新的途径。本章主要介绍量子图像和视频处理研究的目的和意义、量子计算基础知识，以及量子图像处理与安全的研究进展。

1.1 研究目的及意义

5G/6G 网络因其高数据速率、低延迟、大容量和大规模设备连接等性能，可以满足大数据时代高清视频、虚拟现实等大数据量的传输。数据信息（尤其是图像和视频媒体信息）越来越庞大，所需要分析的数据越来越复杂，加之特定领域对计算精度的要求，计算资源越来越成为大数据技术发展的一个瓶颈。为了提高计算效率，研究者们在开发超计算设备的同时也提出了很多超计算模型。在所有超计算模型中，量子计算机因其具有强大的并行计算能力，有望解决目前图灵计算模型所面临的计算效率问题。特别地，量子态具有相干叠加性质和经典物理中没有的量子纠缠性质，使得量子计算机的计算能力远高于经典的图灵计算机。可见，量子信息处理技术在大数据时代将具有重要的研究价值。

媒体（文本、音频、图像和视频）是人类获取信息的重要来源和利用信息的重要手段。与文本和音频相比，图像和视频（图像序列）作为与人的感官最密切的信息体，包含的信息量更大、更直观，在信息传播中起到了更大的作用。随着互联网技术的迅猛发展，图像和视频信息的安全问题日益突出。如何对海量图像和视频大数据进行有效的信息保密，成为摆在研究者面前的重要问题。量子计算技术便是解决这一问题的有效途径。

一般地，图像和视频的安全问题主要包括图像和视频的安全传输和内容认证。

安全传输技术主要包括以下两种方法。

- 加密：通过修改或置乱图像和视频内容，使其看起来没有意义，从而达到内容保密的目的。
- 秘密分享：将秘密图像或视频分解为一些影子图像或视频，分发给不同的参与者，只有足够数量的参与者一起才能恢复或近似恢复原始秘密信息。

内容认证是通过一种可信的方式确认声明的真实性。声明一般指图像和视频的来源、完整性和真实性等。内容认证可以分为主动认证和被动认证两类。其中，主动认证技术主要包括以下两种方法。
- 哈希：将图像内容映射为哈希序列，也叫作基于图像内容的数字签名。
- 水印：使用水印信息预嵌入的方法来实现图像的内容认证与版权保护。

被动认证最具代表性的方法是图像取证。被动图像盲取证是指通过分析和检测，对图像的来源进行追踪和认证，对图像的真实性进行区分和鉴别。

量子图像和视频的安全保密方法以量子图像和视频的表示和处理为基础。与经典媒体处理不同的是，量子图像和视频处理首先需要编码图像和视频为量子态，然后按照量子力学规律执行演化操作，最后根据量子测量理论来提取量子图像和视频处理结果。因此，量子图像和视频的表示和处理是量子媒体安全保密技术研究中不可回避的关键问题。

本书首先给出量子图像和视频表示的一般框架，并在该框架下具体给出几种量子图像和视频的表示和制备方法。然后介绍量子图像和视频的基本处理方法，包括代数操作、几何运算和压缩等。最后介绍量子图像和视频的安全保密方法，主要包括量子图像和视频水印、加密、秘密分享和隐写等。

综上所述，量子图像和视频处理与安全研究具有以下意义：
（1）促进量子多媒体技术的研究；
（2）推动多媒体安全领域的发展。

1.2 量子图像和视频基础

量子图像和视频是图像和视频在量子计算机上的存储和表示方式，应该遵循量子计算的基本理论和方法，而支撑量子计算理论的是量子力学原理。我们所处的世界是一个经典的世界，因此，在显示和评价图像和视频时，离不开经典计算机的辅助。下面分别介绍量子力学、量子计算及量子图像和视频的相关概念。

1.2.1 量子力学相关概念

量子计算的逻辑体系建立在量子力学基础上。量子物理过程决定了量子计算的结果。量子计算的显著特征是相干叠加性和运算的幺正变换性[1]。这里简要介绍与量子计算相关的量子力学原理。

（1）叠加性。在量子力学中，微观粒子的量子态利用波函数来描述，它可由Hilbert空间某一单位矢量来完全描述。量子力学中的薛定谔（Schrödinger）方程

$$i\hbar \frac{\mathrm{d}}{\mathrm{d}t}\psi = \hat{H}\psi \tag{1-1}$$

表明，如果$\psi_1, \psi_2, \cdots, \psi_n$所描写的都是系统可能的量子态，那么它们的线性叠加

$$\psi = c_1\psi_1 + c_2\psi_2 + \cdots + c_n\psi_n \tag{1-2}$$

也是该量子系统一个可能的量子态，其中，ψ是波函数，$\hat{H}$是表征波函数总能量的哈密顿算符，i是虚数单位，$\hbar$是约化的普朗克常数，$c_i(i=1,2,\cdots,n)$是常数。式（1-1）表明量子计算机可以同时表示经典计算机中的多种态，这使得大规模并行存储和计算成为可能。

（2）相干性。量子态叠加原理的叠加是指相干叠加，即叠加的振幅相互干涉，出现彼此相长或相消现象。在量子计算中，量子态的干涉可以通过量子门幺正变换（酉变换，酉矩阵）来表示。

（3）幺正变换性。量子计算过程对应于波函数的演化。量子态按照量子门幺正变换法则进行演化，体系中的各种态按照量子门幺正变换可以同时进行演化，所以一次量子计算可以作用在多个数据上。在量子寄存器中，量子态是通过量子门幺正变换进行演化的。在已知基态的条件下，量子门可直接利用 Hilbert 空间中的矩阵来描述。由于量子门的线性约束，量子门可以对 Hilbert 空间中量子状态的所有基态进行变换。

（4）纠缠性。量子纠缠性是指复合量子系统之间的非定域、非经典的关联，是量子系统内各子系统或各自由度之间关联的力学属性，是一种纯粹的量子效应。例如，在相互作用的两个子系统中，如果某些量子态不能以两个子系统中基态的张量积形式表示，那么这些量子态称为量子纠缠态。量子态的纠缠性是实现信息高速不可破译通信的重要理论基础。

（5）不可克隆性。克隆是指在不改变原来量子态的前提下，在另一个系统中产生一个完全相同的量子态。一个未知的量子态在未受到干扰的情况下，不能被精确地观察，它使得量子通信免于被窃听或已经被窃听的信息无法解读，是一个完美的反窃听的保密方法。然而，这也限制了量子计算机中不能有精确的"Copy"操作。虽然不能精确复制，但是"概率量子克隆"却是可能的。

1.2.2 量子计算相关概念

一个基本的量子系统是量子比特、量子门和输出读取的集成化，操作过程分别由制备技术、操控技术和测量技术执行。下面分别介绍与量子计算相关的三个主要部分：量子比特、量子演化中的量子线路和输出所使用的量子测量。

量子算法决定着量子计算的过程，而不同的量子计算过程对应着不同的幺正操作序列。量子计算的一般过程如图 1-1 所示，量子计算过程实际上就是对量子态中不同量子比特的选择性操作，使其按照一定的要求演化，这些操作必须是幺正的、可逆的[2]。量子算法的模拟过程主要包括以下内容。

（1）量子初态的制备。输入数据经过制备成为初始叠加态，并存储在量子寄存器中。

（2）量子门操作。输入数据量子态经过幺正变换 $U_i(i=1,2,\cdots,n)$ 作用后，得到处理后的叠加态。

（3）结果测量。最后进行量子测量操作，得到所需要的输出结果。

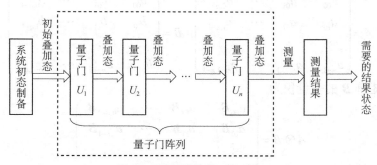

图 1-1　量子计算的一般过程

1.2.2.1 量子比特

比特（bit，用 0 和 1 表示）是经典计算的一个基本概念。量子信息与量子计算建立在量子比特（Quantum bit，简记为 Qubit）概念的基础上[3]。量子比特的一种可能状态是 $|0\rangle$，另外一种可能状态为 $|1\rangle$，Dirac 符号记为"$|\cdot\rangle$"，这两种状态是较常用的量子基态，构成了二维 Hilbert 空间的一组正交基底。

$$|0\rangle = \begin{pmatrix} 1 \\ 0 \end{pmatrix}, \quad |1\rangle = \begin{pmatrix} 0 \\ 1 \end{pmatrix} \tag{1-3}$$

量子比特的取值可以是 $|0\rangle$，也可以为 $|1\rangle$，甚至能够取 $|0\rangle$ 和 $|1\rangle$ 为基底的叠加状态，如式（1-4）所示。

$$|\varphi\rangle = \alpha|0\rangle + \beta|1\rangle \equiv \begin{pmatrix} \alpha \\ \beta \end{pmatrix} \tag{1-4}$$

其中，量子比特表示为 $|\varphi\rangle$，$\alpha, \beta \in \mathbf{C}$ 为概率幅值，且满足归一化条件，即 $|\alpha|^2 + |\beta|^2 = 1$。在测量 $|\varphi\rangle$ 的状态时，$|\varphi\rangle$ 将以 $|\alpha|^2$ 的概率塌缩到基态 $|0\rangle$，以 $|\beta|^2$ 的概率塌缩到基态 $|1\rangle$。而这种塌缩，需要进行测量操作。多量子比特的量子系统可以描述为复 Hilbert 空间的一个向量，$|\varphi\rangle$ 称为刃矢或右矢（ket），刃矢的对偶 $\langle\varphi|$ 称为刁矢或左矢（bra），2^n 维 Hilbert 空间中的一个复向量所呈现的量子态 $|\varphi\rangle$ 是由 n 位量子比特构成的，见式（1-5）：

$$|\varphi\rangle = \begin{pmatrix} \varphi_0 \\ \varphi_1 \\ \vdots \\ \varphi_{2^n-1} \end{pmatrix}, \quad \varphi_i \in \mathbf{C}\left(i = 0, 1, \cdots, 2^n - 1\right) \tag{1-5}$$

将符号"†"所表示的共轭转置运算作用到 $|\varphi\rangle$ 上，可得 $|\varphi\rangle$ 的对偶为

$$\langle\varphi| = |\varphi\rangle^\dagger = \begin{pmatrix} \varphi_0^\dagger & \varphi_1^\dagger & \cdots & \varphi_{2^n-1}^\dagger \end{pmatrix} \tag{1-6}$$

例如，$\langle 0| = |0\rangle^\dagger = (1 \; 0)$，$\langle 1| = |1\rangle^\dagger = (0 \; 1)$。

由于在量子线路设计过程中，涉及到直积（Direct product）和直和（Direct sum）运算。下面分别叙述这两种最常用的运算。

直积，又叫张量积。直积运算用符号"$\otimes$"表示。设 $\boldsymbol{A}$ 是 $m \times n$ 阶的复矩阵，$\boldsymbol{B}$ 是 $p \times q$ 阶的复矩阵：

$$\boldsymbol{A} = \begin{pmatrix} a_{00} & a_{01} & \cdots & a_{0,n-1} \\ a_{10} & a_{11} & \cdots & a_{1,n-1} \\ \vdots & \vdots & & \vdots \\ a_{m-1,0} & a_{m-1,1} & \cdots & a_{m-1,n-1} \end{pmatrix}, \quad \boldsymbol{B} = \begin{pmatrix} b_{00} & b_{01} & \cdots & b_{0,q-1} \\ b_{10} & b_{11} & \cdots & b_{1,q-1} \\ \vdots & \vdots & & \vdots \\ b_{p-1,0} & b_{p-1,1} & \cdots & b_{p-1,q-1} \end{pmatrix} \tag{1-7}$$

那么矩阵 $\boldsymbol{A}$ 和矩阵 $\boldsymbol{B}$ 的张量积为

$$\boldsymbol{A} \otimes \boldsymbol{B} = \begin{pmatrix} a_{00}\boldsymbol{B} & a_{01}\boldsymbol{B} & \cdots & a_{0,n-1}\boldsymbol{B} \\ a_{10}\boldsymbol{B} & a_{11}\boldsymbol{B} & \cdots & a_{1,n-1}\boldsymbol{B} \\ \vdots & \vdots & & \vdots \\ a_{m-1,0}\boldsymbol{B} & a_{m-1,1}\boldsymbol{B} & \cdots & a_{m-1,n-1}\boldsymbol{B} \end{pmatrix} \tag{1-8}$$

由式（1-8）可知，$A \otimes B$ 是 $mp \times nq$ 阶的矩阵。例如，

$$A \otimes B = \begin{pmatrix} 1 & 2 \\ 3 & 4 \end{pmatrix} \otimes \begin{pmatrix} 1 & 2 \\ 2 & 3 \\ 3 & 4 \end{pmatrix} = \begin{pmatrix} 1B & 2B \\ 3B & 4B \end{pmatrix} = \begin{pmatrix} 1 & 2 & 2 & 4 \\ 2 & 3 & 4 & 6 \\ 3 & 4 & 6 & 8 \\ 3 & 6 & 4 & 8 \\ 6 & 9 & 8 & 12 \\ 9 & 12 & 12 & 16 \end{pmatrix}$$

量子态 $|\varphi\rangle$ 和量子态 $|\psi\rangle$ 的张量积为 $|\varphi\rangle \otimes |\psi\rangle$，有时简写为 $|\varphi\rangle|\psi\rangle$ 或 $|\varphi\psi\rangle$。$|\varphi\rangle$ 的 n 次张量积记为 $|\varphi\rangle^{\otimes n} = |\varphi\rangle \otimes |\varphi\rangle \otimes \cdots \otimes |\varphi\rangle$。张量积是两个向量空间形成一个更大向量空间的运算。在量子力学中，量子的状态由 Hilbert 空间中的单位向量来描述，因此，经常使用如下形式进行张量积运算：

$$|00\rangle = |0\rangle \otimes |0\rangle = \begin{pmatrix} 1 \\ 0 \\ 0 \\ 0 \end{pmatrix}, \quad |0\varphi\rangle = |0\rangle \otimes |\varphi\rangle = \begin{pmatrix} 1 \\ 0 \end{pmatrix} \otimes \begin{pmatrix} \alpha \\ \beta \end{pmatrix} = \begin{pmatrix} \alpha \\ \beta \\ 0 \\ 0 \end{pmatrix}$$

直和运算用符号"⊕"表示，给定式（1-7）中的矩阵 A 和矩阵 B，定义直和为

$$A \oplus B = \begin{pmatrix} A & 0_{m \times q} \\ 0_{p \times n} & B \end{pmatrix} \tag{1-9}$$

显然，$A \oplus B$ 是 $(m+p) \times (n+q)$ 阶的矩阵。例如，

$$A \oplus B = \begin{pmatrix} 1 & 2 \\ 3 & 4 \end{pmatrix} \oplus \begin{pmatrix} 1 & 2 \\ 2 & 3 \\ 3 & 4 \end{pmatrix} = \begin{pmatrix} 1 & 2 & 0 & 0 \\ 3 & 4 & 0 & 0 \\ 0 & 0 & 1 & 2 \\ 0 & 0 & 2 & 3 \\ 0 & 0 & 3 & 4 \end{pmatrix}$$

除了直积运算和直和运算，内积和外积也是常使用的运算。$\langle x | y \rangle = \langle x \| y \rangle$ 称为 $|x\rangle$ 和 $|y\rangle$ 的内积，是一个标量，有 $\langle 0|0\rangle = \langle 1|1\rangle = 1$，$\langle 0|1\rangle = \langle 1|0\rangle = 0$。如果按照相反的顺序相乘，即一个列向量乘以一个行向量，就得到一个矩阵。$|x\rangle\langle y|$ 称为 $|x\rangle$ 和 $|y\rangle$ 的外积，是一个矩阵算符，例如，

$$|0\rangle\langle 0| = \begin{pmatrix} 1 & 0 \\ 0 & 0 \end{pmatrix}, \quad |1\rangle\langle 0| = \begin{pmatrix} 0 & 0 \\ 1 & 0 \end{pmatrix}$$

若将 $|0\rangle\langle 0|$ 作用在 $|\varphi\rangle$ 上，则有

$$|0\rangle\langle 0|(|\varphi\rangle) = \begin{pmatrix} 1 & 0 \\ 0 & 0 \end{pmatrix}(\alpha|0\rangle + \beta|1\rangle) = \alpha|0\rangle$$

可见，$|0\rangle\langle 0|$ 将 $|\varphi\rangle$ 中属于 $|0\rangle$ 的成分提出，也可以说 $|0\rangle\langle 0|$ 使 $|\varphi\rangle$ 对 $|0\rangle$ 投影，即在 $|0\rangle$ 方向上测量 $|\varphi\rangle$。同样，$|1\rangle\langle 1|(|\varphi\rangle) = \beta|1\rangle$，即在 $|1\rangle$ 方向上测量 $|\varphi\rangle$[4]。

1.2.2.2 量子逻辑门

经典计算机用电子电路进行计算，而量子计算机则通过量子逻辑门来实现。与多数传统

逻辑门不同,量子逻辑门是可逆的[5]。酉性是量子门成立的唯一约束,每个酉矩阵(幺正矩阵)都对应一个有效的量子门。

1. 单量子比特门

在量子计算中,有许多常用的单量子比特门,一些常用的单量子比特门的量子线路和对应的酉矩阵见表 1-1。

表 1-1 常用的单量子比特门

量子门	线路符号	酉矩阵
恒等门	$-\boxed{I}- = -$	$\begin{pmatrix} 1 & 0 \\ 0 & 1 \end{pmatrix}$
Hadamard 门	$-\boxed{H}-$	$\dfrac{1}{\sqrt{2}}\begin{pmatrix} 1 & 1 \\ 1 & -1 \end{pmatrix}$
Pauli-X 门	$-\boxed{X}- = -\oplus-$	$\begin{pmatrix} 0 & 1 \\ 1 & 0 \end{pmatrix}$
Pauli-Y 门	$-\boxed{Y}-$	$\begin{pmatrix} 0 & -i \\ i & 0 \end{pmatrix}$
Pauli-Z 门	$-\boxed{Z}-$	$\begin{pmatrix} 1 & 0 \\ 0 & -1 \end{pmatrix}$
相位门	$-\boxed{S}-$	$\begin{pmatrix} 1 & 0 \\ 0 & i \end{pmatrix}$
$\pi/8$ 门	$-\boxed{T}-$	$\begin{pmatrix} 1 & 0 \\ 0 & e^{i\pi/4} \end{pmatrix}$
沿 $\hat{x}$ 轴旋转 α	$-\boxed{R_x(\alpha)}-$	$\begin{pmatrix} \cos\dfrac{\alpha}{2} & -i\sin\dfrac{\alpha}{2} \\ -i\sin\dfrac{\alpha}{2} & \cos\dfrac{\alpha}{2} \end{pmatrix}$
沿 $\hat{y}$ 轴旋转 β	$-\boxed{R_y(\beta)}-$	$\begin{pmatrix} \cos\dfrac{\beta}{2} & -\sin\dfrac{\beta}{2} \\ \sin\dfrac{\beta}{2} & \cos\dfrac{\beta}{2} \end{pmatrix}$
沿 $\hat{z}$ 轴旋转 γ	$-\boxed{R_z(\gamma)}-$	$\begin{pmatrix} e^{-i\gamma/2} & 0 \\ 0 & e^{i\gamma/2} \end{pmatrix}$

以 Hadamard 门(H 门)为例,将 H 门作用到 $|0\rangle$ 和 $|1\rangle$ 上,可以得到

$$H|0\rangle = \frac{1}{\sqrt{2}}(|0\rangle + |1\rangle), \quad H|1\rangle = \frac{1}{\sqrt{2}}(|0\rangle - |1\rangle)$$

若将 $H \otimes H$ 作用在 $|00\rangle$ 上,则

$$(H \otimes H)|00\rangle = \frac{1}{2}(|00\rangle + |01\rangle + |10\rangle + |11\rangle)$$

可以看出，对$|00\rangle$的每一位分别进行H变换可以产生2个量子位的2^2个基态的叠加，即$|00\rangle$，$|01\rangle$，$|10\rangle$和$|11\rangle$同时存在，存在的概率均为$\frac{1}{4}$。当量子寄存器中的n个态全为$|0\rangle$时，对每一位应用H变换可产生2^n个基态的叠加，即产生0到2^n-1的所有二进制数，每个二进制数存在的概率均为$\frac{1}{2^n}$。

2. 多量子比特门

四种常用的两量子比特门见表1-2，两种常用的三量子比特门见表1-3。

表1-2 四种常用的两量子比特门

量子门	线路符号	酉矩阵
受控非门（CNOT门）		$\begin{pmatrix} 1 & 0 & 0 & 0 \\ 0 & 1 & 0 & 0 \\ 0 & 0 & 0 & 1 \\ 0 & 0 & 1 & 0 \end{pmatrix}$
零控非门		$\begin{pmatrix} 0 & 1 & 0 & 0 \\ 1 & 0 & 0 & 0 \\ 0 & 0 & 1 & 0 \\ 0 & 0 & 0 & 1 \end{pmatrix}$
交换门		$\begin{pmatrix} 1 & 0 & 0 & 0 \\ 0 & 0 & 1 & 0 \\ 0 & 1 & 0 & 0 \\ 0 & 0 & 0 & 1 \end{pmatrix}$
受控相位门		$\begin{pmatrix} 1 & 0 & 0 & 0 \\ 0 & 1 & 0 & 0 \\ 0 & 0 & 1 & 0 \\ 0 & 0 & 0 & i \end{pmatrix}$

表1-3 两种常用的三量子比特门

量子门	线路符号	酉矩阵
Toffoli门		$\begin{pmatrix} 1 & 0 & 0 & 0 & 0 & 0 & 0 & 0 \\ 0 & 1 & 0 & 0 & 0 & 0 & 0 & 0 \\ 0 & 0 & 1 & 0 & 0 & 0 & 0 & 0 \\ 0 & 0 & 0 & 1 & 0 & 0 & 0 & 0 \\ 0 & 0 & 0 & 0 & 1 & 0 & 0 & 0 \\ 0 & 0 & 0 & 0 & 0 & 1 & 0 & 0 \\ 0 & 0 & 0 & 0 & 0 & 0 & 0 & 1 \\ 0 & 0 & 0 & 0 & 0 & 0 & 1 & 0 \end{pmatrix}$

续表

量子门	线路符号	酉矩阵
Fredkin 门		$\begin{pmatrix} 1 & 0 & 0 & 0 & 0 & 0 & 0 & 0 \\ 0 & 1 & 0 & 0 & 0 & 0 & 0 & 0 \\ 0 & 0 & 1 & 0 & 0 & 0 & 0 & 0 \\ 0 & 0 & 0 & 1 & 0 & 0 & 0 & 0 \\ 0 & 0 & 0 & 0 & 1 & 0 & 0 & 0 \\ 0 & 0 & 0 & 0 & 0 & 0 & 1 & 0 \\ 0 & 0 & 0 & 0 & 0 & 1 & 0 & 0 \\ 0 & 0 & 0 & 0 & 0 & 0 & 0 & 1 \end{pmatrix}$

1.2.2.3 量子测量

量子线路设计过程中的最后一步操作是量子测量，它在某些时候是隐含起来的[3]。通常使用一组测量算子$\{M_m\}$描述量子测量，将这些算子执行在被测系统状态空间上，算子$\{M_m\}$的下标m代表了实验中可能出现的测量结果。常用的量子线路符号如图1-2所示。

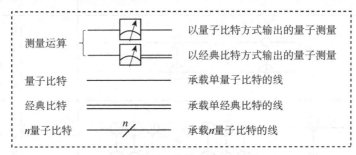

图1-2 常用的量子线路符号

假设$|\psi\rangle$是要准备测量的量子态，测量结果m发生的概率由

$$p(m) = \langle \psi | M_m^\dagger M_m | \psi \rangle \tag{1-10}$$

给出，且测量后系统的状态为

$$\frac{M_m | \psi \rangle}{\sqrt{\langle \psi | M_m^\dagger M_m | \psi \rangle}} \tag{1-11}$$

测量算子M_m必须满足完备性方程：

$$\sum_m M_m^\dagger M_m = 1 \tag{1-12}$$

完备性方程陈述了概率之和为1的事实：

$$1 = \sum_m p(m) = \sum_m \langle \psi | M_m^\dagger M_m | \psi \rangle \tag{1-13}$$

此处以单量子比特$|\psi\rangle$的测量为例。测量量子态$|\psi\rangle = \alpha|0\rangle + \beta|1\rangle$要用测量算子$\{M_m\} = \{M_0, M_1\}$，需要说明的是$M_0 = |0\rangle\langle 0|$，$M_1 = |1\rangle\langle 1|$，且

$$I = M_0^\dagger M_0 + M_1^\dagger M_1 = |0\rangle\langle 0| + |1\rangle\langle 1| = M_0 + M_1 \tag{1-14}$$

则获得测量结果0和1的概率分别为

$$p(0) = \langle \psi | M_0^\dagger M_0 | \psi \rangle = \langle \psi | M_0 | \psi \rangle = |\alpha|^2 \tag{1-15}$$

$$p(1) = \langle\psi|M_1^\dagger M_1|\psi\rangle = \langle\psi|M_1|\psi\rangle = |\beta|^2 \tag{1-16}$$

因此，测量后的状态分别为

$$\frac{M_0|\psi\rangle}{|\alpha|} = \frac{\alpha}{|\alpha|}|0\rangle \tag{1-17}$$

$$\frac{M_1|\psi\rangle}{|\beta|} = \frac{\beta}{|\beta|}|1\rangle \tag{1-18}$$

1.2.2.4 量子线路

根据量子计算的相关概念可知，实现某种量子算法的关键是设计满足功能需求的量子线路（对应于某个酉矩阵）。利用矩阵的乘积、直积和直和运算，可以将一个量子线路图转换为其隐含的酉矩阵，由此，可以实现整个量子线路对应的运算。如图 1-3 所示为用 Hadamard 门（H 门）、相位门（S 门）、受控非门（CNOT 门）和 π/8 门（T 门）组成的 Toffoli 门的一个量子线路[3]。

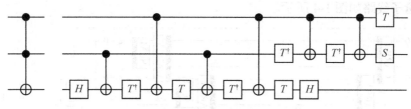

图 1-3 用 H 门、S 门、CNOT 门和 T 门实现的 Toffoli 门

通常，给定一个复杂的多量子比特门，根据所使用的基本量子门及其使用顺序，可以有多种不同的分解方法，每种分解方法都基于量子计算的通用量子门等价分解原理[6,7]。此处列举了本书将要用到的三个引理[8]。

引理 1.1 对于任意的 2 阶酉矩阵 U，1 个 $\Lambda_1(U)$ 门至多等价于 6 个基本门，即 4 个 1 bit 的 Λ_0 门和 2 个 CNOT 门。

引理 1.2 对于任意的 2 阶酉矩阵 U，1 个 $\Lambda_2(U)$ 门至多等价于 16 个基本门，即 8 个 1 bit 的 Λ_0 门和 8 个 CNOT 门。

引理 1.3 对于任意的 2 阶酉矩阵 U，1 个 $\Lambda_{n-1}(U)$（$n \geq 3$）门等价于 $2^{n-1}-1$ 个 $\Lambda_1(V)$ 和 $\Lambda_1(V^\dagger)$ 门以及 $2^{n-1}-2$ 个 CNOT 门，V 是酉矩阵，且满足 $V^{2^{n-2}} = U$。

注：对 $n \in \{0,1,2,\cdots\}$ 和 $x_1, x_2, \cdots, x_n, y \in \{0,1\}$，上述三个引理中的 $n+1$ 个量子比特门 $\Lambda_n(U)$ 为

$$\Lambda_n(U)(|x_1,x_2,\cdots,x_n,y\rangle) = \begin{cases} u_{y0}|x_1,x_2,\cdots,x_n,0\rangle + u_{y1}|x_1,x_2,\cdots,x_n,1\rangle, & \Lambda_{k=1}^n x_k = 1 \\ |x_1,x_2,\cdots,x_n,y\rangle, & \Lambda_{k=1}^n x_k = 0 \end{cases}$$

其中，$\Lambda_{k=1}^n x_k$ 为布尔变量 $\{x_k\}$ 的逻辑 AND 操作。

评价量子算法的一个关键因素是量子线路的复杂度，量子线路的复杂度可以从宽度（Width）、长度（Length）和尺寸（Size）三个方面来讨论。宽度为量子线路作用的总的量子比特数量（包括计算所需要的附属量子比特），长度为量子线路尽可能做平行处理后串行的门操作的数量，而尺寸是整个量子线路所使用的量子门的总数。如果一个量子线路的尺寸（或其他复杂度度量方法）随着量子比特数量 n 呈现多项式级增长，即呈现 n^k（$k>0$）的形式，那么该线路具有"多项式尺寸（Polynomial-size）"，此时称该量子计算是有效的。另外，如果

尺寸随着量子比特数量 n 呈现指数级增长，即呈现 2^n 或 e^n 的形式，此时线路称为"指数级尺寸（Exponential-size）"，指数级尺寸的量子线路是效率较低的。对一个量子线路的复杂度的计算，主要利用线路的尺寸来衡量，即实现该线路所需要的基本量子门（通用的单量子比特门、双量子比特门和三量子比特门）的数量。

普通加法器和模 N 加法器是本书要用到的两个量子线路。

1. 普通加法器

为了计算存储在两个寄存器 $|a\rangle$ 和 $|b\rangle$ 中的数字之和，需要借助普通加法器[9]。加法是最主要的操作之一，如式（1-19）所示：

$$|a,b,0\rangle \rightarrow |a,b,a+b\rangle \tag{1-19}$$

更复杂的加法操作是不需要辅助寄存器的，即

$$|a,b\rangle \rightarrow |a,a+b\rangle \tag{1-20}$$

由于能从输出 $(a,a+b)$ 中重构输入 (a,b)，因此不会丢失信息，并能够进行可逆计算。普通加法器的量子线路如图1-4所示。

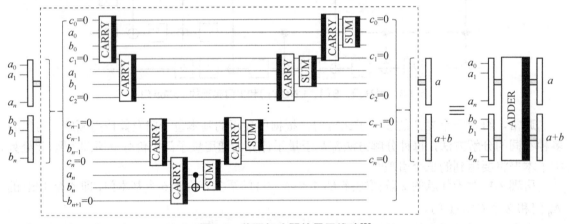

图1-4 普通加法器的量子线路[9]

需要注意进位操作与求和操作右侧或左侧的粗黑条位置，左侧带有粗黑条的线路是右侧带有同样粗黑条的线路中的基本门的反向排列。普通加法器线路的进位操作与求和操作如图1-5所示。

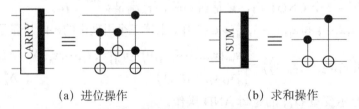

(a) 进位操作　　　　　　　(b) 求和操作

图1-5 普通加法器线路的进位操作与求和操作[9]

如果逆向执行图1-4的量子线路，即，如果输入为 (a,b)，以相反的顺序应用线路中的每个门，则当 $b \geqslant a$ 时，输出为 $(a,b-a)$；当 $b<a$ 时，输出为 $(a,2^n-(a-b))$。

2. 模 N 加法器

模 N 加法器[9]是一个复杂的量子线路结构，用来计算两个数的模和，其具体形式如式（1-

21）所示：

$$|a,b\rangle \rightarrow |a,(a+b)\bmod N\rangle \quad (1\text{-}21)$$

其中，$a,b \in [0,N)$。模 N 加法器运算的量子线路如图 1-6 所示。Vedral 等人基于普通加法器网络[9]，依据 $a+b$ 与值 N 的大小关系来确定在第三个普通加法器后面是否减去值 N。

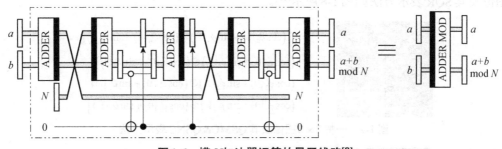

图 1-6　模 N 加法器运算的量子线路[9]

1.3　量子图像和视频研究进展综述

量子图像和视频是在量子计算机环境下能够为量子计算机所识别和处理的图像和视频。量子图像和视频的研究主要包括构建量子图像和视频的表示方法，研究量子图像和视频的处理算法，设计量子图像和视频的安全保密算法。

1.3.1　量子图像和视频表示综述

量子图像和视频表示具有灵活性、多样性的特点，其表示方法的设计需要有益于存储和进行各种量子处理操作。根据量子计算机理论，量子图像和视频在量子计算机中应以某种量子叠加态或纠缠态的形式存储。目前，量子图像表示方法基本都是对不同经典图像进行量子化编码。经典图像表示主要由像素位置和颜色两部分组成，因此，目前主要的量子图像表示方法都是关注如何针对这两个要素进行编码。

下面介绍几种典型的量子图像表示方法。

1.3.1.1　量子图像表示 Qubit Lattice

Venegas-Andraca 等人于 2003 年提出量子图像表示方法 Qubit Lattice[10]，它与经典图像的矩阵表示方法相类似，需将量子比特逐一有序地排成一个矩阵。每一个像素的量子态 $|\psi\rangle$ 都可表示为如下形式：

$$|\psi\rangle = \cos\frac{\theta}{2}|0\rangle + e^{i\gamma}\sin\frac{\theta}{2}|1\rangle \quad (1\text{-}22)$$

其中，像素的颜色信息用 θ 编码。因 Qubit Lattice 表示方法在设计时没有考虑使用量子状态的叠加性质和纠缠性质，故存储一幅量子图像所需的量子比特数较多[11]。

基于 Qubit Lattice 表示，借助两组量子态集合，Li H S 等人提出了量子图像表示方法 QSMC&QSNC（Quantum States for *M* Colors & Quantum States for *N* Coordinates），该表示方法含有 *M* 种颜色与 *N* 个坐标[12]，一幅 2×2 图像及其 QSMC&QSNC 表示方法如图 1-7 所示；Yuan S Z 等人提出了红外量子图像的表示方法 SQR（Simple Quantum Representation），一幅 2×2 图像及其 SQR 表示方法如图 1-8 所示[13]。

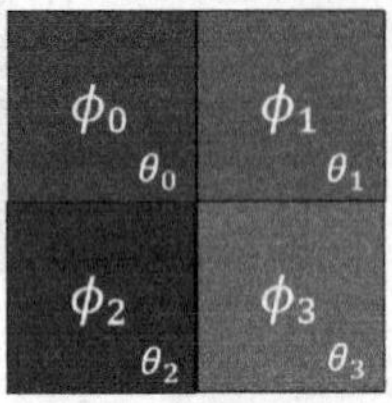

$$|I\rangle = \frac{1}{2}\big[(\cos\phi_0|0\rangle+\sin\phi_0|1\rangle)\otimes(\cos\theta_0|0\rangle+\sin\theta_0|1\rangle)+ \\ (\cos\phi_1|0\rangle+\sin\phi_1|1\rangle)\otimes(\cos\theta_1|0\rangle+\sin\theta_1|1\rangle)+ \\ (\cos\phi_2|0\rangle+\sin\phi_2|1\rangle)\otimes(\cos\theta_2|0\rangle+\sin\theta_2|1\rangle)+ \\ (\cos\phi_3|0\rangle+\sin\phi_3|1\rangle)\otimes(\cos\theta_3|0\rangle+\sin\theta_3|1\rangle)\big]$$

图 1-7　一幅 2×2 图像及其 QSMC&QSNC 表示方法

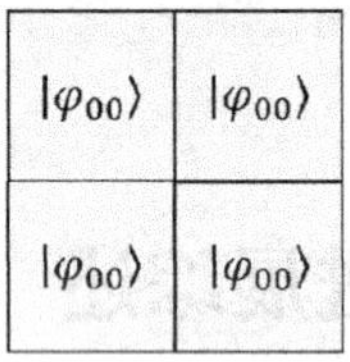

$$|Q\rangle = |\varphi_{00}\rangle|\varphi_{01}\rangle|\varphi_{10}\rangle|\varphi_{11}\rangle$$
$$|\varphi_{00}\rangle = \cos\frac{\theta_{00}}{2}|0\rangle+\sin\frac{\theta_{00}}{2}|1\rangle,\ |\varphi_{01}\rangle = \cos\frac{\theta_{01}}{2}|0\rangle+\sin\frac{\theta_{01}}{2}|1\rangle$$
$$|\varphi_{10}\rangle = \cos\frac{\theta_{10}}{2}|0\rangle+\sin\frac{\theta_{10}}{2}|1\rangle,\ |\varphi_{11}\rangle = \cos\frac{\theta_{11}}{2}|0\rangle+\sin\frac{\theta_{11}}{2}|1\rangle$$

图 1-8　一幅 2×2 图像及其 SQR 表示方法

1.3.1.2　量子图像表示 Real Ket

反复对图像四等分，将图像存储在实值态矢中，这是 Latorre J I 于 2005 年提出的量子图像表示 Real Ket[14]。尺寸为 $2^n \times 2^n$ 的 Real Ket 量子图像可表示为

$$|\psi_{2^n \times 2^n}\rangle = \sum_{i_1,\cdots,i_n=1,\cdots,4} c_{i_n,\cdots,i_1}|i_n,\cdots,i_1\rangle \tag{1-23}$$

其中，$c_{i_n,\cdots,i_1}$ 用来记录像素值，被连续四等分之后的图像的位置信息记为 $|i_n,\cdots,i_1\rangle$。一幅 $2^2\times 2^2$ 的 Real Ket 量子图像如图 1-9 所示，其 Real Ket 表达式如式（1-24）所示：

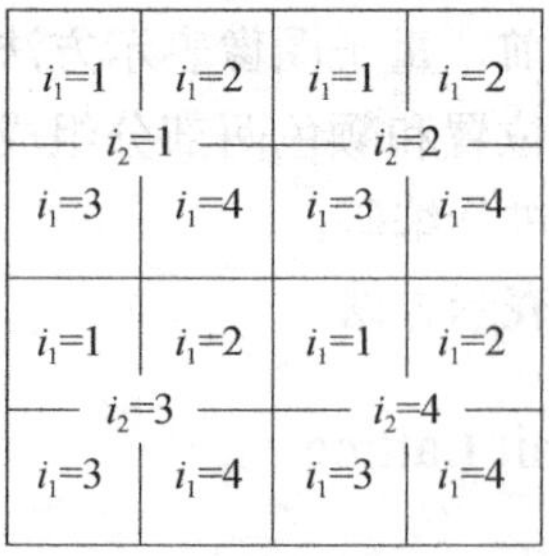

图 1-9　一幅 $2^2 \times 2^2$ 的 Real Ket 量子图像

$$\begin{aligned}|\psi_{2^2\times 2^2}\rangle &= \sum_{i_1,i_2=1,2,3,4} c_{i_2,i_1}|i_2,i_1\rangle \\ &= c_{11}|11\rangle+c_{12}|12\rangle+c_{13}|13\rangle+c_{14}|14\rangle+ \\ &\quad c_{21}|21\rangle+c_{22}|22\rangle+c_{23}|23\rangle+c_{24}|24\rangle+ \\ &\quad c_{31}|31\rangle+c_{32}|32\rangle+c_{33}|33\rangle+c_{34}|34\rangle+ \\ &\quad c_{41}|41\rangle+c_{42}|42\rangle+c_{43}|43\rangle+c_{44}|44\rangle\end{aligned} \tag{1-24}$$

Real Ket 表示考虑了量子态的叠加性质，存储 $2^n \times 2^n$ 大小的图像仅需 n 个量子比特。

1.3.1.3　量子图像表示 FRQI

Le P Q 等人于 2011 年给出量子灰度图像表示方法 FRQI（Flexible Representation of Quantum Images）[15]。FRQI 表示方法将图像以归一化的量子叠加态表示。一幅 $2^n \times 2^n$ 大小的灰度图像可用 FRQI 方法表示为

$$|I(\theta)\rangle = \frac{1}{2^n}\sum_{k=0}^{2^{2n}-1}\left(\cos\theta_k|0\rangle + \sin\theta_k|1\rangle\right) \otimes |k\rangle$$

$$\theta_k \in \left[0, \frac{\pi}{2}\right], k = 0,1,\cdots,2^{2n}-1 \tag{1-25}$$

其中，$\cos\theta_k|0\rangle + \sin\theta_k|1\rangle$ 编码图像像素位置 $|k\rangle$ 的灰度信息。一幅 2×2 图像及其 FRQI 表示方法如图 1-10 所示。

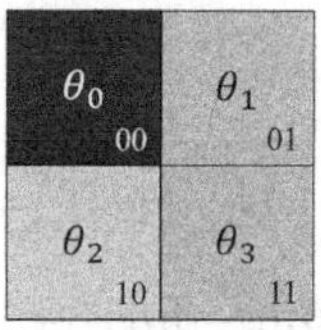

$$|I(\theta)\rangle = \frac{1}{2}\left[\left(\cos\theta_0|0\rangle + \sin\theta_0|1\rangle\right) \otimes |00\rangle + \left(\cos\theta_1|0\rangle + \sin\theta_1|1\rangle\right) \otimes |01\rangle + \left(\cos\theta_2|0\rangle + \sin\theta_2|1\rangle\right) \otimes |10\rangle + \left(\cos\theta_3|0\rangle + \sin\theta_3|1\rangle\right) \otimes |11\rangle\right]$$

图 1-10　一幅 2×2 图像及其 FRQI 表示方法

用 FRQI 表示方法表示一幅尺寸为 $2^n \times 2^n$ 的灰度图像需要 $2n+1$ 个量子比特，编码颜色信息用 1 个量子比特，编码像素位置需用到 $2n$ 个量子比特。FRQI 表示方法以 1 个量子比特存储图像的灰度，因而 FRQI 只能以概率的方式获得原图像的灰度信息。

基于 FRQI 表示方法，Yang Y G 等人给出了量子彩色图像表示方法 FQRCI（Flexible Quantum Representation for Color Images）[16]，一幅 2×2 图像及其 FQRCI 表示方法如图 1-11 所示；Li P C 等人提出了量子彩色图像表示 FRQCI（Flexible Representation of Quantum Color Images）[17]。

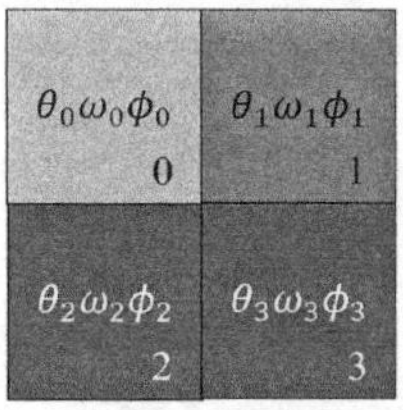

$$|I(\theta,\omega,\phi)\rangle = \frac{1}{2}\left[\left(\cos\theta_0|0\rangle + \sin\theta_0|1\rangle\right)_r\left(\cos\omega_0|0\rangle + \sin\omega_0|1\rangle\right)_g\left(\cos\phi_0|0\rangle + \sin\phi_0|1\rangle\right)_b \otimes |0\rangle + \right.$$
$$\left(\cos\theta_1|0\rangle + \sin\theta_1|1\rangle\right)_r\left(\cos\omega_1|0\rangle + \sin\omega_1|1\rangle\right)_g\left(\cos\phi_1|0\rangle + \sin\phi_1|1\rangle\right)_b \otimes |1\rangle +$$
$$\left(\cos\theta_2|0\rangle + \sin\theta_2|1\rangle\right)_r\left(\cos\omega_2|0\rangle + \sin\omega_2|1\rangle\right)_g\left(\cos\phi_2|0\rangle + \sin\phi_2|1\rangle\right)_b \otimes |2\rangle +$$
$$\left.\left(\cos\theta_3|0\rangle + \sin\theta_3|1\rangle\right)_r\left(\cos\omega_3|0\rangle + \sin\omega_3|1\rangle\right)_g\left(\cos\phi_3|0\rangle + \sin\phi_3|1\rangle\right)_b \otimes |3\rangle\right]$$

图 1-11　一幅 2×2 图像及其 FQRCI 表示方法

1.3.1.4　量子图像表示 NEQR

2013 年，Zhang Y 等人提出了量子灰度图像表示方法 NEQR（Novel Enhanced Quantum Representation for digital images）[18]。NEQR 表示方法用 q 个量子比特存储图像的灰度信息。因此，尺寸为 $2^n \times 2^n$ 的灰度图像的 NEQR 表示为

$$|I\rangle = \frac{1}{2^n}\sum_{y=0}^{2^n-1}\sum_{x=0}^{2^n-1}|f(y,x)\rangle|yx\rangle = \frac{1}{2^n}\sum_{y=0}^{2^n-1}\sum_{x=0}^{2^n-1}\bigotimes_{l=0}^{q-1}|C_{yx}^l\rangle|yx\rangle$$

$$f(y,x) = C_{yx}^0 C_{yx}^1 \cdots C_{yx}^{q-1}, C_{yx}^l \in \{0,1\}, \ f(y,x) \in \left[0, 2^q-1\right] \tag{1-26}$$

NEQR 表示方法能更加方便地设计更为复杂的图像处理操作。一幅 2×2 图像及其 NEQR 表示方法如图 1-12 所示。

$$|I\rangle=\frac{1}{2}(|0\rangle\otimes|00\rangle+|100\rangle\otimes|01\rangle+|200\rangle\otimes|10\rangle+|255\rangle\otimes|11\rangle)$$
$$=\frac{1}{2}(|00000000\rangle\otimes|00\rangle+|01100100\rangle\otimes|01\rangle+|11001000\rangle\otimes|10\rangle+|11111111\rangle\otimes|11\rangle)$$

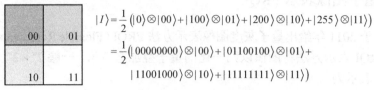

图 1-12　一幅 2×2 图像及其 NEQR 表示方法

基于 NEQR 表示方法，Zhang Y 等人提出了极坐标系下的量子图像表示方法 QUALPI（QUAntum Log-Polar Image），一幅 16×8 图像及其 QUALPI 表示方法如图 1-13 所示[19]；Jiang N 等人提出了广义量子图像表示方法 GQIR（Generalized Quantum Image Representation）[20]，一幅 1×3 图像及其 GQIR 表示方法如图 1-14 所示。Li H S 等人提出了基于位平面的量子灰度图像表示方法 BRQI（Bitplane Representation of Quantum Images）[21]，一幅 4×2 图像及其 BRQI 表示方法如图 1-15 所示。

$$|I\rangle=\frac{1}{4}\Big[|11111111\rangle\otimes(|0000\rangle+|0001\rangle+|1000\rangle+|1001\rangle)+|11110000\rangle\otimes(|0010\rangle+|0011\rangle+|1010\rangle+|1011\rangle)+|01111111\rangle\otimes(|0100\rangle+|0101\rangle+|1100\rangle+|1101\rangle)+|01110000\rangle\otimes(|0110\rangle+|0111\rangle+|1110\rangle+|1111\rangle)\Big]$$

图 1-13　一幅 16×8 图像及其 QUALPI 表示方法

$$|I\rangle=\frac{1}{\sqrt{2^3}}(|00000000\rangle\otimes|000\rangle+|10000000\rangle\otimes|001\rangle+|11111111\rangle\otimes|010\rangle)$$

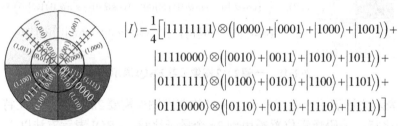

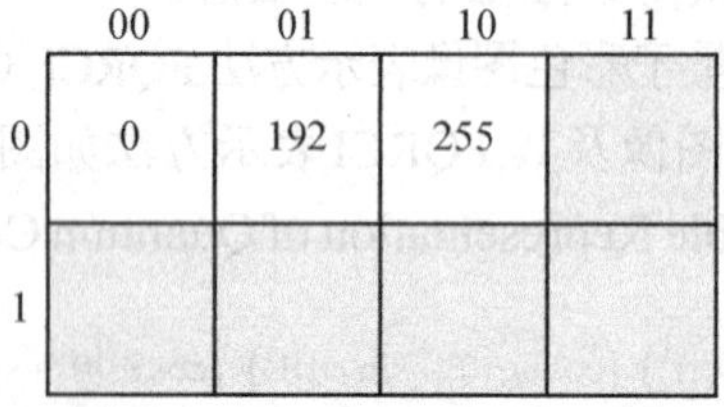

图 1-14　一幅 1×3 图像及其 GQIR 表示方法

$$\begin{cases}|\psi_{\mathrm{B}}^{\mathrm{R}}\rangle=\dfrac{1}{\sqrt{2^{3+3}}}\displaystyle\sum_{l=0}^{3}\sum_{x=0}^{3}\sum_{y=0}^{1}|g_{\mathrm{R}}(x,y)\rangle|x\rangle|y\rangle|l\rangle\\|\psi_{\mathrm{B}}^{\mathrm{G}}\rangle=\dfrac{1}{\sqrt{2^{3+3}}}\displaystyle\sum_{l=0}^{3}\sum_{x=0}^{3}\sum_{y=0}^{1}|g_{\mathrm{G}}(x,y)\rangle|x\rangle|y\rangle|l\rangle\\|\psi_{\mathrm{B}}^{\mathrm{B}}\rangle=\dfrac{1}{\sqrt{2^{3+3}}}\displaystyle\sum_{l=0}^{3}\sum_{x=0}^{3}\sum_{y=0}^{1}|g_{\mathrm{B}}(x,y)\rangle|x\rangle|y\rangle|l\rangle\end{cases}$$

$$|\psi_{\mathrm{B}}^{24}\rangle=\frac{1}{\sqrt{3}}(|\psi_{\mathrm{B}}^{\mathrm{R}}\rangle|01\rangle+|\psi_{\mathrm{B}}^{\mathrm{G}}\rangle|10\rangle+|\psi_{\mathrm{B}}^{\mathrm{B}}\rangle|11\rangle)$$

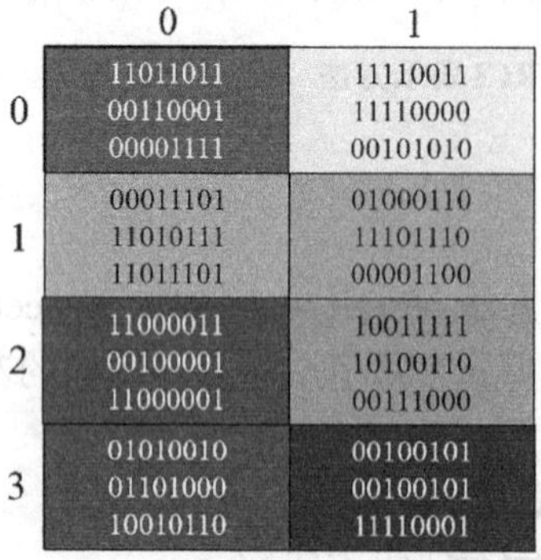

图 1-15　一幅 4×2 图像及其 BRQI 表示方法

1.3.1.5 量子图像表示 MCQI

2013 年，Sun B 等人提出了彩色的量子图像表示方法 MCQI（Multi Channel representation for Quantum Images）[22]。MCQI 表示方法使用 3 量子比特存储彩色图像的颜色，可表示为

$$|I(\theta)\rangle = \frac{1}{2^{n+1}} \sum_{i=0}^{2^{2n}-1} |C_{RGB}^i\rangle \otimes |i\rangle \quad (1\text{-}27)$$

其中，颜色信息 $|C_{RGB}^i\rangle$ 编码红（R）、绿（G）和蓝（B）通道信息，被定义为

$$\begin{aligned}|C_{RGB}^i\rangle = &\cos\theta_R^i|000\rangle + \sin\theta_R^i|100\rangle + \cos\theta_G^i|001\rangle + \sin\theta_G^i|101\rangle + \\ &\cos\theta_B^i|010\rangle + \sin\theta_B^i|110\rangle + \cos 0|011\rangle + \sin 0|111\rangle\end{aligned} \quad (1\text{-}28)$$

式中三个角度 $\{\theta_R^i, \theta_G^i, \theta_B^i\} \in \left[0, \frac{\pi}{2}\right]$，用来编码第 i 个像素位置的 R, G, B 通道的颜色。一幅 2×2 彩色图像及其 MCQI 表示方法如图 1-16 所示。

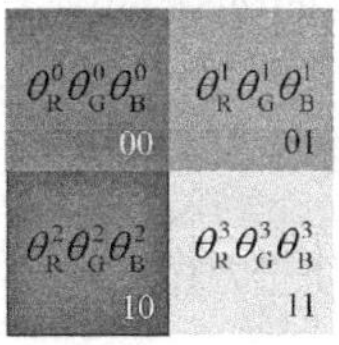

$$\begin{aligned}|I(\theta)\rangle = \frac{1}{4}\big[&(\cos\theta_R^0|000\rangle + \cos\theta_G^0|001\rangle + \cos\theta_B^0|010\rangle + \sin\theta_R^0|100\rangle + \sin\theta_G^0|101\rangle + \sin\theta_B^0|110\rangle + \cos 0|011\rangle + \sin 0|111\rangle) \otimes |00\rangle + \\ &(\cos\theta_R^1|000\rangle + \cos\theta_G^1|001\rangle + \cos\theta_B^1|010\rangle + \sin\theta_R^1|100\rangle + \sin\theta_G^1|101\rangle + \sin\theta_B^1|110\rangle + \cos 0|011\rangle + \sin 0|111\rangle) \otimes |01\rangle + \\ &(\cos\theta_R^2|000\rangle + \cos\theta_G^2|001\rangle + \cos\theta_B^2|010\rangle + \sin\theta_R^2|100\rangle + \sin\theta_G^2|101\rangle + \sin\theta_B^2|110\rangle + \cos 0|011\rangle + \sin 0|111\rangle) \otimes |10\rangle + \\ &(\cos\theta_R^3|000\rangle + \cos\theta_G^3|001\rangle + \cos\theta_B^3|010\rangle + \sin\theta_R^3|100\rangle + \sin\theta_G^3|101\rangle + \sin\theta_B^3|110\rangle + \cos 0|011\rangle + \sin 0|111\rangle) \otimes |11\rangle\big]\end{aligned}$$

图 1-16　一幅 2×2 彩色图像及其 MCQI 表示方法

基于 MCQI 表示方法，Song X H 等人提出了基于相位变换的多通道量子彩色图像表示方法 CQIPT（Color Quantum Image based on Phase Transform）[23]；Sang J Z 等人提出了量子图像的对数极坐标表示方法 MCLPQI（Multi-Channel Log-Polar Quantum Image）[24]，这两种表示方法详见 2.3 节和 2.5 节中的介绍。

1.3.1.6 量子图像表示 NCQI

Sang J Z 等人于 2016 年提出了彩色量子图像表示方法 NCQI（Novel Color representation of Quantum Images）[25]。对一幅 $2^n \times 2^n$ 的彩色图像，三个颜色通道 R, G, B 的取值范围均为 $[0, 2^q - 1]$，用 NCQI 表示方法表示为

$$|I\rangle = \frac{1}{2^n} \sum_{y=0}^{2^n-1} \sum_{x=0}^{2^n-1} |c(y,x)\rangle \otimes |yx\rangle \quad (1\text{-}29)$$

其中，$|c(y,x)\rangle$ 编码相应像素 $|yx\rangle$ 的颜色值，其编码为

$$|c(y,x)\rangle = |\underbrace{R_{q-1}(y,x)\cdots R_0(y,x)}_{\text{Red}} \underbrace{G_{q-1}(y,x)\cdots G_0(y,x)}_{\text{Green}} \underbrace{B_{q-1}(y,x)\cdots B_0(y,x)}_{\text{Blue}}\rangle \quad (1\text{-}30)$$

用 NCQI 表示方法存储图像的颜色信息需 $3q$ 个量子比特，具体示例图及存储方法将在 2.4 节介绍。

基于 NCQI 表示方法，Wang L 等人提出了量子图像表示方法 QRCI（Quantum Representation for Color Images）[26]，一幅 2×2 图像及其 QRCI 表示方法如图 1-17 所示；Su J 等人提出了改进的量子图像表示方法 INCQI（Improved NCQI）[27]，一幅 4×4 图像及其 INCQI 表示方法如

图 1-18 所示。

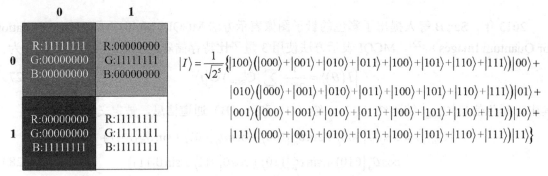

图 1-17　一幅 2×2 图像及其 QRCI 表示方法

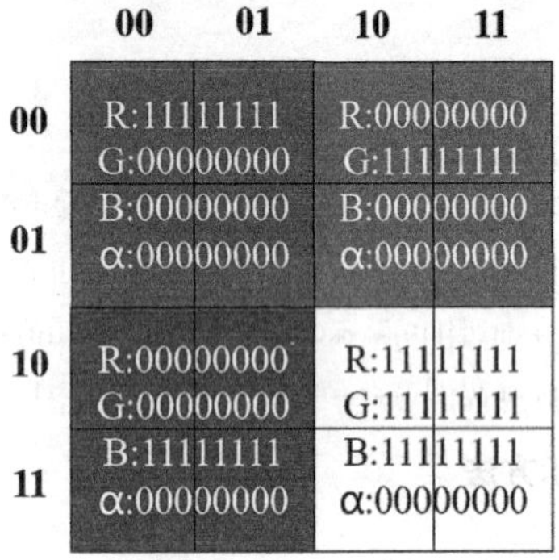

图 1-18　一幅 4×4 图像及其 INCQI 表示方法

2018 年，Liu K 等人提出了一种优化的彩色数字图像量子表示方法 OCQR（Optimized Color Quantum Representation for images）[28]，这种表示方法充分利用量子叠加特性来存储每个像素的 RGB 值。与量子彩色图像 NCQI 相比，OCQR 表示方法使用了近三分之一的量子比特来存储像素值。该表示方法使用三维量子序列存储彩色量子图像：

$$|I\rangle = \frac{1}{2^{n+1}} \sum_{y=0}^{2^n-1} \sum_{x=0}^{2^n-1} |c(x,y)\rangle |\text{ch\_index}\rangle |yx\rangle$$

$$= \frac{1}{2^{n+1}} \sum_{y=0}^{2^n-1} \sum_{x=0}^{2^n-1} \left(|R_{yx}\rangle \otimes |00\rangle + |G_{yx}\rangle \otimes |01\rangle + |B_{yx}\rangle \otimes |10\rangle + |S_{yx}\rangle \otimes |11\rangle \right) |yx\rangle$$

$$|R_{yx}\rangle = |R_{yx}^{q-1} \cdots R_{yx}^0\rangle, \quad |G_{yx}\rangle = |G_{yx}^{q-1} \cdots G_{yx}^0\rangle$$

$$|B_{yx}\rangle = |B_{yx}^{q-1} \cdots B_{yx}^0\rangle, \quad |S_{yx}\rangle = |0_{yx}^{q-1} \cdots 0_{yx}^0\rangle$$

一幅 2×2 图像及其 OCQR 表示方法如图 1-19 所示。

1.3.1.7　量子图像其他表示方法

除了上文介绍的量子图像表示方法，下面列举一些其他的量子图像表示方法。Venegas-Andraca 等人提出了以纠缠态形式存储量子图像的表示方法 Entangled Image[29]。Li H S 等人给出了多维量子图像表示方法 NAQSS（Normal Arbitrary Quantum Superposition State）[30]

$$
\begin{aligned}
|I\rangle = \frac{1}{2^{1+1}}\Bigg\{&\Bigg[\Big|\underbrace{11111111}_{\text{G-value}}\Big\rangle\otimes\Big|\underbrace{01}_{\text{G-index}}\Big\rangle+\Big|\underbrace{00000000}_{\text{channel-value}}\Big\rangle\otimes\Big(\Big|\underbrace{00}_{\text{R-index}}\Big\rangle+\Big|\underbrace{10}_{\text{B-index}}\Big\rangle+\Big|\underbrace{11}_{\text{S-index}}\Big\rangle\Big)\Bigg]\otimes|11\rangle+\\
&\Bigg[\Big|\underbrace{11111111}_{\text{B-value}}\Big\rangle\otimes\Big|\underbrace{10}_{\text{B-index}}\Big\rangle+\Big|\underbrace{00000000}_{\text{channel-value}}\Big\rangle\otimes\Big(\Big|\underbrace{00}_{\text{R-index}}\Big\rangle+\Big|\underbrace{01}_{\text{G-index}}\Big\rangle+\Big|\underbrace{11}_{\text{S-index}}\Big\rangle\Big)\Bigg]\otimes|00\rangle+\\
&\Bigg[\Big|\underbrace{11111111}_{\text{B-value}}\Big\rangle\otimes\Big|\underbrace{10}_{\text{B-index}}\Big\rangle+\Big|\underbrace{00000000}_{\text{channel-value}}\Big\rangle\otimes\Big(\Big|\underbrace{00}_{\text{R-index}}\Big\rangle+\Big|\underbrace{01}_{\text{G-index}}\Big\rangle+\Big|\underbrace{11}_{\text{S-index}}\Big\rangle\Big)\Bigg]\otimes|00\rangle+\\
&\Bigg[\Big|\underbrace{00000000}_{\text{S-value}}\Big\rangle\otimes\Big|\underbrace{11}_{\text{S-index}}\Big\rangle+\Big|\underbrace{11111111}_{\text{channel-value}}\Big\rangle\otimes\Big(\Big|\underbrace{00}_{\text{R-index}}\Big\rangle+\Big|\underbrace{01}_{\text{G-index}}\Big\rangle+\Big|\underbrace{10}_{\text{B-index}}\Big\rangle\Big)\Bigg]\otimes|01\rangle\Bigg\}
\end{aligned}
$$

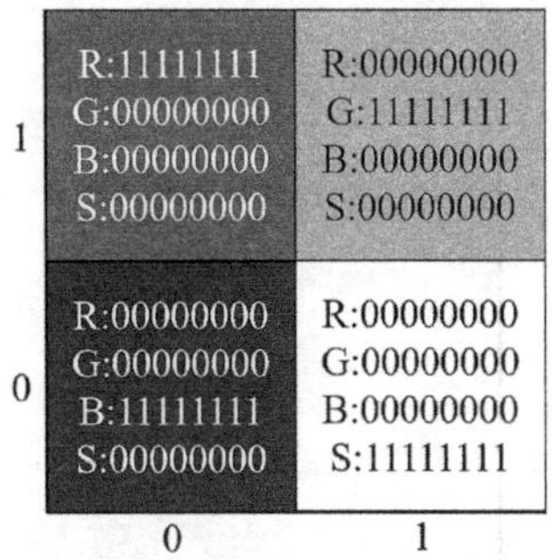

图1-19 一幅2×2图像及其OCQR表示方法

（如图 1-20 所示）。Sahin 等人提出了多波长图像的量子图像表示方法 QRMW（Quantum Representation of Multi Wavelength images）[31]。Khan R A 提出了量子灰度图像表示方法 IFRQI（Improved Flexible Representation of Quantum Images）[32]。Xu G L 等人设计了一种依照顺序编码的量子图像表示方法 OQIM（Order-encoded Quantum Image Model）[33]。Wang L 等人设计了双量子彩色图像表示方法 DQRCI（Double Quantum Representation for Color Images）[34]。Wang B 等人提出了量子索引图像表示方法 QIIR（Quantum Indexed Image Representation）（如图 1-21 所示）[35]。Grigoryan A M 和 Agaian S S 提出了量子图像的表示方法 FTQR（Fourier Transform Qubit Representation）[36]。Yan F 等人提出了一种基于 HSL 空间的量子彩色表示方法 QHSL（Quantum Hue，Saturation，and Lightness）[37]（如图 1-22 所示）。Chen G L 等人提出了基于 HSI 彩色空间模型的量子图像表示方法 QIRHSI（Quantum Image Representation based on HSI Color Space Model）[38]及其一般尺寸化表示方法 IQIRHSI（Improved QIRHSI），QIRHSI 和 IQIRHSI 表示方法将在 2.2 节中介绍。

$$
\begin{aligned}
|I\rangle = &\theta_0|000\rangle\otimes(\cos\gamma_0|0\rangle+\sin\gamma_0|1\rangle)+\theta_1|001\rangle\otimes(\cos\gamma_1|0\rangle+\sin\gamma_1|1\rangle)+\\
&\theta_2|010\rangle\otimes(\cos\gamma_2|0\rangle+\sin\gamma_2|1\rangle)+\theta_3|011\rangle\otimes(\cos\gamma_3|0\rangle+\sin\gamma_3|1\rangle)+\\
&\theta_4|100\rangle\otimes(\cos\gamma_4|0\rangle+\sin\gamma_4|1\rangle)+\theta_5|101\rangle\otimes(\cos\gamma_5|0\rangle+\sin\gamma_5|1\rangle)+\\
&\theta_6|110\rangle\otimes(\cos\gamma_6|0\rangle+\sin\gamma_6|1\rangle)+\theta_7|111\rangle\otimes(\cos\gamma_7|0\rangle+\sin\gamma_7|1\rangle)
\end{aligned}
$$

图1-20 NAQSS表示方法

15	12	12	12	12	15	15	15
4	4	7	7	3	10	10	10
4	4	7	7	3	10	10	10
4	4	7	7	3	10	10	10
4	4	11	11	3	0	10	10
4	4	11	11	3	10	10	10
9	9	9	9	1	1	1	1
9	9	9	9	1	1	1	1

	R	G	B
0	255	117	255
1	231	117	240
2	79	136	255
3	210	109	25
4	255	192	0
5	51	102	255
6	0	176	80
7	216	216	216
8	183	94	21
9	218	216	214
10	51	153	51
11	0	102	255
12	255	204	102
13	68	142	255
14	45	148	57
15	0	185	83

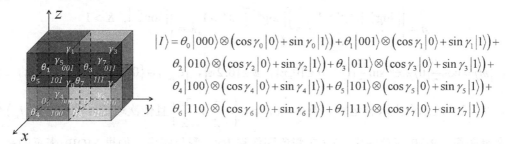

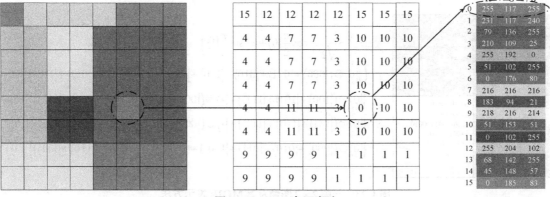

图1-21 QIIR表示方法

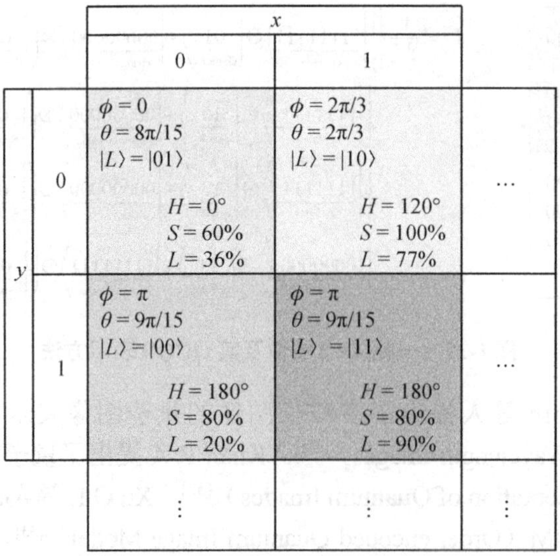

	x		
y	0	1	
0	$\phi = 0$ $\theta = 8\pi/15$ $\|L\rangle = \|01\rangle$ $H = 0°$ $S = 60\%$ $L = 36\%$	$\phi = 2\pi/3$ $\theta = 2\pi/3$ $\|L\rangle = \|10\rangle$ $H = 120°$ $S = 100\%$ $L = 77\%$	...
1	$\phi = \pi$ $\theta = 9\pi/15$ $\|L\rangle = \|00\rangle$ $H = 180°$ $S = 80\%$ $L = 20\%$	$\phi = \pi$ $\theta = 9\pi/15$ $\|L\rangle = \|11\rangle$ $H = 180°$ $S = 80\%$ $L = 90\%$	...
	⋮	⋮	

图 1-22　QHSL 表示方法

2021 年，Zhu H H 等人提出了一种可以表示多种模式的量子图像表示方法 MQIR（Multimode Quantum Image Representation）[39]。在 MQIR 表示方法中，图像大小可以是任意的，颜色可以用 Gray、RGB、LAB 和 HSL 几种颜色模型之一表示。对一幅尺寸为 $M \times N$ 大小的图像，其 MQIR 表示为：

$$|I_m\rangle = \frac{1}{\sqrt{2^{n+l+k+1}}} \sum_{x=0}^{M-1} \sum_{y=0}^{N-1} \sum_{z=0}^{K-1} |m\rangle |C_{zyx}\rangle |zyx\rangle$$

$$n = \begin{cases} \lceil \log_2^N \rceil, & N > 1 \\ 1, & N = 1 \end{cases}, l = \begin{cases} \lceil \log_2^M \rceil, & M > 1 \\ 1, & M = 1 \end{cases}, k = \begin{cases} \lceil \log_2^K \rceil, & K > 1 \\ 1, & K = 1 \end{cases}$$

其中，$|m\rangle = \cos\frac{\theta}{2}|0\rangle + e^{i\phi}\sin\frac{\theta}{2}|1\rangle$，$\theta \in [0, \pi]$，$\phi \in [0, 2\pi]$，$|C_{zyx}\rangle \in \{0, 1\}$ 表示像素颜色的二进制取值，"⌈ ⌉" 表示向上取整运算。当 $\theta = \pi$，$\phi \in \left\{0, \frac{\pi}{2}, \pi, \frac{3\pi}{2}\right\}$ 且依次取这 4 个值时，$|I_m\rangle$ 分别表示灰度图像、RGB 彩色图像、LAB 彩色图像和 HSL 彩色图像。如果 MQIR 表示的是一幅 8 比特的灰度图像，则 $K = \lceil \log_2^8 \rceil = 3$。一幅 2×2 图像及其 MQIR 表示方法如图 1-23 所示。

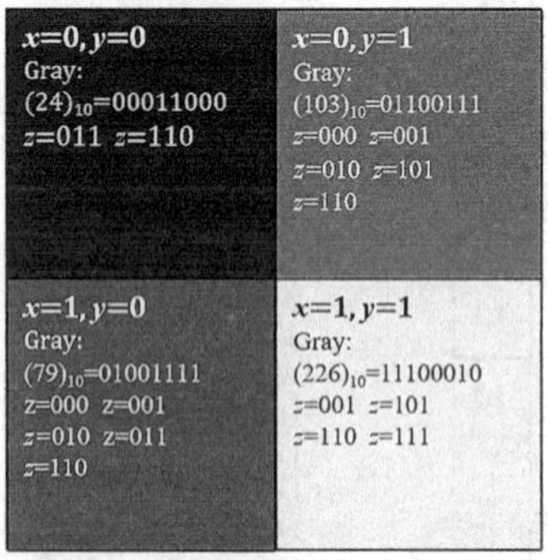

$x=0, y=0$ Gray: $(24)_{10}=00011000$ $z=011\ z=110$	$x=0, y=1$ Gray: $(103)_{10}=01100111$ $z=000\ z=001$ $z=010\ z=101$ $z=110$
$x=1, y=0$ Gray: $(79)_{10}=01001111$ $z=000\ z=001$ $z=010\ z=011$ $z=110$	$x=1, y=1$ Gray: $(226)_{10}=11100010$ $z=001\ z=101$ $z=110\ z=111$

$$|I_m\rangle = \frac{1}{\sqrt{2^5}} \left(\cos\frac{\pi}{2}|0\rangle + e^{i0}\sin\frac{\pi}{2}|1\rangle \right)$$

$$(\{|0\rangle \otimes (|000\rangle + |001\rangle + |010\rangle + |100\rangle + |101\rangle + |111\rangle) + |1\rangle \otimes (|011\rangle + |110\rangle)\}|00\rangle +$$
$$\{|0\rangle \otimes (|100\rangle + |101\rangle + |111\rangle) + |1\rangle \otimes (|000\rangle + |001\rangle + |010\rangle + |011\rangle + |110\rangle)\}|01\rangle +$$
$$\{|0\rangle \otimes (|101\rangle + |110\rangle + |111\rangle) + |1\rangle \otimes (|000\rangle + |001\rangle + |010\rangle + |101\rangle + |110\rangle)\}|10\rangle +$$
$$\{|0\rangle \otimes (|000\rangle + |010\rangle + |011\rangle + |100\rangle) + |1\rangle \otimes (|001\rangle + |101\rangle + |110\rangle + |111\rangle)\}|11\rangle)$$

图 1-23　一幅 2×2 图像及其 MQIR 表示方法

2022 年，Amankwah M G 等人介绍了量子像素表示的总体框架[40]，以单个量子状态捕捉像素颜色和位置，称为量子像素表示方法 QPIXL（Quantum PIXeL representations），并展示了如何将 FRQI，NEQR，MCRQI 和 NCQI 等多种图像表示方法合并到 QPIXL 框架中。

2022 年，Dong H 等人提出了一种新的量子图像表示 QTRQ（QutriT Representation of Quantum image）[41]。该表示方法采用两个量子纠缠序列存储灰度和位置信息，并将整个图像存储在量子序列叠加中。假设图像灰度范围为 3^q，三元序列 $C_{yx}^0 C_{yx}^1 \cdots C_{yx}^{q-1}$ 编码对应像素 (y,x) 的灰度值 $f(y,x)$ 为

$$f(y,x) = C_{yx}^0 C_{yx}^1 \cdots C_{yx}^{q-1}, C_{yx}^i \in \{0,1,2\}, f(y,x) \in [0, 3^q-1]$$

一幅 $3^n \times 3^n$ 大小的量子图像的表达式可以写为

$$|I\rangle = \frac{1}{3^n} \sum_{y=0}^{3^n-1} \sum_{x=0}^{3^n-1} |f(y,x)\rangle |yx\rangle = \frac{1}{3^n} \sum_{y=0}^{3^n-1} \sum_{x=0}^{3^n-1} \bigotimes_{i=0}^{q-1} |C_{yx}^i\rangle |yx\rangle$$

一幅 3×3 图像及其 QTRQ 表示如图 1-24 所示。

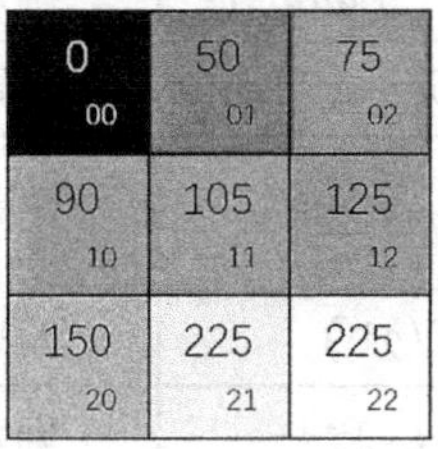

$$|I\rangle = \frac{1}{3}(|0\rangle \otimes |00\rangle + |50\rangle \otimes |01\rangle + |75\rangle \otimes |02\rangle + |90\rangle \otimes |10\rangle + |105\rangle \otimes |11\rangle +$$
$$|125\rangle \otimes |12\rangle + |150\rangle \otimes |20\rangle + |225\rangle \otimes |21\rangle + |255\rangle \otimes |22\rangle)$$
$$= \frac{1}{3}(|000000\rangle \otimes |00\rangle + |001212\rangle \otimes |01\rangle + |002210\rangle \otimes |02\rangle +$$
$$|010100\rangle \otimes |10\rangle + |010220\rangle \otimes |11\rangle + |011122\rangle \otimes |12\rangle +$$
$$|012120\rangle \otimes |20\rangle + |022100\rangle \otimes |21\rangle + |100110\rangle \otimes |22\rangle)$$

图1-24　一幅 3×3 图像及其 QTRQ 表示

通过上面的介绍，按照量子图像所使用的颜色空间模型，可以对量子图像表示方法做以下分类。

（1）基于二值信息的量子图像：纠缠态的二值几何形状表示方法[29]。

（2）基于灰度信息的量子图像：Real Ket[14]，FRQI[15]，NEQR[18]，CQIR[42]，FLPI（2-D QSNA）[43]，QSMC&QSNC[12]，QUALPI（极坐标）[19]，INEQR[62]，GQIR[20]，IFRQI[32]，QRMMI（多幅）[45]，GNEQR[46]，OQIM[33]，MQIR[39]，TMQIR（3D MQIR）[47]。

（3）基于彩色空间模型的量子图像

①RGB 颜色空间：MCRQI[48]，MCQI[22]，QSMC&QSNC[12]，NAQSS[30]，NASSRP[49]，CQIPT[23]，FQRCI[16]，MCLPQI（极坐标）[24]，NCQI[25]，OCQR[28]，QRMW[31]，FRQCI[17]，BRQI[21]，QRCI[26]，DQRCI（两幅）[34]，INCQI[27]，MQIR[39]。

②HSL 颜色空间：QHSL[37]，MQIR[39]。

③HSI 颜色空间：QIRHSI[38]，IQIRHSI[50]，EQIRHSI[44]。

④索引图像：QIIR[35]。

（4）红外图像：SQR[13]。

文献[51]和[52]分别对量子图像表示方法及发展趋势做了介绍和分析。常见量子图像的表示方法及特点见表 1-4。

表 1-4 常见量子图像的表示方法及特点

量子图像表示方法	提出年份	量子比特	颜色编译方式	复杂度	获取方式
QLM[10]	2003	2^{2n}	1 angle vectors (grayscale/RGB)	—	—
RKM[14]	2005	—	quantum superposition	—	—
FRQI[15]	2011	$2n+1$	1 angle vectors (grayscale)	$O(2^{4n})$	概率性
MCRQI[48]	2011	$2n+3$	4 angle vectors (RGB)	$O(2^{4n+6}-3\cdot 2^{2n+3})$	概率性
NEQR[18]	2013	$2n+q$	q qubits sequence (grayscale)	$O(qn\cdot 2^{2n})$	确定性
NAQSS[30]	2014	$2n+1$	1 angle vectors (grayscale/RGB)	$O(\log 2^n \cdot 2^{2n})$	概率性
CQIPT[23]	2014	$2n+3$	4 angle vectors (RGB)	$O(2^{4n+5}-3\cdot 2^{2n+2})$	概率性
FQRCI[16]	2014	$2n+3$	3 angle vectors (RGB)	$O(3\cdot 2^{4n})$	概率性
SQR[13]	2014	$2n+q+2$	1 angle vectors (infrared)	$O(2^{2n})$	概率性
GQIR[20]	2015	$h+w+q$	q qubits sequence (grayscale)	$O(2^{4n+2}+qn2^{2n})$	确定性
NCQI[25]	2016	$2n+3q$	$3q$ qubits sequence (RGB)	$O(6qn\cdot 2^{2n})$	确定性
BRQI[21]	2018	$2n+4/2n+6$	$q/3q$ qubits sequence (grayscale/RGB)	$O(mn\cdot 2^n)$	确定性
OQIM[33]	2019	$2n+2$	1 angle vectors (grayscale)	$O(2^{4n})$	概率性
QRCI[26]	2019	$2n+6$	q qubits sequence (RGB)	$O(L\cdot 2^{2n})$	确定性
FTQR[36]	2020	$r+s$	Fourier transform representation (grayscale/RGB)	$O(r+s)$	概率性
QHSL[37]	2021	$2n+q+1$	1 angle vectors and q qubits sequence (HSL)	$O((24n+q-10)\cdot 2^{2n})$	概率性/确定性
QIRHSI[38]	2022	$2n+q+2$	2 angle vectors and q qubits sequence (HSI)	$O(2^{4n+2}+qn2^{2n})$	概率性/确定性

1.3.1.8 量子视频表示

量子视频是由一组连续的量子图像构成的集合。理论上，多幅量子图像表示方法都可以作为量子视频表示方法，如 FLPI，MFLPI，QRMMI 及 TMQIR。主要的量子视频表示方法是 2011 年 Iliyasu A M 等人提出的量子视频框架[53]。量子视频框架是基于 Strip 线路和 FRQI 量子灰度图像表示提出的。2015 年 Yan F 等人提出扩展的多通道量子视频，即彩色视频表示方法[54]。2016 年，Wang S 等人提出基于 NEQR 量子图像和 Strip 线路的量子视频表示方法 QVNEQR（Quantum Video based on NEQR）[55]。

1.3.2 量子图像和视频处理综述

在经典图像处理领域已经建立了大量成熟和完善的处理算法，如图像初等变换、图像分割等。量子图像和视频处理的研究虽然处于起步阶段，但也已经涌现出许多研究成果。

1.3.2.1 量子图像颜色变换

颜色变换是常用的图像处理方法，它以图像颜色为元素进行各种操作，从而得到一幅区别于原始图像的新图像。Le P Q 等人在 2011 年给出量子图像 FRQI 的颜色变换操作[56]；紧接着，又给出了 MCRQI 图像的通道交换操作和单通道操作[48]。2013 年，利用 NOT 门，Zhang Y 等人给出 NEQR 表示的灰度处理操作，包括整体灰度操作、局部灰度操作和灰度统计操作[18]。2016 年，Sang J Z 等人给出 NCQI 图像的通道交换操作和单通道操作[25]。

1.3.2.2 量子图像几何变换

在图像处理中，几何变换指通过改变像素位置以使图像的几何形状发生变化。2010 年，借助 NOT 门、CNOT 门和 Toffoli 门，Le P Q 等人实现了 FRQI 表示的几何变换，包括两点交换、翻折变换、直角旋转操作[57]。接着，又提出受控的量子图像几何变换操作，进而实现局部几何变换[58]。2014 年，Wang J 等人给出 NEQR 模型的整体平移和循环平移操作[59]。2016 年，Fan P 等人实现了量子图像 NASS 的几何变换操作，如两点交换操作、对称翻转操作等[60]。2017 年，Yan F 等人提出了基于 NEQR 量子图像剪切变换的旋转操作[61]。

除此之外，几何变换中还有一种重要的变换叫缩放变换。2014 年，Jiang N 等人基于最近邻插值法提出改进的 NEQR（Improved NEQR，INEQR）图像中缩放倍数为 2^r 的量子缩放算法[62]。2015 年，他们又提出量子图像 GQIR 整数倍放大的算法[20]。2015 年，Sang J Z 等人给出了 FRQI 量子图像和 NEQR 量子图像的最近邻插值法的量子实现方法[63]。2017 年，Zhou R G 等人提出基于整数缩放比的双线性插值放大和缩小图像 GQIR 的量子算法[64]。2018 年，Li P C 等人提出基于量子 Fourier 变换的 NEQR 图像双线性插值法[65]。2020 年，以双线性插值法为工具，Zhou R G 等人提出了图像 INEQR 不对称缩放算法[66]。

1.3.2.3 量子图像压缩

图像通过数字化操作后，数据量会变得异常庞大，为了在有限信道下传输更多的图像信息，就需要对图像数据进行压缩。2013 年，Li H S 等人设计了量子图像 QSMC 的压缩算法[12]。2017 年，Jiang N 等人基于静态图像压缩算法构建了任意尺寸量子图像 GQIR 的压缩算法[67]。

1.3.2.4 量子图像分割

将图像划分成若干具有相似性质的区域的过程称为图像分割。2010 年，Venegas-Andraca S E 等人提出纠缠量子图像的分割算法[29]。2015 年，Caraiman S 等人基于阈值分割方法提出适用于量子计算机的图像分割方法[68]。2019 年，借助经典最优全局阈值化的 OTSU 算法，Li P C 等人提出 NEQR 图像阈值分割的量子线路设计方法[69]。

1.3.2.5 量子图像增强

采用某种技术，将图像转换为适合于机器分析的形式，进而获得"需要"信息的方法称为图像增强。2015 年，Jiang N 等人提出一种基于密度分层方法的量子图像 GQIR 伪彩色编码方案[70]。2017 年，基于量子 Fourier 变换的彩色图像滤波操作，Li P C 等人实现了量子图像 NCQI 的滤波量子线路[71]。

1.3.2.6　量子图像边缘检测与特征提取

图像处理领域最重要的技术之一就是边缘检测，对特征提取、描述和目标识别的研究有很大影响。2014 年，Zhang Y 等人提出了 NEQR 图像的局部特征提取框架[72]。2019 年，Fan P 等人基于经典 Sobel 算子设计了 NEQR 图像的边缘提取方法[73]。2021 年，Jiang N 等人基于亮度对比度（Luminance Contrast，LC）思想提出了量子图像兴趣点的提取方案[74]。2022 年，鲍华良、赵娅分别设计了经典 Canny 边缘检测算子[75]和 Marr-Hildreth 边缘检测算子[76]在 NEQR 量子图像上的量子实现算法。

1.3.2.7　量子图像形态学处理

2014 年，Yuan S Z 等人基于 NEQR 量子图像提出了量子二值图像和灰度图像的形态学处理方法，设计出量子膨胀和腐蚀操作，以及相应的量子线路[77]。2018 年，基于经典形态学操作的原理，Fan P 等人提出了 NEQR 图像的灰度膨胀和腐蚀操作，进而实现了形态学梯度操作[78]。

1.3.2.8　量子图像匹配

图像匹配，也称对应问题，可以在描绘相同场景的两个或多个数字图像之间建立对应关系。2015 年，Yang Y G 等人提出一种基于 NEQR 的匹配方法[79]。2016 年，Jiang N 等人给出一种量子图像匹配算法。该方法只关注一个像素（目标像素）而不是整个图像，基于 Grover 算法修改像素的概率，使得目标像素被更高的概率测量，并且测量步骤只执行一次[80]。Luo G F 等人在 2018 年提出基于灰度差异的模糊量子图像匹配方案，将其应用在参考图像中定位出与模板图像相似的目标区域[81]。

1.3.2.9　量子视频处理

对于量子视频处理，主要研究成果是 Yan F 等人提出的量子视频运动目标检测方法[82, 83]，通过合理设计测量策略，可以检测和定位量子视频帧中的运动目标。2017 年，Wang S 等人提出了基于 QVNEQR 的量子视频运动矢量提取算法[84]。

1.3.3　量子图像和视频安全综述

1.3.3.1　量子图像水印

2012 年，基于受控几何变换，Iliyasu A M 等人提出适用于量子计算机上的安全、无密钥的图像盲水印和认证策略 WaQI（Watermarking strategy for Quantum Images）[85]。Song X H 等

人在 2013 年提出基于量子小波变换 QWT 的水印方案[86]；第二年，他们又提出基于 Hadamard 变换的水印策略[87]。Yan F 等人于 2014 年提出了多通道量子图像的双重水印策略 MC-WaQI （Multi-Channel Watermarking strategy for Quantum Images），它融合了双密钥和双域思想，旨在增强量子图像的安全性[88]。2016 年，Heidari S 和 Naseri M 基于 NEQR 图像提出一种新的量子水印协议[89]。2017 年，为了解决量子彩色图像中水印嵌入的问题，Li P C 等人提出了一种利用小规模量子线路和彩色图像置乱的水印方案[90]。2019 年，Hu W W 等人提出了基于 Haar 小波变换的 FRQI 图像水印算法[91]。

1.3.3.2　量子图像置乱与扩散

图像置乱与扩散是指将原本人眼可辨别的图像变成类似噪声的图像，经过像素位置置乱与颜色扩散操作，基本上无法从图像中辨别出原始图像的内容。2014 年，Jiang N 等人提出 Arnold 置乱和 Fibonacci 置乱的量子图像置乱算法，通过普通加法器和模 N 加法器设计了 Arnold 置乱和 Fibonacci 置乱的量子线路[92, 93]；同年，又提出 Hilbert 置乱的量子图像置乱算法，通过递归、渐进分层的方法设计 Hilbert 置乱的量子线路[94]。2015 年，Zhou R G 等人基于 NEQR 图像提出 Gray 码和位平面（Gray-code and Bit-plane，GB）的一种全色彩空间置乱策略[95]。2016 年，利用 CNOT 门和模 N 加法器，Sang J Z 等人设计了量子图像 IFRQI 的 Arnold 置乱量子线路[96]。

1.3.3.3　量子图像和视频隐写

量子隐写是一种将秘密信息隐藏到量子载体（如量子图像、量子视频）中的技术。2014 年，Jiang N 等人提出基于 NEQR 图像的两类量子线路形式的盲最低有效位（Least Significant Bit，LSB）隐写算法。一类是一般的 LSB 算法，使用信息位直接代替像素的 LSB；块 LSB 是另外一类算法，是将信息位嵌入一个图像块的某些像素中[97]。2016 年，Sang J Z 等人针对量子图像 NCQI 提出了一种最低有效量子比特位（Least Significant Qubit，LSQb）信息隐写算法。所提出的方法构建了一个嵌入 LSQb 的图像，主要包含量子比特比较和量子比特嵌入两个步骤[98]。

在量子视频隐写上，Qu Z 等人提出了基于 MCQI 视频帧唯一特征的大容量量子视频隐写方案[99]，Chen S 等人也提出了基于量子视频 QVNEQR 的大容量隐写方案[100]，Wang S 等人则提出了基于量子视频 QVNEQR 的运动矢量 LSQb 隐写方案[84]。

1.3.3.4　量子图像秘密分享

量子秘密分享是将信息分成几个子秘密的过程，少于门限个数的子秘密不足以读取该信息，但是大于等于门限个数的子秘密可以获取信息。2014 年，基于一个量子比特和 Strip 思想，Song X H 等人提出了一种量子图像秘密分享（Quantum Image Secret Sharing，QISS）方案[101]。2019 年，Wang H Q 等人提出了基于加密和测量的量子灰度图像 FRQI 和量子彩色图像 MCQI 的改进的量子图像秘密分享方案（Improved QISS，IQISS）[102]。

1.3.3.5 量子图像和视频加密

在量子图像加密方面，2013 年，Yang Y G 等人提出灰度图像加密方案，该方案使用了量子图像空间域和量子 Fourier 变换域的双随机相位编码技术[103]。2014 年，Song X H 等人设计出基于受控几何变换和颜色变换的量子图像加密方案，该加密方案的核心操作是先通过受控几何变换对像素位置进行置乱，再通过受控颜色变换在置乱后所得的量子图像上执行颜色扩散操作[104]。2015 年，Zhou N R 等人提出量子图像 FRQI 的加密算法。经广义 Arnold 操作置乱像素位置，通过双随机相位运算对灰度信息进行编码[105]。2016 年，Gong L H 等人设计了一种基于量子图像 XOR 运算的量子图像加密算法。量子图像 XOR 运算是通过使用 Chen 超混沌系统生成的超混沌序列来控制受控非运算来设计的，该运算用于编码灰度信息[106]。2017 年，Wang H 等人提出基于频域变换和空域变换迭代框架的量子图像 FRQI 加密算法[107]。同年，Ran Q W 等人提出一种基于耦合超混沌 Lorenz 系统的三脉冲注入量子彩色图像 NCQI 加密方案[108]。2019 年，Khan M 和 Rasheed A 设计了与 n 个不同对象的排列组合相关的特殊线性幺正变换，基于此提出一种基于特殊线性幺正变换的 Chen 混沌动力系统的量子图像 NCQI 加密算法[109]。2020 年，Abd El-Latif A A 等人提出一种建立在量子漫步伪随机数生成器上的方法，对 NCQI 图像表示下存储在量子力学系统中的彩色图像进行加密[110]。2021 年，基于 Arnold 置乱和 Logistic 映射，Liu X B 等人提出新型的三级量子图像 NEQR 的加密算法[111]。为了获得满意的加密效果，对原始图像进行了块级扩散、比特面扩散和像素级扩散的三级加密。2022 年，Song X H 等人基于 QIRHSI 量子图像表示提出了一种基于几何变换和强度通道扩散的量子彩色图像加密算法[112]。

在量子视频加密方面，2015 年，基于视频每一帧的颜色信息变换，Yan F 等人提出了一种在量子计算机上进行视频加密和解密的方法。所提出的方法为通过量子测量加密量子视频提供了一种灵活的操作，以增强视频的安全性[113]。2020 年，Song X H 等人提出一种高效安全的量子视频加密算法，该算法基于多层加密步骤中的量子比特面受控 XOR 操作和改进的 Logistic 映射，在加密算法中使用帧间位置置乱、帧内像素位置置乱和帧内量子比特面置乱三个操作完成整个加密过程[114]。

1.4 本书组织结构

本章以应用需求为导向，指出了量子计算机发展的必然趋势，针对这种应用背景，提出了量子图像和视频在量子计算机时代面临的几个主要问题和关键技术：量子图像和视频的表示和分析、量子图像和视频的内容认证和版权保护，以及量子图像和视频的安全保密。本章进一步探讨了量子信息和量子计算的理论、量子图像和视频的概念、量子图像和视频处理遵循的物理和数学规律、量子图像和视频安全问题的研究内容和发展现状。本书章节内容的组织结构如图 1-25 所示。

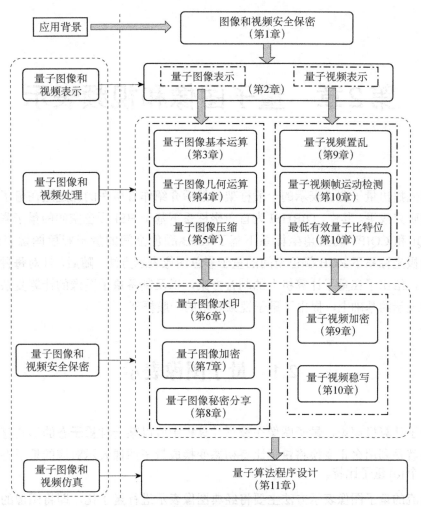

图1-25　本书章节内容的组织结构

第2章 量子图像和视频表示

本章首先提出量子图像表示的一般框架，然后介绍作者所在的课题组在量子彩色图像表示上的一些研究成果。其中，QIRHSI 为直角坐标系下基于 HSI 颜色空间的量子彩色图像表示方法，NCQI 和 CQIPT 为直角坐标系下基于 RGB 颜色空间的量子彩色图像表示方法，而 MLCPQI 为极坐标系下 RGB 颜色空间的量子彩色图像表示方法。随后，针对每种量子彩色图像表示方法，给出了在量子计算机上的制备方案，以及制备量子图像的计算复杂度。最后，在量子图像表示的基础上，提出了量子视频表示的一般框架。

2.1 量子图像表示

根据量子计算机理论，量子图像在量子计算机中应以某一种量子态的形式存储。而量子图像的制备就是利用幺正变换将量子比特初态变换成量子图像表示对应的量子态，量子初态一般为若干个 $|0\rangle$ 量子比特。

目前主流的量子图像表示方法主要将经典图像表示进行量子化，即将图像的像素位置和颜色两个要素编码为对应的量子态。这样做的好处是量子图像可以方便地在经典计算机和量子计算机之间进行转化，一些图像处理任务在量子计算机完成后，可以使用经典计算机进行结果展示等进一步处理。一般的量子图像表示框架 $|I\rangle$ 为

$$|I\rangle = \sum_{i=0}^{N-1} \beta_i |c_i\rangle |p_i\rangle \tag{2-1}$$

式（2-1）中，$|p_i\rangle$ 表示像素位置编码，而 $|c_i\rangle$ 表示颜色编码，N 为图像尺寸。由于经典图像是模拟图像经采样、量化两步操作获得的，因此像素位置和颜色均为离散编码，为使量子图像和经典图像之间可以相互转化，这里提出的量子图像表示框架仍旧使用离散有限取值编码方法。

对于一幅尺寸为 $N = 2^m \times 2^n$ 大小的图像，其量子图像表示方法为

$$|I\rangle = \frac{1}{2^{\frac{m+n}{2}}} \sum_{y=0}^{2^n-1} \sum_{x=0}^{2^m-1} |c_{yx}\rangle \otimes |yx\rangle \tag{2-2}$$

其中，$|c_{yx}\rangle$ 为颜色编码，$|yx\rangle$ 为像素位置编码。$|c_{yx}\rangle$ 的编码方式决定了量子图像是二值图像、灰度图像还是彩色图像。$|yx\rangle$ 对应量子图像的坐标系统，常见的坐标系统是直角坐标系和极

坐标系。

量子图像的制备具有一定的灵活性。对于量子图像的制备方法，一般可以分为两步完成：首先制备坐标系统编码$|yx\rangle$，这一步一般通过和位置$|yx\rangle$所用的量子比特数量相同的 Hadamard 门实现。然后针对每一个像素位置相应的颜色$|c_{yx}\rangle$，设计相应的受控门来实现颜色的量子编码。

2.2 量子彩色图像表示 QIRHSI

2.2.1 QIRHSI 表示

任何彩色图像（例如，图 2-1 中的"彩色图像 Peppers"）都可以被分解为色调（H）、饱和度（S）和强度（I）通道（HSI 模型见附录 C.3）。设彩色图像尺寸为$2^n \times 2^n$，强度通道取值的范围为$[0, 2^q - 1]$，使用二进制序列$C_k^0 C_k^1 \cdots C_k^{q-1}$编码像素位置$k$处的强度$I_k$，则 QIRHSI 表示如式（2-3）所示：

$$|I(\theta)\rangle = \frac{1}{2^n} \sum_{k=0}^{2^{2n}-1} |C_k\rangle \otimes |k\rangle$$

$$= \frac{1}{2^n} \sum_{k=0}^{2^{2n}-1} |H_k\rangle |S_k\rangle |I_k\rangle \otimes |k\rangle \tag{2-3}$$

式（2-3）中，

$$|H_k\rangle = \cos\theta_{hk} |0\rangle + \sin\theta_{hk} |1\rangle$$
$$|S_k\rangle = \cos\theta_{sk} |0\rangle + \sin\theta_{sk} |1\rangle$$
$$|I_k\rangle = |C_k^0 C_k^1 \cdots C_k^{q-2} C_k^{q-1}\rangle$$
$$\theta_{hk}, \theta_{sk} \in \left[0, \frac{\pi}{2}\right], C_k^l \in \{0, 1\}$$
$$l = 0, 1, \cdots, q-1$$
$$k = 0, 1, \cdots, 2^{2n} - 1$$

$|C_k\rangle$用来编码颜色，$|k\rangle$用来编码像素位置。θ_{hk}, θ_{sk}用来编码 HSI 颜色空间的色调通道 H 和饱和度通道 S 的信息。对于$2n$位量子比特系统中的图像，有

$$|k\rangle = |y\rangle |x\rangle = |y_{n-1} \cdots y_1 y_0\rangle |x_{n-1} \cdots x_1 x_0\rangle \tag{2-4}$$
$$y, x \in \{0, 1, \cdots, 2^n - 1\}$$
$$|y_j\rangle, |x_j\rangle \in \{|0\rangle, |1\rangle\}, j = 0, 1, \cdots, n-1$$

此处$|y\rangle = |y_{n-1} \cdots y_1 y_0\rangle$沿垂直方向对前$n$个量子比特进行编码，$|x\rangle = |x_{n-1} \cdots x_1 x_0\rangle$沿水平方向对后$n$个量子比特进行编码。

一幅2×2的量子彩色图像 QIRHSI 及其表示如图 2-2 所示。

(a) 彩色图像Peppers　　(b) Peppers-H　　(c) Peppers-S　　(d) Peppers-I

图 2-1　彩色图像 Peppers 及其 H、S 和 I 通道

$$|I(\theta)\rangle = \frac{1}{2}\left\{\left(\cos\frac{49\pi}{100}|0\rangle + \sin\frac{49\pi}{100}|1\rangle\right)\left(\cos\frac{11\pi}{100}|0\rangle + \sin\frac{11\pi}{100}|1\rangle\right)|01111111\rangle\otimes|00\rangle + \right.$$
$$\left(\cos\frac{45\pi}{100}|0\rangle + \sin\frac{45\pi}{100}|1\rangle\right)\left(\cos\frac{13\pi}{100}|0\rangle + \sin\frac{13\pi}{100}|1\rangle\right)|10101111\rangle\otimes|01\rangle +$$
$$\left(\cos\frac{32\pi}{100}|0\rangle + \sin\frac{32\pi}{100}|1\rangle\right)\left(\cos\frac{21\pi}{100}|0\rangle + \sin\frac{21\pi}{100}|1\rangle\right)|11001011\rangle\otimes|10\rangle +$$
$$\left.\left(\cos\frac{37\pi}{100}|0\rangle + \sin\frac{37\pi}{100}|1\rangle\right)\left(\cos\frac{15\pi}{100}|0\rangle + \sin\frac{15\pi}{100}|1\rangle\right)|11110101\rangle\otimes|11\rangle\right\}$$

图 2-2　一幅 2×2 的量子彩色图像 QIRHSI 及其表示

2.2.2　QIRHSI 的制备

在量子计算范围内，量子计算机首先要被初始化为一个初始状态。因此，给出从初始状态变换到量子图像的完整制备过程是必要的。引理 2.1 给出了制备 QIRHSI 的有效方法。

引理 2.1　给定 2^{2n} 个二进制序列 $C_k^0 C_k^1 \cdots C_k^{q-1}$，$k=0,1,\cdots,2^{2n}-1$，和 2 个向量 $\boldsymbol{\theta}_x = (\theta_{x_0}, \theta_{x_1}, \cdots, \theta_{x_{2^{2n}-1}})$，$x\in\{h,s\}$，满足式（2-3），存在一个幺正变换 P 将量子计算机从初始态 $|0\rangle^{\otimes 2n+q+2}$ 变换到 QIRHSI 态 $|I(\theta)\rangle$，幺正变换 P 由 Hadamard 变换、CNOT 变换和受控旋转变换组成。

证明　在 QIRHSI 表示中，可以由三个步骤构建幺正变换 P，进而初始化一组量子比特。图 2-3 描述了从初始状态制备量子图像 QIRHSI 的步骤。整个制备过程分为三个步骤：A、B 和 R。首先，步骤 A 使用 Hadamard 变换编码像素；其次，步骤 B 借助 CNOT 变换生成强度值；最后，步骤 R 使用受控旋转变换产生色调和饱和度。

步骤 A　像素编码。给定两个单量子比特门，2 阶恒等矩阵 $\boldsymbol{I}$ 和 Hadamard 矩阵 $\boldsymbol{H}$，

$$\boldsymbol{I} = \begin{pmatrix} 1 & 0 \\ 0 & 1 \end{pmatrix},\ \boldsymbol{H} = \frac{1}{\sqrt{2}}\begin{pmatrix} 1 & 1 \\ 1 & -1 \end{pmatrix} \tag{2-5}$$

用 $\boldsymbol{H}^{\otimes 2n}$ 表示 $2n$ 个 Hadamard 矩阵的张量积，将变换

$$A = \boldsymbol{I}^{\otimes q+2} \otimes \boldsymbol{H}^{\otimes 2n} \tag{2-6}$$

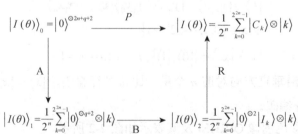

图 2-3　从初始状态制备量子图像 QIRHSI 的步骤

作用在初态 $|0\rangle^{\otimes 2n+q+2}$ 上，得到中间态 $|I(\theta)\rangle_1$，即

$$A\left(|0\rangle^{\otimes 2n+q+2}\right) = (\boldsymbol{I}|0\rangle)^{\otimes q+2} \otimes (\boldsymbol{H}|0\rangle)^{\otimes 2n}$$

$$= \frac{1}{2^n} \sum_{k=0}^{2^{2n}-1} |0\rangle^{\otimes q+2} \otimes |k\rangle$$

$$\triangleq |I(\theta)\rangle_1 \tag{2-7}$$

步骤 B 强度值编码。要制备出量子图像，还需为每个像素制备颜色值。在中间态 $|I(\theta)\rangle_1$ 上，所有的像素已经被存储到量子比特序列的叠加态里面。对于每个像素 m，量子子操作 B_m 为

$$B_m = \boldsymbol{I}^{\otimes q+2} \otimes \sum_{k=0, k\neq m}^{2^{2n}-1} |k\rangle\langle k| + \boldsymbol{I}^{\otimes 2} \otimes \Lambda_m \otimes |m\rangle\langle m| \tag{2-8}$$

Λ_m 是像素 m 的强度值生成操作，且

$$\Lambda_m = \bigotimes_{i=0}^{q-1} \Lambda_m^i \tag{2-9}$$

由于 QIRHSI 用 q 个量子比特表示强度值，因此 Λ_m 由 q 个如式（2-10）所示的量子黑箱组成：

$$\Lambda_m^i : |0\rangle \to |0 \oplus C_m^i\rangle, i = 0, 1, \cdots, q-1. \tag{2-10}$$

从式（2-10）可以看出，Λ_m^i 是量子 XOR 操作。因此，为像素设定强度值的量子变换 Λ_m 由式（2-11）给出：

$$\Lambda_m |0\rangle^{\otimes q} = \bigotimes_{i=0}^{q-1}\left(\Lambda_m^i |0\rangle\right) = \bigotimes_{i=0}^{q-1}|0 \oplus C_m^i\rangle = \bigotimes_{i=0}^{q-1}|C_m^i\rangle = |I_m\rangle \tag{2-11}$$

然后，将中间态 $|I(\theta)\rangle_1$ 转换为 $|I(\theta)\rangle_2$，见式（2-12）：

$$B_m\left(|I(\theta)\rangle_1\right) = \frac{1}{2^n} B_m \left\{ \sum_{k=0, k\neq m}^{2^{2n}-1} |0\rangle^{\otimes q+2} \otimes |k\rangle + |0\rangle^{\otimes q+2} \otimes |m\rangle \right\}$$

$$= \frac{1}{2^n} \left\{ \sum_{k=0, k\neq m}^{2^{2n}-1} (\boldsymbol{I}|0\rangle)^{\otimes q+2} \otimes |k\rangle + (\boldsymbol{I}|0\rangle)^{\otimes 2} \left(\Lambda_m |0\rangle^{\otimes q}\right) \otimes |m\rangle \right\}$$

$$= \frac{1}{2^n} \left\{ \sum_{k=0, k\neq m}^{2^{2n}-1} |0\rangle^{\otimes q+2} \otimes |k\rangle + |0\rangle^{\otimes 2} |I_m\rangle \otimes |m\rangle \right\} \tag{2-12}$$

使用式（2-8）两次，得到式（2-13）：

$$B_l B_m\left(|I(\theta)\rangle_1\right) = \frac{1}{2^n} \left\{ \sum_{k=0, k\neq m,l}^{2^{2n}-1} (\boldsymbol{I}|0\rangle)^{\otimes q+2} \otimes |k\rangle + (\boldsymbol{I}|0\rangle)^{\otimes 2} \left(\Lambda_m |0\rangle^{\otimes q}\right) \otimes |m\rangle + \right.$$

$$\left. (\boldsymbol{I}|0\rangle)^{\otimes 2} \left(\Lambda_l |0\rangle^{\otimes q}\right) \otimes |l\rangle \right\}$$

$$= \frac{1}{2^n} \left\{ \sum_{k=0, k\neq m,l}^{2^{2n}-1} |0\rangle^{\otimes q+2} \otimes |k\rangle + |0\rangle^{\otimes 2} |I_m\rangle \otimes |m\rangle + |0\rangle^{\otimes 2} |I_l\rangle \otimes |l\rangle \right\} \tag{2-13}$$

从式（2-13）可得

$$B(|I(\theta)\rangle_1) = \left(\prod_{k=0}^{2^{2n}-1} B_k\right)(|I(\theta)\rangle_1) \triangleq |I(\theta)\rangle_2 \tag{2-14}$$

步骤 R 色调和饱和度编码。接下来，考虑下面的旋转矩阵（围绕 y 轴角度为 $2\theta_{sl}$ 和 $2\theta_{hl}$ 的旋转）

$$\boldsymbol{R}_y(2\theta_{sl}) = \begin{pmatrix} \cos\theta_{sl} & -\sin\theta_{sl} \\ \sin\theta_{sl} & \cos\theta_{sl} \end{pmatrix} \tag{2-15}$$

$$\boldsymbol{R}_y(2\theta_{hl}) = \begin{pmatrix} \cos\theta_{hl} & -\sin\theta_{hl} \\ \sin\theta_{hl} & \cos\theta_{hl} \end{pmatrix} \tag{2-16}$$

基于式（2-15）、式（2-16），构造两个受控旋转变换 R_{sl}, R_{hl}，$l = 0,1,\cdots,2^{2n}-1$。

$$R_{sl} = I^{\otimes q+2} \otimes \sum_{k=0,k\neq l}^{2^{2n}-1} |k\rangle\langle k| + I \otimes \boldsymbol{R}_y(2\theta_{sl}) \otimes I^{\otimes q} \otimes |l\rangle\langle l| \tag{2-17}$$

$$R_{hl} = I^{\otimes q+2} \otimes \sum_{k=0,k\neq l}^{2^{2n}-1} |k\rangle\langle k| + \boldsymbol{R}_y(2\theta_{hl}) \otimes I \otimes I^{\otimes q} \otimes |l\rangle\langle l| \tag{2-18}$$

当 $l = i, j$ 时，将 R_{si} 作用到 $|I(\theta)\rangle_2$ 上得到：

$$\begin{aligned}
R_{si}(|I(\theta)\rangle_2) &= \frac{1}{2^n}\Biggl\{(I|0\rangle)^{\otimes 2} \otimes \left(\sum_{k=0,k\neq i}^{2^{2n}-1} |I_k\rangle \otimes |k\rangle\langle k|\right)\left(\sum_{k=0}^{2^{2n}-1}|k\rangle\right) + \\
&\quad |0\rangle(R_y(2\theta_{si})|0\rangle)|I_i\rangle \otimes |i\rangle\langle i|\left(\sum_{k=0}^{2^{2n}-1}|k\rangle\right)\Biggr\} \\
&= \frac{1}{2^n}\Biggl\{|0\rangle^{\otimes 2} \otimes \left(\sum_{k=0,k\neq i}^{2^{2n}-1}|I_k\rangle \otimes |k\rangle\right) + \\
&\quad |0\rangle(\cos\theta_{si}|0\rangle + \sin\theta_{si}|1\rangle)|I_i\rangle \otimes |i\rangle\Biggr\} \\
&= \frac{1}{2^n}\Biggl\{|0\rangle^{\otimes 2} \otimes \left(\sum_{k=0,k\neq i}^{2^{2n}-1}|I_k\rangle \otimes |k\rangle\right) + |0\rangle|S_i\rangle|I_i\rangle \otimes |i\rangle\Biggr\}
\end{aligned} \tag{2-19}$$

将式（2-19）应用两次，获得：

$$\begin{aligned}
&R_{sj}R_{si}(|I(\theta)\rangle_2) \\
&= \frac{1}{2^n}\Biggl\{|0\rangle^{\otimes 2} \otimes \left(\sum_{k=0,k\neq i,j}^{2^{2n}-1}|I_k\rangle \otimes |k\rangle\right) + |0\rangle(\cos\theta_{si}|0\rangle + \sin\theta_{si}|1\rangle)|I_i\rangle \otimes |i\rangle + \\
&\quad |0\rangle(\cos\theta_{sj}|0\rangle + \sin\theta_{sj}|1\rangle)|I_j\rangle \otimes |j\rangle\Biggr\} \\
&= \frac{1}{2^n}\Biggl\{|0\rangle^{\otimes 2} \otimes \left(\sum_{k=0,k\neq i,j}^{2^{2n}-1}|I_k\rangle \otimes |k\rangle\right) + |0\rangle|S_i\rangle|I_i\rangle \otimes |i\rangle + |0\rangle|S_j\rangle|I_j\rangle \otimes |j\rangle\Biggr\}
\end{aligned} \tag{2-20}$$

从式（2-20）可知，

$$R_s(|I(\theta)\rangle_2) = \left(\prod_{k=0}^{2^{2n}-1} R_{sk}\right)(|I(\theta)\rangle_2) = \frac{1}{2^n}\sum_{k=0}^{2^{2n}-1}|0\rangle|S_k\rangle|I_k\rangle \otimes |k\rangle \tag{2-21}$$

类似地，

$$R_{\mathrm{h}i}\left(\left|I(\theta)\right\rangle_2\right)$$

$$=\frac{1}{2^n}\left\{I|0\rangle\otimes\left(\sum_{k=0,k\neq i}^{2^{2n}-1}|S_k\rangle|I_k\rangle\otimes|k\rangle\langle k|\right)\left(\sum_{k=0}^{2^{2n}-1}|k\rangle\right)+\right.$$

$$\left.\left(R_y(2\theta_{\mathrm{h}i})|0\rangle\right)|S_i\rangle|I_i\rangle\otimes|i\rangle\langle i|\left(\sum_{k=0}^{2^{2n}-1}|k\rangle\right)\right\}$$

$$=\frac{1}{2^n}\left\{|0\rangle\otimes\left(\sum_{k=0,k\neq i}^{2^{2n}-1}|S_k\rangle|I_k\rangle\otimes|k\rangle\right)+\left(\cos\theta_{\mathrm{h}i}|0\rangle+\sin\theta_{\mathrm{h}i}|1\rangle\right)|S_i\rangle|I_i\rangle\otimes|i\rangle\right\}$$

$$=\frac{1}{2^n}\left\{|0\rangle\otimes\left(\sum_{k=0,k\neq i}^{2^{2n}-1}|S_k\rangle|I_k\rangle\otimes|k\rangle\right)+|H_i\rangle|S_i\rangle|I_i\rangle\otimes|i\rangle\right\} \tag{2-22}$$

应用式（2-22）两次，可得：

$$R_{\mathrm{h}j}R_{\mathrm{h}i}\left(\frac{1}{2^n}\sum_{k=0}^{2^{2n}-1}|0\rangle|S_k\rangle|I_k\rangle\otimes|k\rangle\right)$$

$$=\frac{1}{2^n}\left\{|0\rangle\otimes\left(\sum_{k=0,k\neq i,j}^{2^{2n}-1}|S_k\rangle|I_k\rangle\otimes|k\rangle\right)+\left(\cos\theta_{\mathrm{h}i}|0\rangle+\sin\theta_{\mathrm{h}i}|1\rangle\right)|S_i\rangle|I_i\rangle\otimes|i\rangle+\right.$$

$$\left.\left(\cos\theta_{\mathrm{h}j}|0\rangle+\sin\theta_{\mathrm{h}j}|1\rangle\right)|S_j\rangle|I_j\rangle\otimes|j\rangle\right\}$$

$$=\frac{1}{2^n}\left\{|0\rangle\otimes\left(\sum_{k=0,k\neq i,l}^{2^{2n}-1}|S_k\rangle|I_k\rangle\otimes|k\rangle\right)+|H_i\rangle|S_i\rangle|I_i\rangle\otimes|i\rangle+|H_j\rangle|S_j\rangle|I_j\rangle\otimes|j\rangle\right\}$$

$$=\frac{1}{2^n}\left\{|0\rangle\otimes\left(\sum_{k=0,k\neq i,j}^{2^{2n}-1}|S_k\rangle|I_k\rangle\otimes|k\rangle\right)+|C_i\rangle\otimes|i\rangle+|C_j\rangle\otimes|j\rangle\right\} \tag{2-23}$$

从（2-23），能够得到

$$R\left(\left|I(\theta)\right\rangle_2\right)=R_\mathrm{h}\left(R_\mathrm{s}\left(\left|I(\theta)\right\rangle_2\right)\right)=\left(\prod_{k=0}^{2^{2n}-1}R_{\mathrm{h}k}\right)\left(R_\mathrm{s}\left(\left|I(\theta)\right\rangle_2\right)\right)=\left|I(\theta)\right\rangle \tag{2-24}$$

因此，$P=RBA$ 是从初始状态 $|0\rangle^{\otimes 2n+q+2}$ 转换为量子图像 $|I(\theta)\rangle$ 的幺正变换。

在量子线路中，复杂的变换可以分解为基本量子门，即单量子比特门和受控的双量子比特门。

推论 2.1 给定 2^{2n} 个二进制序列 $C_k^0 C_k^1 \cdots C_k^{q-1}$，$k=0,1,\cdots,2^{2n}-1$，和两个角度向量 $\boldsymbol{\theta}_x=\left(\theta_{x_0},\theta_{x_1},\cdots,\theta_{x_{2^{2n}-1}}\right)$，$x\in\{\mathrm{h},\mathrm{s}\}$，引理 2.1 中所描述的幺正变换 P 能够由 Hadamard 门、CNOT 门、受控旋转门 $C^{2n}\left(R_y\left(\dfrac{2\theta_{\mathrm{s}k}}{2^{2n}-1}\right)\right)$ 和 $C^{2n}\left(R_y\left(\dfrac{2\theta_{\mathrm{h}k}}{2^{2n}-1}\right)\right)$ 实现，其中，$R_y\left(\dfrac{2\theta_{\mathrm{s}k}}{2^{2n}-1}\right)$ 和 $R_y\left(\dfrac{2\theta_{\mathrm{h}k}}{2^{2n}-1}\right)$ 分别绕 y 轴旋转角度为 $\dfrac{2\theta_{\mathrm{s}k}}{2^{2n}-1}$，$\dfrac{2\theta_{\mathrm{h}k}}{2^{2n}-1}$，$k=0,1,\cdots,2^{2n}-1$。

证明 从引理 2.1 的证明可知，变换 P 由 RBA 组成。变换 A、B 和 R 可以分别由 $2n$ 个 Hadamard 门，不超过 $qn2^{2n}$ 个 CNOT 门，2^{2n} 个受控旋转门 $R_{\mathrm{s}k}$ 和 2^{2n} 个受控旋转门 $R_{\mathrm{h}k}$ 或

$C^{2n}(2\theta_{sk})$ 和 $C^{2n}(2\theta_{hk})$ 实现。此外，受控旋转变换 R_{sk} 和 R_{hk} 能够由 $C^{2n}(2\theta_{sk})$，$C^{2n}(2\theta_{hk})$ 和 NOT 门实现。

再者，$C^{2n}(R_y(2\theta_k))$ 变换可以被分解成 $2^{2n}-1$ 个基本变换 $R_y\left(\dfrac{2\theta_k}{2^{2n}-1}\right)$，$R_y\left(-\dfrac{2\theta_k}{2^{2n}-1}\right)$ 和 $2^{2n}-2$ 个 CNOT 门。

需要注意的是量子变换 A 是步骤 A 中的。从式（2-6）可知，步骤 A 中的基本操作数为 $2n$。然而，步骤 B 和 R 比步骤 A 更为复杂。步骤 B 中，将整个量子变换 B 划分为 $2n$ 个子变换 B_m 以制备每个像素的强度信息。从文献[18]中的定理 1 可知，B_m 所消耗的量子基本变换数量是 qn。又由于步骤 B 中每个像素的强度值是独立设置的，所以整个操作 B 所需的基本变换数为 $qn2^{2n}$。在步骤 R 中，整个量子变换 R 被划分为操作 R_s 和 R_h。从推论 2.1 可知，式（2-17）中的 $R_y(2\theta_{sl})$ 变换可以划分为 $2^{2n}-1$ 个基本门和 $2^{2n}-2$ 个 CNOT 门。由于每个像素的饱和度彼此之间是互不干涉的，式（2-21）中 R_s 所需的基本变换数量为 $2^{2n}\times(2^{2n}-1+2^{2n}-2)$；同理，$R_h$ 操作所需的基本变换数为 $2^{2n}\times(2^{2n}-1+2^{2n}-2)$。因此，步骤 R 中所需要的基本变换为 $2\times 2^{2n}\times(2^{2n}-1+2^{2n}-2)$ 个。

综上所述，用于制备 QIRHSI 量子态的基本变换总数为
$$2n+qn2^{2n}+2\times 2^{2n}\times(2^{2n}-1+2^{2n}-2)=2^{4n+2}+qn2^{2n}+2n-3\times 2^{2n+1}$$
是 2×2^{2n} 个角度数的平方关系，从而验证了制备过程的多项式级复杂度。

定理 2.1（QIRHSI 制备定理） 给定 2^{2n} 个二进制序列 $C_k^0 C_k^1 \cdots C_k^{q-1}$，$k=0,1,\cdots,2^{2n}-1$，和 2 个角度向量 $\boldsymbol{\theta}_x=\left(\theta_{x_0},\theta_{x_1},\cdots,\theta_{x_{2^{2n}-1}}\right)$，$x\in\{\mathrm{h},\mathrm{s}\}$，存在幺正变换 P 使量子计算机从初始状态 $|0\rangle^{\otimes 2n+q+2}$ 转换到 QIRHSI 状态，且 P 可以分解为多项式数量级的基本量子门。

证明 可由引理 2.1 和推论 2.1 直接得到该结论。

基于 HSI 彩色空间的量子图像表示 QIRHSI 保留了 FRQI 和 NEQR 表示的优点。QIRHSI 能够通过下列方式增强 FRQI 和 NEQR。

（1）在制备量子图像时，QIRHSI 分别用一个角度向量表示 H 和 S，用 q 比特的二进制序列表示 I，不仅减少了表示 H 和 S 所需的量子比特，也便于对 I 进行各种颜色相关的操作。

（2）将 FRQI 和 NEQR 表示与 HSI 彩色空间相结合，相比于常见的 RGB 空间，具有更优越的人眼视觉兼容性。

2.2.3 改进的 QIRHSI（IQIRHSI）

QIRHSI 表示只能处理尺寸为 $2^n\times 2^n$ 的彩色图像，但在某些图像处理中（如图像尺度缩放），图像尺寸不再为 $2^n\times 2^n$，为了解决这个问题，本节提出了 IQIRHSI 表示方法，能够表示大小为 $2^m\times 2^n$ 的量子图像。

$$|I(\theta)\rangle=\frac{1}{\sqrt{2^{m+n}}}\sum_{y=0}^{2^m-1}\sum_{x=0}^{2^n-1}|C_{yx}\rangle\otimes|yx\rangle=\frac{1}{\sqrt{2^{m+n}}}\sum_{y=0}^{2^m-1}\sum_{x=0}^{2^n-1}|H_{yx}\rangle|S_{yx}\rangle|I_{yx}\rangle\otimes|yx\rangle \quad (2\text{-}25)$$
$$|yx\rangle=|y\rangle|x\rangle=|y_0 y_1 \cdots y_{m-2} y_{m-1}\rangle|x_0 x_1 \cdots x_{n-2} x_{n-1}\rangle, y_j,x_j\in\{0,1\}$$

因此，IQIRHSI 使用 $q+2+m+n$ 个量子比特表示一幅 $2^m\times 2^n$ 的彩色图像且强度值的灰度

级是 2^q。如图2-4所示为一幅 4×2 量子彩色图像 IQIRHSI 及其表示。

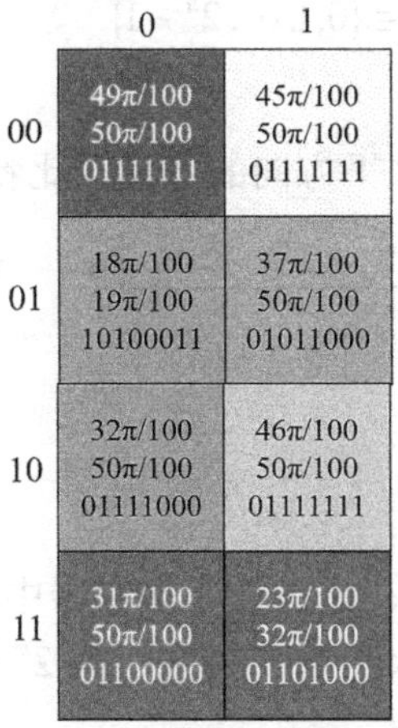

$$|I(\theta)\rangle = \frac{1}{\sqrt{2}^3}\left\{\left(\cos\frac{49\pi}{100}|0\rangle + \sin\frac{49\pi}{100}|1\rangle\right)\left(\cos\frac{50\pi}{100}|0\rangle + \sin\frac{50\pi}{100}|1\rangle\right)|01111111\rangle\otimes|000\rangle + \right.$$
$$\left(\cos\frac{45\pi}{100}|0\rangle + \sin\frac{45\pi}{100}|1\rangle\right)\left(\cos\frac{50\pi}{100}|0\rangle + \sin\frac{50\pi}{100}|1\rangle\right)|01111111\rangle\otimes|001\rangle +$$
$$\left(\cos\frac{18\pi}{100}|0\rangle + \sin\frac{18\pi}{100}|1\rangle\right)\left(\cos\frac{19\pi}{100}|0\rangle + \sin\frac{19\pi}{100}|1\rangle\right)|10100011\rangle\otimes|010\rangle +$$
$$\left(\cos\frac{37\pi}{100}|0\rangle + \sin\frac{37\pi}{100}|1\rangle\right)\left(\cos\frac{50\pi}{100}|0\rangle + \sin\frac{50\pi}{100}|1\rangle\right)|01011000\rangle\otimes|011\rangle +$$
$$\left(\cos\frac{32\pi}{100}|0\rangle + \sin\frac{32\pi}{100}|1\rangle\right)\left(\cos\frac{50\pi}{100}|0\rangle + \sin\frac{50\pi}{100}|1\rangle\right)|01111000\rangle\otimes|100\rangle +$$
$$\left(\cos\frac{46\pi}{100}|0\rangle + \sin\frac{46\pi}{100}|1\rangle\right)\left(\cos\frac{50\pi}{100}|0\rangle + \sin\frac{50\pi}{100}|1\rangle\right)|01111111\rangle\otimes|101\rangle +$$
$$\left(\cos\frac{31\pi}{100}|0\rangle + \sin\frac{31\pi}{100}|1\rangle\right)\left(\cos\frac{50\pi}{100}|0\rangle + \sin\frac{50\pi}{100}|1\rangle\right)|01100000\rangle\otimes|110\rangle +$$
$$\left.\left(\cos\frac{23\pi}{100}|0\rangle + \sin\frac{23\pi}{100}|1\rangle\right)\left(\cos\frac{32\pi}{100}|0\rangle + \sin\frac{32\pi}{100}|1\rangle\right)|01101000\rangle\otimes|111\rangle\right\}$$

图 2-4　一幅 4×2 量子彩色图像 IQIRHSI 及其表示

2.3　量子彩色图像表示 CQIPT

在经典计算机领域，图像存在多种编码方式以适应不同的应用需求。同样地，在量子计算机中，图像的表示也应该是灵活多样的。特别地，许多量子图像处理和安全的算法与量子图像表示紧密相关。彩色图像的表示方法 MCRQI 和 NAQSS，都是基于旋转门构造的。然而，许多量子技术是基于其他量子门操作的。因此，本节提出了一种基于受控相位门的彩色量子图像表示方法 CQIPT。它具有如下特点。

（1）各基态具有相同的概率幅值。

（2）多项式时间制备复杂度和应用的灵活性；对基于相位变换的图像处理和安全算法具有更大的适用性。例如，双随机相位编码和某些变换方法的结合已经应用到图像安全的许多领域中，如图像加密和隐写，那么基于相位变换的表示将更适合这种处理。

2.3.1　CQIPT 表示

设彩色图像尺寸为 $2^n \times 2^n$，多通道量子彩色图像表示 CQIPT 的形式为：

$$|I(\theta)\rangle = \frac{1}{2^{n+3/2}}\sum_{k=0}^{2^{2n}-1}\left|C_{\text{RGB}\alpha}^k\right\rangle \otimes |k\rangle \tag{2-26}$$

式中，$\left|C_{\text{RGB}\alpha}^k\right\rangle$ 编码的是颜色通道 R, G, B, 及透明度 α 的颜色信息，其定义为：

$$\left|C_{\text{RGB}\alpha}^k\right\rangle = |000\rangle + e^{i\theta_{Rk}}|001\rangle + |010\rangle + e^{i\theta_{Gk}}|011\rangle +$$
$$|100\rangle + e^{i\theta_{Bk}}|101\rangle + |110\rangle + e^{i\theta_{\alpha k}}|111\rangle$$

其中，$i = \sqrt{-1}, \theta_{Xk} \in \left[0, \frac{\pi}{2}\right], X \in \{R, G, B, \alpha\}, k = 0, 1, \cdots, 2^{2n}-1$，$|k\rangle$ 编码的是对应的位置信息。位置信息包括垂直和水平方向两个部分。对于一幅存储在 $2n+3$ 量子比特系统中的彩色图像，

有：

$$|k\rangle = |y\rangle|x\rangle = |y_{n-1}y_{n-2}\cdots y_0\rangle|x_{n-1}x_{n-2}\cdots x_0\rangle, \quad x,y \in \{0,1,\cdots,2^n-1\}$$
$$|y_j\rangle,|x_j\rangle \in \{|0\rangle,|1\rangle\}, j=0,1,\cdots,n-1$$

式中，$|y\rangle$编码的是垂直方向的n量子比特，而$|x\rangle$编码的是水平方向的n量子比特。进一步，CQIPT满足量子态的规范化要求，即：

$$\||I(\theta)\rangle\| = \frac{1}{2^{n+3/2}}\sqrt{\sum_{j=0}^{2^{2n}-1}\left(1+\left|e^{i\theta_{Rj}}\right|^2+1+\left|e^{i\theta_{Gj}}\right|^2+1+\left|e^{i\theta_{Bj}}\right|^2+1+\left|e^{i\theta_{\alpha j}}\right|^2\right)}$$
$$= \frac{1}{2^{n+3/2}}\sqrt{2^{2n}\times 2^3} = 1$$

一幅2×2的量子彩色图像CQIPT及其表示如图2-5所示。通过设置寄存器中表示x,y轴的量子比特数量分别为m,n，CQIPT很容易进行扩展来表示任意一幅大小为$2^m\times 2^n$的彩色图像。

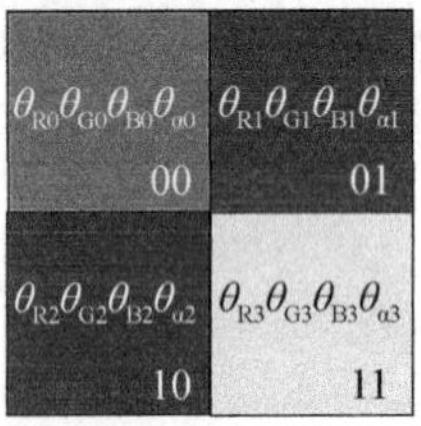

$$|I(\theta)\rangle = \frac{1}{\sqrt{2^5}}\bigl[(|000\rangle+e^{i\theta_{R0}}|001\rangle+|010\rangle+e^{i\theta_{G0}}|011\rangle+|100\rangle+e^{i\theta_{B0}}|101\rangle+|110\rangle+e^{i\theta_{\alpha 0}}|111\rangle)\otimes|00\rangle+$$
$$(|000\rangle+e^{i\theta_{R1}}|001\rangle+|010\rangle+e^{i\theta_{G1}}|011\rangle+|100\rangle+e^{i\theta_{B1}}|101\rangle+|110\rangle+e^{i\theta_{\alpha 1}}|111\rangle)\otimes|01\rangle+$$
$$(|000\rangle+e^{i\theta_{R2}}|001\rangle+|010\rangle+e^{i\theta_{G2}}|011\rangle+|100\rangle+e^{i\theta_{B2}}|101\rangle+|110\rangle+e^{i\theta_{\alpha 2}}|111\rangle)\otimes|10\rangle+$$
$$(|000\rangle+e^{i\theta_{R3}}|001\rangle+|010\rangle+e^{i\theta_{G3}}|011\rangle+|100\rangle+e^{i\theta_{B3}}|101\rangle+|110\rangle+e^{i\theta_{\alpha 3}}|111\rangle)\otimes|11\rangle\bigr]$$

图2-5 一幅2×2的量子彩色图像CQIPT及其表示

2.3.2 CQIPT的制备

同2.2.2节，寄存器的初始态为基态$|0\rangle$的直积态。因此，量子计算机的初始态为$|0\rangle^{\otimes 2n+3}$，制备的目的即研究利用幺正变换将初始态变换为多通道量子彩色图像表示态$|I(\theta)\rangle$的方法。

引理2.2 给定一组角向量$\boldsymbol{\theta}_X = (\theta_{X0},\theta_{X1},\cdots,\theta_{X(2^{2n}-1)})$，$X\in\{R,G,B,\alpha\}$，存在一个幺正变换$P$，使得量子计算机能够从初始态$|0\rangle^{\otimes 2n+3}$变换为目标态$|I(\theta)\rangle$，且该幺正变换可以分解为H门和受控相位门。

证明 整个制备过程可以分为两个幺正变换A和B。假设两个单量子比特门，分别为单位门和Hadamard门，如式（2-5）。

首先，应用H门到$|0\rangle^{\otimes 2n+3}$的每一个量子比特上，即$A = H^{\otimes 2}\otimes H\otimes H^{\otimes 2n}$作用在$|0\rangle^{\otimes 2n+3} = |0\rangle^{\otimes 2}\otimes|0\rangle\otimes|0\rangle^{\otimes 2n}$上，有

$$A(|0\rangle^{\otimes 2n+3}) = \frac{1}{2^{n+3/2}}\sum_{l=0}^{3}|l\rangle\otimes(|0\rangle+|1\rangle)\otimes\sum_{k=0}^{2^{2n}-1}|k\rangle$$
$$\triangleq |W\rangle$$

然后，构建4个8×8的受控相位门P_{Ri}，P_{Gi}，P_{Bi}，$P_{\alpha i}$，如式（2-27）：

$$P_{Xi} = \left(\sum_{j=0,j\neq f(X)}^{3}|j\rangle\langle j|\otimes I\right)+|f(X)\rangle\langle f(X)|\otimes \boldsymbol{P}(\theta_{Xi}) \tag{2-27}$$

这里，$P(\theta_{Xi})$ 是相位变换，且 $P(\theta_{Xi}) = \begin{pmatrix} 1 & 0 \\ 0 & e^{i\theta_{Xi}} \end{pmatrix}$，$X \in \{R, G, B, \alpha\}$，$f(X) = \begin{cases} 0, & X = R \\ 1, & X = G \\ 2, & X = B \\ 3, & X = \alpha \end{cases}$。

因此，得到 $P'_i = P_{Ri} P_{Gi} P_{Bi} P_{\alpha i}$，$i = 0, 1, \cdots, 2^{2n} - 1$，进一步，构建变换

$$P_i = I^{\otimes 3} \otimes \sum_{k=0, k \neq i}^{2^{2n}-1} |k\rangle\langle k| + P'_i \otimes |i\rangle\langle i| \tag{2-28}$$

容易证明 P_i 是一个幺正变换。因此，将 P_i 作用在 $|W\rangle$ 上得到：

$$P_i(|W\rangle) = \frac{1}{2^{n+3/2}} \left\{ \left[\left(I^{\otimes 2} \left(\sum_{l=0}^{3} |l\rangle \right) \right) \otimes I(|0\rangle + |1\rangle) \right] \otimes \left[\left(\sum_{j=0, j \neq i}^{2^{2n}-1} |j\rangle\langle j| \right) \left(\sum_{k=0}^{2^{2n}-1} |k\rangle \right) \right] + \right.$$

$$\left. \left[P'_i \left(\sum_{l=0}^{3} |l\rangle \otimes (|0\rangle + |1\rangle) \right) \right] \otimes \left[(|i\rangle\langle i|) \left(\sum_{k=0}^{2^{2n}-1} |k\rangle \right) \right] \right\}$$

$$= \frac{1}{2^{n+3/2}} \left[\sum_{l=0}^{3} |l\rangle \otimes (|0\rangle + |1\rangle) \otimes \sum_{j=0, j \neq i}^{2^{2n}-1} |j\rangle + |C_{RGB\alpha}^i\rangle \otimes |i\rangle \right] \tag{2-29}$$

$$P_m P_i(|W\rangle) = P_m(P_i|W\rangle)$$

$$= \frac{1}{2^{n+3/2}} \left[\sum_{l=0}^{3} |l\rangle \otimes (|0\rangle + |1\rangle) \otimes \sum_{j=0, j \neq k, i}^{2^{2n}-1} |j\rangle + |C_{RGB\alpha}^i\rangle \otimes |i\rangle + |C_{RGB\alpha}^m\rangle \otimes |m\rangle \right] \tag{2-30}$$

在式（2-30）作用后的结果态上继续应用变换，则有：

$$B(|W\rangle) = \left(\prod_{i=0}^{2^{2n}-1} P_i \right) |W\rangle = |I(\theta)\rangle \tag{2-31}$$

从式（2-31）可以得到：幺正变换 $P = BA$ 能够将量子计算机从初始态变换为规范化的量子图像态 CQIPT。

接下来，考虑将变换 P 分解为简单的量子门如 NOT 门、Hadamard 门和 CNOT 门的可行性。

推论 2.2 引理 2.2 中的幺正变换 P 可以由 Hadamard 门、CNOT 门和受控相位门 $C^{2n+2}\left(P\left(\frac{\theta_{Xi}}{2^{n+1}} \right) \right)$，$i = 0, 1, \cdots, 2^{2n} - 1$，共同构造。

证明 从引理 2.2 的证明中可以得到，变换 P 由 BA 组成，变换 A 可以直接由 $2n+3$ 个 Hadamard 门实现，变换 B 可以由 $\prod_{i=0}^{2^{2n}-1} P_i$ 实现，这里，

$$P_i = I^{\otimes 3} \otimes \sum_{j=0, j \neq i}^{2^{2n}-1} |j\rangle\langle j| + P'_i \otimes |i\rangle\langle i| \tag{2-32}$$

$$P'_i = P_{Ri} P_{Gi} P_{Bi} P_{\alpha i}, \quad P_{Xi} = C^2(P(\theta_{Xi}))$$

因此，式（2-32）中的 P_i 可以分解为 $C^{2n+2}(P(\theta_{Xi}))$ 和 NOT 门。进一步，$C^{2n+2}(P(\theta_{Xi}))$ 可以分解为 $2^{2n+2}-1$ 个简单门 $P\left(\frac{\theta_{Xi}}{2^{n+1}} \right)$ 和 $2^{2n+2}-2$ 个 CNOT 门。

因此，制备彩色图像表示 CQIPT 所需的简单门的总数为

$$2n + 3 + 4 \times 2^{2n} \times (2^{2(n+1)} - 1 + 2^{2(n+1)} - 2) = 2 \times (4 \times 2^{2n})^2 - 3 \times (4 \times 2^{2n}) + 2n + 3$$

这里，总的角度数量是图像尺寸 4×2^{2n} 的平方级，即 $O(N^2)$。

定理 2.2（CQIPT 制备定理） 给定 4 个向量 $\boldsymbol{\theta}_X=(\theta_{X0},\theta_{X1},\cdots,\theta_{X(2^{2n}-1)})$，$X\in\{\text{R},\text{G},\text{B},\alpha\}$，存在一个幺正变换 P 使量子计算机从初始态 $|0\rangle^{\otimes 2n+3}$ 变换为多通道量子图像表示 CQIPT 态，且需要的基本量子门的数量为问题大小的多项式数量级。

证明 由引理 2.2 和推论 2.2 可以直接得出该结论。

2.4 量子彩色图像表示 NCQI

2.4.1 NCQI 表示

本节介绍量子彩色图像表示方法 NCQI，下面给出具体形式。假设一个经典彩色图像，其 R，G，B 三通道颜色取值范围为 $[0,2^q-1]$，这里 q 为每个颜色通道的色深（例如 R，G，B 三个颜色通道取值范围都为 $[0,255]$，那么色深 $q=8$），则其 NCQI 量子图像表示方法可表示为式（2-33）。

$$|I(x,y)\rangle=\frac{1}{2^n}\sum_{k=0}^{2^{2n}-1}|C_k\rangle\otimes|k\rangle$$
$$=\frac{1}{2^n}\sum_{y=0}^{2^n-1}\sum_{x=0}^{2^n-1}|C(y,x)\rangle\otimes|yx\rangle \tag{2-33}$$

式中，$|C(y,x)\rangle$ 表示相应像素的颜色值，其形式由式（2-34）给出。

$$|C(y,x)\rangle=|\underbrace{R_{q-1}\cdots R_0}_{R}\underbrace{G_{q-1}\cdots G_0}_{G}\underbrace{B_{q-1}\cdots B_0}_{B}\rangle \tag{2-34}$$

式（2-33）表明整个彩色图像被存储为一个归一化的量子叠加态，而且该量子态包含两部分，分别为颜色信息 $|C(y,x)\rangle$ 及位置信息 $|yx\rangle$，这两部分量子比特序列的直积构成了 NCQI 量子叠加态。式（2-34）表明 NCQI 表示采用基态量子比特序列去存储每个像素的 R，G，B 颜色值。一个大小为 $2^n\times 2^n$ 且每个颜色通道取值为 $[0,2^q-1]$ 的彩色图像，需使用 $2n+3q$ 个量子比特去存储整个图像的信息。

下面给出例子解释所提出的 NCQI 量子图像表示方法，一幅 4×4 大小，三个颜色通道取值均在区间 $[0,2^q-1]$ 内，即 $n=2$，$q=8$ 的彩色图像，其量子彩色图像 NCQI 如图 2-6 所示。

2.4.2 NCQI 的制备

在量子机制下，图像信息被存储为一个初始化的量子叠加态。首先准备一个初始化的量子寄存器，该寄存器存储的量子比特数目为 $2n+3q$，存储的初始化量子叠加态为 $|I\rangle_0=0^{\otimes 2n+3q}$。NCQI 量子彩色图像表示的制备过程包含两个步骤。

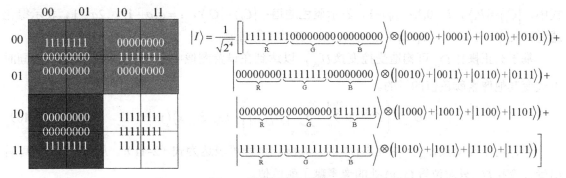

图2-6　一幅4×4的量子彩色图像NCQI及其表示

（1）构造一个空白的大小为$2^n \times 2^n$的量子图像态，记为中间态$|I\rangle_1$，幺正变换U_1可将初始态$|I\rangle_0$演化为中间态$|I\rangle_1$，U_1如式（2-35）所示，其由基本量子门I和H构造。

$$U_1 = I^{\otimes 3q} \otimes H^{2n} \tag{2-35}$$

式（2-36）给出幺正变换U_1将初始态$|I\rangle_0$演化为中间态$|I\rangle_1$的具体过程。

$$\begin{aligned} U_1(|I\rangle_0) &= I^{\otimes 3q} \otimes H^{\otimes 2n}(|0\rangle^{3q+2n}) \\ &= |0\rangle^{3q} \otimes \frac{1}{\sqrt{2^n}} \sum_{y=0}^{2^n-1} |y\rangle \otimes \frac{1}{\sqrt{2^n}} \sum_{x=0}^{2^n-1} |x\rangle \\ &= \frac{1}{2^n} \sum_{y=0}^{2^n-1} \sum_{x=0}^{2^n-1} |0\rangle^{3q} \otimes |y\rangle |x\rangle \\ &= |I\rangle_1 \end{aligned} \tag{2-36}$$

因中间态$|I\rangle_1$的颜色编码量子比特取值为$|0\rangle^{3q}$，故中间态$|I\rangle_1$为一个空白的大小为$2^n \times 2^n$的量子图像。

（2）利用幺正变换U_2将中间态$|I\rangle_1$演化为目标态$|I(x,y)\rangle$。

中间态$|I\rangle_1$与目标态$|I(x,y)\rangle$的区别体现在，目标态$|I(x,y)\rangle$的每个像素都有具体的颜色值，而中间态$|I\rangle_1$是一个空白的量子图像，所以该步骤的关键在于给中间态图像$|I\rangle_1$的每个像素赋值。因图像大小为$2^n \times 2^n$，故需2^{2n}个子操作为每个像素设置颜色。对像素(x,y)，为其设置颜色值的幺正变换为Ω_{yx}，其具体形式见式（2-37），共包含$3q$个量子黑箱操作Ω_{yx}^i，如式（2-38）所示。幺正变换Ω_{yx}使用算子Ω_{yx}^i对像素(x,y)的颜色量子比特序列$|C(y,x)\rangle$中的每一量子比特$|C_i\rangle$都进行处理，$i=0,1,\cdots,3q-1$。具体来说，当$C_i=1$时，Ω_{yx}^i为一$2n$–CNOT门，即$2n$–CNOT门作用在$|C(y,x)\rangle$的第i个量子比特$|C_i\rangle$上；当$C_i=0$时，Ω_{yx}^i为一单位门，即单位门作用在量子比特$|C_i\rangle$上。Ω_{yx}作用在颜色编码量子比特$|0\rangle^{3q}$上的过程见式（2-39）。

$$\Omega_{yx} = \overset{3q-1}{\underset{i=0}{\otimes}} \Omega_{yx}^i \tag{2-37}$$

$$\Omega_{yx}^i : |0\rangle \to |0+C_i\rangle \tag{2-38}$$

$$\Omega_{yx} : \overset{3q-1}{\underset{0}{\otimes}} |0\rangle \to \overset{3q-1}{\underset{0}{\otimes}} |0+C_i\rangle = \overset{3q-1}{\underset{0}{\otimes}} |C_i\rangle = |C(y,x)\rangle \tag{2-39}$$

式中，$|C_i\rangle=|B_i\rangle$，$i=0,1,\cdots,q-1$，表示蓝色通道；$|C_i\rangle=|G_i\rangle$，$i=q,q+1,\cdots,2q-1$，表示绿色通道；$|C_i\rangle=|R_i\rangle$，$i=2q,2q+1,\cdots,3q-1$，表示红色通道。

基于幺正操作 Ω_{yx} 可构造受控变换 U_{yx}，以达到在设置图像中某一固定像素颜色值的同时不改变其他像素颜色值的目的。

$$U_{yx} = \left(I^{\otimes 3q} \otimes \sum_{j=0}^{2^n-1} \sum_{i=0, ji \neq yx}^{2^n-1} |ji\rangle\langle ji| \right) + \Omega_{yx} \otimes |yx\rangle\langle yx| \tag{2-40}$$

当作用受控变换 U_{yx} 到中间态 $|I\rangle_1$ 时，其演化过程可表达为式（2-41）。从式（2-41）可看出受控变换 U_{yx} 只对位置 (x,y) 处的像素赋了颜色值。

$$\begin{aligned}
&U_{yx}(|I\rangle_1) \\
&= \left[\left(I^{\otimes 3q} \otimes \sum_{j=0}^{2^n-1} \sum_{i=0, ji \neq yx}^{2^n-1} |ji\rangle\langle ji| \right) + \Omega_{yx} \otimes |yx\rangle\langle yx| \right] \left(\frac{1}{2^n} \sum_{y=0}^{2^n-1} \sum_{x=0}^{2^n-1} |0\rangle^{\otimes 3q} |yx\rangle \right) \\
&= \frac{1}{2^n} \sum_{y=0}^{2^n-1} \sum_{x=0}^{2^n-1} |0\rangle^{\otimes 3q} |ji\rangle + \Omega_{yx} |0\rangle^{\otimes 3q} |yx\rangle \\
&= \frac{1}{2^n} \sum_{y=0}^{2^n-1} \sum_{x=0}^{2^n-1} |0\rangle^{\otimes 3q} |ji\rangle + |C(y,x)\rangle |yx\rangle
\end{aligned} \tag{2-41}$$

为了对图像中所有像素设置颜色值，设计幺正变换 U_2：

$$U_2 = \prod_{y=0}^{2^n-1} \prod_{x=0}^{2^n-1} U_{yx} \tag{2-42}$$

幺正变换 U_2 的作用可由式（2-43）描述。

$$\begin{aligned}
&U_2(|I\rangle_1) \\
&= \prod_{y=0}^{2^n-1} \prod_{x=0}^{2^n-1} U_{yx}(|I\rangle_1) \\
&= \prod_{s=0}^{2^n-1} \prod_{t=0, st \neq yx}^{2^n-1} U_{st} \left(\frac{1}{2^n} \sum_{j=0}^{2^n-1} \sum_{i=0, ji \neq yx}^{2^n-1} |0\rangle^{\otimes 3q} |ji\rangle + |C(y,x)\rangle |yx\rangle \right) \\
&= \frac{1}{2^n} \sum_{y=0}^{2^n-1} \sum_{x=0}^{2^n-1} |C(y,x)\rangle |yx\rangle \\
&= |I(x,y)\rangle
\end{aligned} \tag{2-43}$$

从式（2-43）中可以看出幺正变换 U_2 实现了将中间态 $|I\rangle_1$ 演化为目标态 $|I(x,y)\rangle$ 的目的。

经过上面两个步骤，可以完成量子图像 NCQI 的制备，即相应的 NCQI 量子图像态被制备出来。为了证明量子图像表示 NCQI 的有效性，需计算 NCQI 表示的制备复杂度，下面给出相关定理及证明。

定理 2.3（NCQI 制备定理） 对于大小为 $2^n \times 2^n$，颜色通道 R，G，B 取值范围均在 $[0, 2^q-1]$ 区间内的量子彩色图像 NCQI，整个制备过程的计算复杂度不超过 $O(3q+2n+6qn \cdot 2^{2n})$。

证明 量子图像表示 NCQI 的制备包含两步，其制备复杂度分析如下。

在第 1 步中使用幺正变换 U_1，从式（2-35）中可以看出，因包含 $3q+2n$ 个基本量子门，U_1 的复杂度为 $O(3q+2n)$。

在第 2 步中使用幺正变换 U_2，其目的为对量子图像中所有像素设置颜色值。式（2-42）表明 U_2 包含 2^{2n} 个受控变换 U_{yx}。每个受控变换 U_{yx} 利用量子操作 Ω_{yx} 去为相应的像素设置颜色值。在量子操作 Ω_{yx} 中，共有 $3q$ 个量子黑箱操作 Ω_{yx}^i，对颜色量子比特序列 $\overset{3q-1}{\underset{i=0}{\otimes}}|C_i\rangle$ 的第 i 个量子比特 $|C_i\rangle$ 应用 $2n$-CNOT 门或单位门。又 $2n$-CNOT 门可以被分解为不超过 $O(2n)$ 个简单量子门，所以受控变换 U_{yx} 的复杂度不超过 $O(3q \cdot 2n)$。幺正变换 U_2 共有 2^{2n} 个受控变换 U_{yx}，故第 2 步的复杂度不超过 $O(3q \cdot 2n \cdot 2^{2n})$。

基于上面分析可以得出，一个大小为 $2^n \times 2^n$，每个颜色通道 R，G，B 取值范围均在 $[0, 2^q-1]$ 区间内的彩色图像，其 NCQI 量子图像态制备复杂度不超过 $O(3q+2n+6qn \cdot 2^{2n})$，显然这个复杂度为图像大小 2^{2n} 的多项式级，故制备过程有效。

2.5 量子彩色图像表示 MCLPQI

2.5.1 MCLPQI 表示

现有大部分量子彩色图像表示方法可以表示笛卡儿坐标系下的彩色图像，但有一些图像处理算法，如图像配准等，更容易在极坐标系下使用。本节介绍一种基于旋转门的极坐标系下量子彩色图像表示 MCLPQI，该表示包含图像的 R，G，B 三通道颜色信息及透明度信息 α，具有以下特征：

（1）采用角度编码各通道的颜色信息。

（2）制备复杂度为多项式级。

首先给出 MCLPQI 表示的具体形式。

对于一幅大小为 $2^m \times 2^n$ 的彩色图像，其极径 ρ 和极角 θ 的分辨率分别为 2^m 和 2^n，则极坐标下的量子彩色图像表示 MCLPQI 见式（2-44）。

$$|I(\rho,\theta)\rangle = \frac{1}{\sqrt{2^{2+m+n}}} \sum_{\rho=0}^{2^m-1} \sum_{\theta=0}^{2^n-1} |C_{\text{RGB}\alpha}^{\rho\theta}\rangle \otimes |\rho\theta\rangle \tag{2-44}$$

式中，$|C_{\text{RGB}\alpha}^{\rho\theta}\rangle$ 表示颜色信息，$|\rho\theta\rangle$ 表示位置信息，$\rho = 0,1,\cdots,2^m-1$，$\theta = 0,1,\cdots,2^n-1$，$\alpha$ 表示像素的透明度。

$$\begin{aligned}|R_{\text{RGB}\alpha}^{\rho\theta}\rangle &= \cos\theta_R^{\rho\theta}|000\rangle + \cos\theta_G^{\rho\theta}|001\rangle + \cos\theta_B^{\rho\theta}|010\rangle + \cos\theta_\alpha^{\rho\theta}|011\rangle + \\ &\quad \sin\theta_R^{\rho\theta}|100\rangle + \sin\theta_G^{\rho\theta}|101\rangle + \sin\theta_B^{\rho\theta}|110\rangle + \sin\theta_\alpha^{\rho\theta}|111\rangle\end{aligned} \tag{2-45}$$

在式（2-45）中，$\theta_X^{\rho\theta} \in \left[0, \frac{\pi}{2}\right]$，$X \in \{R, G, B, \alpha\}$。

下面给出例子解释所提出的 MCLPQI 量子图像表示方法，一幅 $\rho \times \theta = 2^n \times 2^n$ 的量子彩色图像 MCLPQI 及其表示如图 2-7 所示。

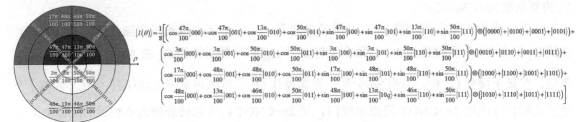

图 2-7 一幅 $\rho \times \theta = 2^m \times 2^n$ 的量子彩色图像 MCLPQI 及其表示

2.5.2 MCLPQI 的制备

在量子计算中，寄存器初态一般被假设为若干个 $|0\rangle$ 的直积态。在 MCLPQI 表示的制备过程中，设初始态为 $|I\rangle_0 = |0\rangle^{\otimes 3+m+n}$，制备过程即探讨利用哪种幺正变换可将初始态演化为最终态 MCLPQI。类似于 NCQI 的制备，MCLPQI 的制备过程也分为两步。

（1）利用幺正变换 U_1，见式（2-46），将初始态 $|I\rangle_0 = |0\rangle^{\otimes 3+m+n}$ 演化为中间态 $|I\rangle_1$，其中，$|I\rangle_1$ 为一幅空白的大小为 $2^m \times 2^n$ 的量子图像。

$$U_1 = I \otimes H^{\otimes 2+m+n} \tag{2-46}$$

U_1 将初始态 $|I\rangle_0$ 演化为中间态 $|I\rangle_1$ 的具体过程见式（2-47）

$$\begin{aligned} U_1(|I\rangle_0) &= |0\rangle \otimes \left(\frac{1}{\sqrt{2^2}} \sum_{i=0}^{3} |i\rangle\right) \otimes \left(\frac{1}{\sqrt{2^m}} \sum_{\rho=0}^{2^m-1} |\rho\rangle\right) \otimes \left(\frac{1}{\sqrt{2^n}} \sum_{\theta=0}^{2^n-1} |\theta\rangle\right) \\ &= \frac{1}{\sqrt{2^{2+m+n}}} \left(|0\rangle \sum_{i=0}^{3} |i\rangle\right) \otimes \sum_{\rho=0}^{2^m-1} \sum_{\theta=0}^{2^n-1} |\rho\theta\rangle \\ &\triangleq |I\rangle_1 \end{aligned} \tag{2-47}$$

从式（2-47）可以看出，中间态 $|I\rangle_1$ 是一幅大小为 $2^m \times 2^n$ 的空白量子图像。

（2）为中间态 $|I\rangle_1$ 的每一个像素设置 RGB 颜色值。

因中间态 $|I\rangle_1$ 的大小为 $2^m \times 2^n$，故需 2^{m+n} 个子操作来设置图像中每个像素的 RGB 颜色值，首先构造子操作 $U_{\rho\theta}$。

$$U_{\rho\theta} = I^{\otimes 3} \otimes \sum_{j=0}^{2^m-1} \sum_{i=0, ji \neq \rho\theta}^{2^n-1} |ji\rangle\langle ji| + \Omega_{\rho\theta} \otimes |\rho\theta\rangle\langle\rho\theta| \tag{2-48}$$

其中，

$$\Omega_{\rho\theta} = R_B^{\rho\theta} R_G^{\rho\theta} R_R^{\rho\theta} R_\alpha^{\rho\theta}$$

$$R_R^{\rho\theta} = I \otimes \sum_{i=1}^{3} |i\rangle\langle i| + R_y(2\theta_R^{\rho\theta}) \otimes |0\rangle\langle 0|$$

$$R_G^{\rho\theta} = I \otimes \sum_{i=0, i\neq 1}^{3} |i\rangle\langle i| + R_y(2\theta_G^{\rho\theta}) \otimes |1\rangle\langle 1|$$

$$R_B^{\rho\theta} = I \otimes \sum_{i=0, i\neq 2}^{3} |i\rangle\langle i| + R_y(2\theta_B^{\rho\theta}) \otimes |2\rangle\langle 2|$$

$$R_\alpha^{\rho\theta} = I \otimes \sum_{i=0}^{2}|i\rangle\langle i| + R_y(2\theta_\alpha^{\rho\theta})\otimes|3\rangle\langle 3|$$

子操作 $U_{\rho\theta}$ 作用到中间态 $|I\rangle_1$ 的过程可表达为式（2-49）

$$U_{\rho\theta}(|I\rangle_1) = \left(I^{\otimes 3}\otimes\sum_{j=0}^{2^m-1}\sum_{i=0,ji\neq\rho\theta}^{2^n-1}|ji\rangle\langle ji| + \Omega_{\rho\theta}\otimes|\rho\theta\rangle\langle\rho\theta|\right)\left(\frac{1}{\sqrt{2^{2+m+n}}}\left(|0\rangle\sum_{i=0}^{3}|i\rangle\right)\otimes\left(\sum_{\rho=0}^{2^m-1}\sum_{\theta=0}^{2^n-1}|\rho\theta\rangle\right)\right)$$

$$= \frac{1}{\sqrt{2^{2+m+n}}}\left\{\left(I^{\otimes 3}\left(|0\rangle\sum_{i=0}^{3}|i\rangle\right)\right)\otimes\left(\sum_{j=0}^{2^m-1}\sum_{i=0,ji\neq\rho\theta}^{2^n-1}|ji\rangle\langle ji|\left(\sum_{\rho=0}^{2^m-1}\sum_{\theta=0}^{2^n-1}|\rho\theta\rangle\right)\right) + \right.$$

$$\left.\left(\Omega_{\rho\theta}\left(|0\rangle\sum_{i=0}^{3}|i\rangle\right)\right)\otimes\left(|\rho\theta\rangle\langle\rho\theta|\left(\sum_{\rho=0}^{2^m-1}\sum_{\theta=0}^{2^n-1}|\rho\theta\rangle\right)\right)\right\}$$

$$= \frac{1}{\sqrt{2^{2+m+n}}}\left(|0\rangle\sum_{i=0}^{3}|i\rangle\right)\otimes\sum_{j=0}^{2^m-1}\sum_{i=0,ji\neq\rho\theta}^{2^n-1}|ji\rangle + R_{\mathrm{RGB}\alpha}^{\rho\theta}\otimes|\rho\theta\rangle \quad (2\text{-}49)$$

显然从式（2-49）可以看出，子操作 $U_{\rho\theta}$ 将位置 (ρ,θ) 处的像素设置为其对应的 RGB 颜色值，而不改变其他位置处的像素值。式（2-49）中第二个等号到第三个等号成立的推导步骤如下：

$$\Omega_{\rho\theta}\left(|0\rangle\sum_{i=0}^{3}|i\rangle\right)$$

$$= R_B^{\rho\theta}R_G^{\rho\theta}R_R^{\rho\theta}R_\alpha^{\rho\theta}\left(|0\rangle\sum_{i=0}^{3}|i\rangle\right)$$

$$= R_B^{\rho\theta}R_G^{\rho\theta}R_R^{\rho\theta}\left(I\otimes\sum_{i=0}^{2}|i\rangle\langle i|+R_y(2\theta_\alpha^{\rho\theta})\otimes|3\rangle\langle 3|\right)\left(|0\rangle\sum_{i=0}^{3}|i\rangle\right)$$

$$= R_B^{\rho\theta}R_G^{\rho\theta}R_R^{\rho\theta}\left(|0\rangle\sum_{i=0}^{2}|i\rangle+\cos\theta_\alpha^{\rho\theta}|011\rangle+\sin\theta_\alpha^{\rho\theta}|111\rangle\right)$$

$$= R_B^{\rho\theta}R_G^{\rho\theta}\left(I\otimes\sum_{i=1}^{3}|i\rangle\langle i|+R_y(2\theta_R^{\rho\theta})\otimes|0\rangle\langle 0|\right)\left(|0\rangle\sum_{i=0}^{2}|i\rangle+\cos\theta_\alpha^{\rho\theta}|011\rangle+\sin\theta_\alpha^{\rho\theta}|111\rangle\right)$$

$$= R_B^{\rho\theta}R_G^{\rho\theta}\left(|0\rangle\sum_{i=1}^{2}|i\rangle+\cos\theta_\alpha^{\rho\theta}|011\rangle+\sin\theta_\alpha^{\rho\theta}|111\rangle+\cos\theta_R^{\rho\theta}|000\rangle+\sin\theta_R^{\rho\theta}|100\rangle\right)$$

$$= R_B^{\rho\theta}\left(|0\rangle|2\rangle+\cos\theta_R^{\rho\theta}|000\rangle+\sin\theta_R^{\rho\theta}|100\rangle+\cos\theta_\alpha^{\rho\theta}|011\rangle+\sin\theta_\alpha^{\rho\theta}|111\rangle+\cos\theta_G^{\rho\theta}|001\rangle+\sin\theta_G^{\rho\theta}|101\rangle\right)$$

$$= R_{\mathrm{RGB}\alpha}^{\rho\theta}$$

为了给中间态 $|I\rangle_1$ 的所有像素设置颜色值，给出幺正变换 U_2 的具体形式

$$U_2 = \prod_{\rho=0}^{2^m-1}\prod_{\theta=0}^{2^n-1}U_{\rho\theta} \quad (2\text{-}50)$$

通过幺正变换 U_2 的作用，所有像素都被设置为其对应的颜色值，其演化过程见式（2-51），这样可以制备出最终态 $|I(\rho,\theta)\rangle$。

$$U_2(|I\rangle_1) = \prod_{\rho=0}^{2^m-1}\prod_{\theta=0}^{2^n-1}U_{\rho\theta}(|I\rangle_1)$$

$$= \frac{1}{\sqrt{2^{2+m+n}}} \sum_{\rho=0}^{2^m-1} \sum_{\theta=0}^{2^n-1} \left| C_{\mathrm{RGB}\alpha}^{\rho\theta} \right\rangle \otimes |\rho\theta\rangle$$

$$= |I(\rho,\theta)\rangle \tag{2-51}$$

通过以上两步，整个量子图像态 MCLPQI 的制备过程已完成，下面给出定理和推论来计算 MCLPQI 制备过程的复杂度。

定理 2.4 给定 4 个角度向量 $\boldsymbol{\theta}_X = \left(\theta_{X_0}, \theta_{X_1}, \cdots, \theta_{X_{2^{n+m}-1}}\right)$，$X \in \{\mathrm{R}, \mathrm{G}, \mathrm{B}, \alpha\}$ 且满足式（2-45），$n+m$ 代表编码图像位置所需的量子比特数目，则存在由 Hadamard 门和一系列受控旋转门组成的幺正变换 U，将量子初态 $|0\rangle^{\otimes 3+m+n}$ 演化为目标态 $|I(\rho,\theta)\rangle$。

证明 为了将量子初态演化为最终量子态 $|I(\rho,\theta)\rangle$，MCLPQI 表示的制备过程共包含两个步骤。第 1 步使用幺正变换 U_1，第 2 步使用幺正变换 U_2，即 $U = U_2 U_1$，因此定理得证。

推论 2.3 给定 4 个角度向量 $\boldsymbol{\theta}_X = \left(\theta_{X_0}, \theta_{X_1}, \cdots, \theta_{X_{2^{n+m}-1}}\right)$，$X \in \{\mathrm{R}, \mathrm{G}, \mathrm{B}, \alpha\}$，定理 2.4 中的幺正变换 U 可以由 Hadamard 门、CNOT 门、$R_y\left(\dfrac{2\theta_X^{\rho\theta}}{2^{m+n}-1}\right)$ 及 $R_y\left(-\dfrac{2\theta_X^{\rho\theta}}{2^{m+n}-1}\right)$ 构造。

证明 从定理 2.4 的证明中可以看出，幺正变换 U 由 U_2 和 U_1 构成。幺正变换 U_1 可以被 1 个单位门和 $2+m+n$ 个 Hadamard 门构建，幺正变换 U_2 由 2^{m+n} 个子操作 $U_{\rho\theta}$ 构造，其中的 $U_{\rho\theta}$ 由式（2-48）给出。子变换 $U_{\rho\theta}$ 可以用 $C^{m+n+2}\left(R_y\left(2\theta_X^{\rho\theta}\right)\right)$ 和 NOT 门构造。幺正变换 $C^{m+n+2}\left(R_y\left(2\theta_X^{\rho\theta}\right)\right)$ 可以被分解为 $2^{2+m+n}-1$ 个简单变换 $R_y\left(\dfrac{2\theta_X^{\rho\theta}}{2^{m+n}-1}\right)$，$R_y\left(-\dfrac{2\theta_X^{\rho\theta}}{2^{m+n}-1}\right)$，以及 $2^{2+m+n}-2$ 个 CNOT 门。

故在制备 MCLPQI 量子态过程中，所使用的简单基本门的数量为

$$3+m+n+4\times 2^{m+n}\left(2^{m+n+2}-1+2^{m+n+2}-2+1\right)$$

$$= 32\times 2^{2(m+n)} - 8\times 2^{m+n} + (m+n+3) \tag{2-52}$$

该数值与极角和极径的规模 2^{m+n} 成平方关系，这在一定程度上表明了 MCLPQI 量子态制备的有效性。

定理 2.5（MCLPQI 制备定理） 一幅大小为 $2^m \times 2^n$，颜色通道 R，G，B 和透明度通道 α 被角度向量 $\boldsymbol{\theta}_X = \left(\theta_{X_0}, \theta_{X_1}, \cdots, \theta_{X_{2^{n+m}-1}}\right)$，$X \in \{\mathrm{R}, \mathrm{G}, \mathrm{B}, \alpha\}$ 所定义的极坐标下彩色图像在存储为 MCLPQI 量子态时，整个制备存储的复杂度为多项式级。

证明 从定理 2.4 和推论 2.3 可知，MCLPQI 量子态的制备复杂度为 $32 \cdot 2^{2(m+n)} - 8 \cdot 2^{m+n} + (m+n+3)$，该数值是图像大小 $2^m \times 2^n$ 的多项式级，故该定理成立。

2.6 量子视频表示

量子视频表示具有灵活性和多样性的特点，表示方法的设计需要有益于量子视频处理和安全保密算法的研究。灵活的量子视频表示有助于视频处理算法的研究。下面给出量子视频

表示方法的一般框架结构,然后介绍基于 NEQR 和 NCQI 量子图像表示的量子视频表示 QVNEQR。

2.6.1 量子视频表示框架

目前存在的量子视频表示的一般形式为:

$$|V\rangle = \sum_{j=0}^{m-1} \alpha_j |I_j\rangle |j\rangle \tag{2-53}$$

$$|I_j\rangle = \sum_{i=0}^{N-1} \beta_{ji} |c_{ji}\rangle |p_{ji}\rangle$$

式中,$|I_j\rangle, j=0,1,\cdots,m-1$,为式(2-1)所示的 m 帧量子图像。具体地,$|j\rangle$ 表示的是每一帧图像在视频 $|V\rangle$ 中的存放位置,$|c_{ji}\rangle$ 为量子图像 $|I_j\rangle$ 的颜色信息,$|p_{ji}\rangle$ 为量子图像 $|I_j\rangle$ 的像素位置信息,N 为量子图像 $|I_j\rangle$ 的尺寸。$\alpha_j, \beta_{ji} \in C$ 为对应基态的概率幅且满足归一化条件,即 $\sum_{j=0}^{m-1}\sum_{i=0}^{N-1} |\alpha_j \beta_{ji}|^2 = 1$。不同的量子图像表示方法会以不同的方式编码基态 $|c_{ji}\rangle|p_{ji}\rangle$ 和概率幅值。

2.6.2 量子视频表示 QVNEQR 和 QVNCQI

借鉴 A. M. Iliyasu 提出的基于 FRQI 的量子视频表示方法,可以对几乎所有的量子图像表示构建以图像序列存在的量子视频。以 NEQR(NCQI)为例,具体表示方案如下:

通过增加 m 条量子线路,可以将 2^m 帧量子彩色图像制备成一个量子视频叠加态。每一帧都是大小为 $2^n \times 2^n$ 的二进制编码的量子彩色图像,具体表示形式如下:

$$|V\rangle = \frac{1}{2^m} \sum_{j=0}^{2^m-1} |F_j\rangle \otimes |j\rangle$$

$$|F_j\rangle = \frac{1}{2^n} \sum_{i=0}^{2^{2n}-1} |c_{j,i}\rangle \otimes |i\rangle = \frac{1}{2^n} \sum_{i=0}^{2^{2n}-1} |c_{q-1}^{j,i} c_{q-2}^{j,i} \cdots c_{0}^{j,i}\rangle |i\rangle$$

$c_s^{j,i} \in \{0,1\}, s=0,1,\cdots,q-1$,$q=8(\text{grayscale})$ 或 $q=24(\text{colorscale})$

在表达式中,每一帧视频都包含灰度($q=8$)或者 RGB 三种颜色信息($q=24$)。

对于这种量子视频表示方法,其设计思想是将所有帧图像用增加的 m 条量子线路叠加在一起,根据 2.1~2.5 节介绍的量子图像像素位置制备方法,很容易制备出量子视频。

2.7 本章小结

本章首先介绍了量子彩色图像表示的一般方法,然后具体介绍了几种量子彩色图像表示方法,包括基于 HSI 颜色空间的 QIRHSI 表示、基于 RGB 颜色空间的 CQIPT 表示、NCQI 表示和 MCLPQI 表示，其中，MCLPQI 表示为极坐标下的彩色图像表示方法。介绍每种表示方法后，给出了将量子初态转换为对应量子彩色图像表示的制备方法和每种表示方法的制备复杂度。最后给出了量子视频表示的一般框架结构，并以 QVNEQR 和 QVNCQI 为例，介绍了量子彩色视频的表示和制备策略。

第3章 量子图像基本运算

算术运算属于图像的初等变换之一，研究量子图像算术运算对快速实现图像的颜色变换具有重要的价值。本章以 QIRHSI 作为量子图像基本运算的图像表示方法，在该方法的基础上设计了强度求反、取补、加法和减法运算。

3.1 QIRHSI 的算术运算

3.1.1 量子比较器

将 a,b 分别表示为具有两组 n 位二进制数的量子态：$|a_{n-1}\cdots a_1 a_0\rangle$ 和 $|b_{n-1}\cdots b_1 b_0\rangle$。如图 3-1 所示为 n-位量子比较器[115]（n-bit Quantum Comparator，nQC）。u,v 的初始态均设置为 $|0\rangle$，用来记录 a,b 的比较结果。如果 uv 等于 10，那么 a 大于 b；如果 uv 等于 01，那么 a 小于 b；如果 uv 等于 00，那么 a 等于 b。

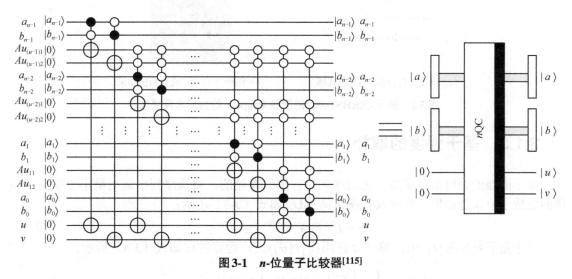

图 3-1　n-位量子比较器[115]

3.1.2 基于强度的求反

量子彩色图像 QIRHSI 的强度是以二进制序列形式存储的，所以求反操作是将图像所有表示强度信息的量子比特反转。基于强度求反操作相应的幺正变换 F 如式（3-1）所示：

$$F = I^{\otimes 2} \otimes X^{\otimes q} \otimes I^{\otimes 2n} \tag{3-1}$$

对于量子叠加态 $|I(\theta)\rangle$，F 可以使用 q 个 NOT 门分别实现对强度通道每个量子位的反转操作。如式（3-2）所示：

$$\begin{aligned}
F(|I(\theta)\rangle) &= \frac{1}{2^n} F\left\{ \sum_{k=0}^{2^{2n}-1} |H_k\rangle|S_k\rangle|I_k\rangle \otimes |k\rangle \right\} \\
&= \frac{1}{2^n} \sum_{k=0}^{2^{2n}-1} |H_k\rangle|S_k\rangle \otimes \left(\bigotimes_{j=0}^{q-1} (X|C_k^j\rangle) \right) \otimes |k\rangle \\
&= \frac{1}{2^n} \sum_{k=0}^{2^{2n}-1} |H_k\rangle|S_k\rangle \otimes \left(\bigotimes_{j=0}^{q-1} |\overline{C}_k^j\rangle \right) \otimes |k\rangle \\
&= \frac{1}{2^n} \sum_{k=0}^{2^{2n}-1} |H_k\rangle|S_k\rangle|2^q-1-I_k\rangle \otimes |k\rangle
\end{aligned} \tag{3-2}$$

式中，$I_k \in [0, 2^q-1]$，$\bigotimes_{j=0}^{q-1}$ 表示 q 个量子态的张量积。如图 3-2 所示为基于 QIRHSI 表示的图像 Peppers 的强度求反操作。

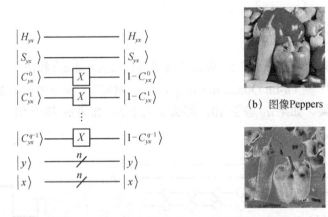

(a) 强度求反操作 F 的量子线路　　(b) 图像 Peppers
　　　　　　　　　　　　　　　　(c) 图像（b）经 F 操作后的结果

图 3-2　基于 QIRHSI 表示的图像 Peppers 的强度求反操作

3.1.3　基于强度的取补

量子图像的强度信息是以二进制序列进行编码存储的，将该序列中最高量子位取反，剩余的低量子位保持原值。强度取补操作算子 U_C 如式（3-3）所示：

$$B = I^{\otimes 2} \otimes X \otimes I^{\otimes q-1} \otimes I^{\otimes 2n} \tag{3-3}$$

对于量子叠加态 $|I(\theta)\rangle$，算子 B 作用在 $|I(\theta)\rangle$ 上，运算过程如式（3-4）所示：

$$\begin{aligned}
B(|I(\theta)\rangle) &= \frac{1}{2^n} B\left\{ \sum_{k=0}^{2^{2n}-1} |H_k\rangle|S_k\rangle|I_k\rangle \otimes |k\rangle \right\} \\
&= \frac{1}{2^n} \sum_{k=0}^{2^{2n}-1} |H_k\rangle|S_k\rangle \otimes (X|C_k^0\rangle) \left(\bigotimes_{j=1}^{q-1} (X|C_k^j\rangle) \right) \otimes |k\rangle
\end{aligned}$$

$$= \frac{1}{2^n} \sum_{k=0}^{2^{2n}-1} |H_k\rangle |S_k\rangle \otimes \left|\overline{C}_k^0\right\rangle \left(\bigotimes_{j=1}^{q-1} \left|C_k^j\right\rangle\right) \otimes |k\rangle$$

$$= \frac{1}{2^n} \sum_{k=0}^{2^{2n}-1} |H_k\rangle |S_k\rangle \left|\left(I_k + 2^{q-1}\right) \bmod 2^q \right\rangle \otimes |k\rangle \tag{3-4}$$

式中，$I_k \in \left[0, 2^q - 1\right]$。如图 3-3 所示为基于 QIRHSI 表示的图像 Peppers 的强度取补操作。

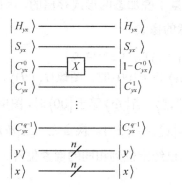

（b）图像 Peppers

（a）强度取补操作B的量子线路　　　（c）图像（b）经B操作后的结果

图 3-3　基于 QIRHSI 表示的图像 Peppers 的强度取补操作

3.1.4　基于强度的加法

设两幅图像的尺寸都是 $2^n \times 2^n$，其表示如式（3-5）所示：

$$\left|I_A(\theta)\right\rangle = \frac{1}{2^n} \sum_{k=0}^{2^{2n}-1} \left|C_k^A\right\rangle \otimes |k\rangle = \frac{1}{2^n} \sum_{y=0}^{2^n-1} \sum_{x=0}^{2^n-1} \left|H_{yx}^A\right\rangle \left|S_{yx}^A\right\rangle \left|I_{yx}^A\right\rangle \otimes |yx\rangle$$

$$\left|I_B(\theta)\right\rangle = \frac{1}{2^n} \sum_{k=0}^{2^{2n}-1} \left|C_k^B\right\rangle \otimes |k\rangle = \frac{1}{2^n} \sum_{y=0}^{2^n-1} \sum_{x=0}^{2^n-1} \left|H_{yx}^B\right\rangle \left|S_{yx}^B\right\rangle \left|I_{yx}^B\right\rangle \otimes |yx\rangle \tag{3-5}$$

对于图像 $\left|I_A(\theta)\right\rangle$ 和 $\left|I_B(\theta)\right\rangle$，在任意的像素位置 $|yx\rangle$ 都有 $\left|H_{yx}^A\right\rangle = \left|H_{yx}^B\right\rangle$，$\left|S_{yx}^A\right\rangle = \left|S_{yx}^B\right\rangle$，$I_{yx}^A, I_{yx}^B \in \left[0, 2^q - 1\right]$。因此，QIRHSI 表示中强度加法操作 ADD 被定义为

$$\left|I_C(\theta)\right\rangle = \text{ADD}\left\{\left|I_A(\theta)\right\rangle, \left|I_B(\theta)\right\rangle\right\} = \frac{1}{2^n} \sum_{y=0}^{2^n-1} \sum_{x=0}^{2^n-1} \left|C_{yx}^C\right\rangle \otimes |yx\rangle$$

$$= \frac{1}{2^n} \sum_{y=0}^{2^n-1} \sum_{x=0}^{2^n-1} \left(\left|C_{yx}^A\right\rangle + \left|C_{yx}^B\right\rangle\right) \otimes |yx\rangle$$

$$= \begin{cases} \dfrac{1}{2^n} \displaystyle\sum_{y=0}^{2^n-1} \sum_{x=0}^{2^n-1} \left|H_{yx}^C\right\rangle \left|S_{yx}^C\right\rangle \left(\left|I_{yx}^A\right\rangle + \left|I_{yx}^B\right\rangle\right) \otimes |yx\rangle, & 0 \leqslant I_{yx}^A + I_{yx}^B \leqslant 2^q - 1 \\[4pt] \dfrac{1}{2^n} \displaystyle\sum_{y=0}^{2^n-1} \sum_{x=0}^{2^n-1} \left|H_{yx}^C\right\rangle \left|S_{yx}^C\right\rangle \left|2^q - 1\right\rangle \otimes |yx\rangle, & 2^q - 1 < I_{yx}^A + I_{yx}^B \leqslant 2^{q+1} - 2 \end{cases} \tag{3-6}$$

如图 3-4 所示为 QIRHSI 表示中强度加法操作 ADD 的量子线路。如图 3-5 所示为算子 ADD 作用在图像 $\left|I_A(\theta)\right\rangle$，$\left|I_B(\theta)\right\rangle$ 获得图像 $\left|I_C(\theta)\right\rangle$。

强度加法操作 ADD 由三个步骤实现：步骤 1 使用两次 nQC（如图 3-1 所示）将图像 $|I_A(\theta)\rangle$，$|I_B(\theta)\rangle$ 的颜色信息定位到相同的像素位置 $|yx\rangle$；步骤 2 使用普通加法器（如图 1-4 所示）将图像 $|I_A(\theta)\rangle$，$|I_B(\theta)\rangle$ 相同像素位置 $|yx\rangle$ 的强度 $|I_{yx}^A\rangle$，$|I_{yx}^B\rangle$ 相加；步骤 3 比较 $|I_{yx}^A\rangle$，$|I_{yx}^B\rangle$ 之和与 $|2^q-1\rangle$ 的大小关系，然后输出图像 $|I_C(\theta)\rangle$ 不同条件下的颜色值。下面给出强度加法操作 ADD 三个步骤的详细描述。

步骤 1 由于图像 $|I_A(\theta)\rangle$，$|I_B(\theta)\rangle$ 是以量子叠加态的形式存储的，因此为了定位到图像 $|I_A(\theta)\rangle$，$|I_B(\theta)\rangle$ 相同的像素位置，对于任意的像素

$$|yx\rangle=|y\rangle|x\rangle=|y_{n-1}\cdots y_1 y_0\rangle|x_{n-1}\cdots x_1 x_0\rangle$$

必须分别比较 $|y\rangle$，$|x\rangle$。使用两次 nQC，当 $|de\rangle$ 等于 $|00\rangle$ 时，图像 $|I_A(\theta)\rangle$，$|I_B(\theta)\rangle$ 的像素坐标满足 $|y^A\rangle=|y^B\rangle$，即 $|y_{n-1}^A\cdots y_1^A y_0^A\rangle=|y_{n-1}^B\cdots y_1^B y_0^B\rangle$；当 $|fg\rangle$ 等于 $|00\rangle$ 时，图像 $|I_A(\theta)\rangle$，$|I_B(\theta)\rangle$ 的像素坐标满足 $|x^A\rangle=|x^B\rangle$，即 $|x_{n-1}^A\cdots x_1^A x_0^A\rangle=|x_{n-1}^B\cdots x_1^B x_0^B\rangle$。换言之，当 $|defg\rangle$ 等于 $|0000\rangle$ 时，有 $|y^A x^A\rangle=|y^B x^B\rangle$，即图像 $|I_A(\theta)\rangle$，$|I_B(\theta)\rangle$ 已经定位到相同的像素位置。（如图 3-4 步骤 1 所示）

步骤 2 步骤 1 中使用两次 nQC 将图像 $|I_A(\theta)\rangle$，$|I_B(\theta)\rangle$ 的强度信息定位到了相同的像素位置 $|yx\rangle$，此时 $|defg\rangle$ 等于 $|0000\rangle$，然后利用 4 控位 ADDER 算子将图像 $|I_A(\theta)\rangle$，$|I_B(\theta)\rangle$ 的强度相加，获得 $|I_{yx}^A\rangle+|I_{yx}^B\rangle$。（如图 3-4 步骤 2 所示）

步骤 3 在步骤 2 中已经得到了 $|I_{yx}^A\rangle+|I_{yx}^B\rangle$，为了输出在不同条件下的 $|I_{yx}^C\rangle$，要求判定 $|I_{yx}^A\rangle+|I_{yx}^B\rangle$ 和 $|2^q-1\rangle$ 的大小。又因为 $|I_{yx}^A\rangle+|I_{yx}^B\rangle$ 是 $q+1$ 位二进制数，$|2^q-1\rangle$ 是 q 位二进制数，所以只需判断 $|I_{yx}^A\rangle+|I_{yx}^B\rangle$ 的最高位 $|w\rangle$ 的值即可。当 $|w\rangle$ 等于 $|0\rangle$ 时，此时属于情况 1，$|I_{yx}^A\rangle+|I_{yx}^B\rangle$ 小于或等于 $|2^q-1\rangle$，输出 $|I_{yx}^C\rangle$ 的值为 $|I_{yx}^A\rangle+|I_{yx}^B\rangle$ 即可；当 $|w\rangle$ 等于 $|1\rangle$ 时，此时属于情况 2，$|I_{yx}^A\rangle+|I_{yx}^B\rangle$ 大于 2^q-1，输出 $|I_{yx}^C\rangle$ 的值为 2^q-1 即可。同时保持色调和饱和度不变，即 $|H_{yx}^C\rangle=|H_{yx}^A\rangle$，$|S_{yx}^C\rangle=|S_{yx}^A\rangle$。（如图 3-4 步骤 3 所示）

3.1.5　基于强度的减法

设两幅图像的尺寸是 $2^n \times 2^n$，其表示为

$$|I_A(\theta)\rangle = \frac{1}{2^n}\sum_{k=0}^{2^{2n}-1}|C_k^A\rangle\otimes|k\rangle = \frac{1}{2^n}\sum_{y=0}^{2^n-1}\sum_{x=0}^{2^n-1}|H_{yx}^A\rangle|S_{yx}^A\rangle|I_{yx}^A\rangle\otimes|yx\rangle$$

$$|I_B(\theta)\rangle = \frac{1}{2^n}\sum_{k=0}^{2^{2n}-1}|C_k^B\rangle\otimes|k\rangle = \frac{1}{2^n}\sum_{y=0}^{2^n-1}\sum_{x=0}^{2^n-1}|H_{yx}^B\rangle|S_{yx}^B\rangle|I_{yx}^B\rangle\otimes|yx\rangle \quad (3\text{-}7)$$

对于图像 $|I_A(\theta)\rangle$ 和 $|I_B(\theta)\rangle$，在任意的像素 $|yx\rangle$，都有 $|H_{yx}^A\rangle=|H_{yx}^B\rangle$，$|S_{yx}^A\rangle=|S_{yx}^B\rangle$，$I_{yx}^A, I_{yx}^B \in [0, 2^q-1]$。因此，基于 QIRHSI 表示的强度减法操作 SUB 定义为

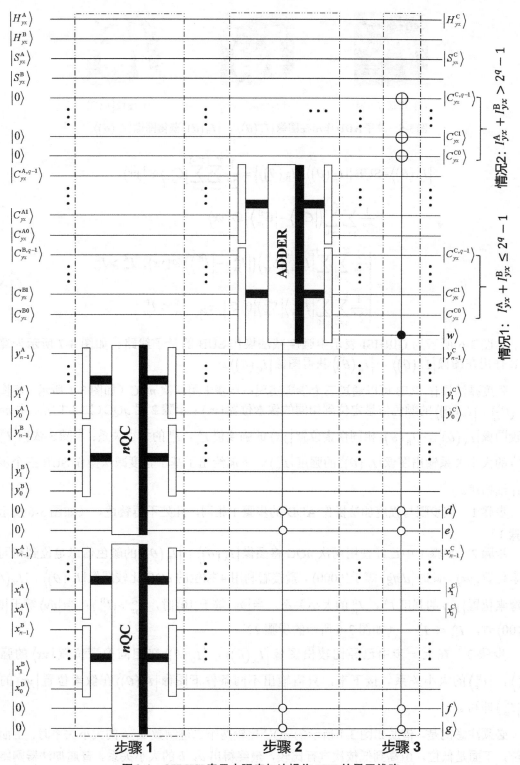

图 3-4 QIRHSI 表示中强度加法操作 ADD 的量子线路

(a) 图像 $|I_A(\theta)\rangle$　　　　(b) 图像 $|I_B(\theta)\rangle$　　　　(c) 图像 $|I_C(\theta)\rangle$

图3-5 算子ADD作用在图像 $|I_A(\theta)\rangle$，$|I_B(\theta)\rangle$ 获得图像 $|I_C(\theta)\rangle$

$$|I_C(\theta)\rangle = \text{SUB}\{|I_A(\theta)\rangle, |I_B(\theta)\rangle\} = \frac{1}{2^n}\sum_{y=0}^{2^n-1}\sum_{x=0}^{2^n-1} |C_{yx}^C\rangle \otimes |yx\rangle$$

$$= \frac{1}{2^n}\sum_{y=0}^{2^n-1}\sum_{x=0}^{2^n-1} \left(|C_{yx}^A\rangle - |C_{yx}^B\rangle\right) \otimes |yx\rangle$$

$$= \begin{cases} \dfrac{1}{2^n}\sum\limits_{y=0}^{2^n-1}\sum\limits_{x=0}^{2^n-1} |H_{yx}^C\rangle|S_{yx}^C\rangle\left(|I_{yx}^A\rangle - |I_{yx}^B\rangle\right) \otimes |yx\rangle, & I_{yx}^A > I_{yx}^B \\ \dfrac{1}{2^n}\sum\limits_{y=0}^{2^n-1}\sum\limits_{x=0}^{2^n-1} |H_{yx}^C\rangle|S_{yx}^C\rangle|0\rangle \otimes |yx\rangle, & I_{yx}^A \leqslant I_{yx}^B \end{cases} \quad (3\text{-}8)$$

如图3-6所示为QIRHSI表示中强度减法操作SUB的量子线路。如图3-7所示为算子SUB作用在图像 $|I_A(\theta)\rangle$，$|I_B(\theta)\rangle$ 获得图像 $|I_C(\theta)\rangle$。

强度减法操作SUB可以通过三个步骤实现：步骤1用两次 nQC（如图3-1所示）将图像 $|I_A(\theta)\rangle$，$|I_B(\theta)\rangle$ 的颜色信息定位到相同的像素位置 $|yx\rangle$；步骤2用 qQC（如3-1所示中 $n=q$）比较图像 $|I_A(\theta)\rangle$，$|I_B(\theta)\rangle$ 相同像素位置 $|yx\rangle$ 的强度值 I_{yx}^A，I_{yx}^B 的大小关系；步骤3依据 $|I_{yx}^A\rangle$，$|I_{yx}^B\rangle$ 的大小关系输出图像 $|I_C(\theta)\rangle$ 的强度 $|I_{yx}^C\rangle$。下面给出了基于强度减法操作SUB三个步骤的详细描述。

步骤1 该步骤与强度加法操作ADD的步骤1相同，此处不再赘述。（如图3-6所示的步骤1）

步骤2 步骤1中已经使用两次 nQC 将图像 $|I_A(\theta)\rangle$，$|I_B(\theta)\rangle$ 的颜色信息定位到相同的像素位置 $|yx\rangle$，此时 $|defg\rangle$ 等于 $|0000\rangle$，紧接着利用4控位的 qQC 比较图像 $|I_A(\theta)\rangle$，$|I_B(\theta)\rangle$ 在像素位置 $|yx\rangle$ 的强度 I_{yx}^A，I_{yx}^B 的大小关系。当 $|uv\rangle$ 等于 $|10\rangle$ 时，$I_{yx}^A > I_{yx}^B$；当 $|uv\rangle$ 等于 $|01\rangle$ 或 $|00\rangle$ 时，$I_{yx}^A \leqslant I_{yx}^B$。（如图3-6所示的步骤2）

步骤3 在上一步中已经比较出图像 $|I_A(\theta)\rangle$，$|I_B(\theta)\rangle$ 在相同像素位置 $|yx\rangle$ 的强度 $|I_{yx}^A\rangle$，$|I_{yx}^B\rangle$ 的大小关系。接下来，只需输出不同条件下图像 $|I_C(\theta)\rangle$ 在像素位置 $|yx\rangle$ 的强度 $|I_{yx}^C\rangle$ 即可。

必须注意的是，借助如图3-1所示的 nQC 比较两个二进制数 a,b 的大小关系时，上面是高位，下面是低位，由高到低依次进行比较，最终得出 a,b 的大小关系。普通加法器网络在求两个 $n+1$ 位二进制数 a,b 之和时，低位在上，高位在下，此外还需加入一个最高比特位 b_{n+1}，以输出 a,b 之和。

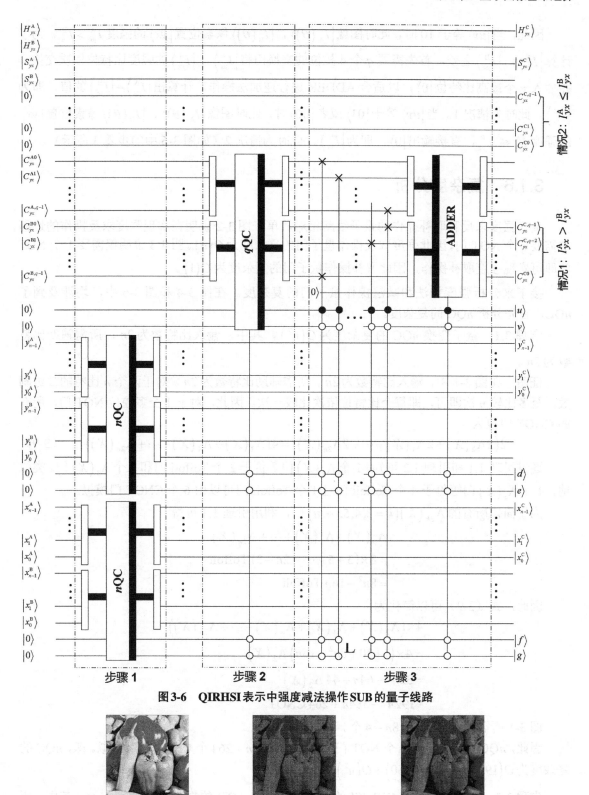

图 3-6 QIRHSI 表示中强度减法操作 SUB 的量子线路

(a) 图像 $|I_A(\theta)\rangle$　　(b) 图像 $|I_B(\theta)\rangle$　　(c) 图像 $|I_C(\theta)\rangle$

图 3-7 算子 SUB 作用在图像 $|I_A(\theta)\rangle$ 和 $|I_B(\theta)\rangle$ 上获得图像 $|I_C(\theta)\rangle$

因此，当$|uv\rangle$等于10时，此时图像$|I_A(\theta)\rangle$，$|I_B(\theta)\rangle$像素位置$|yx\rangle$的强度$I_{yx}^A > I_{yx}^B$。为了计算$|I_{yx}^A\rangle$，$|I_{yx}^B\rangle$之差，首先需要q个4控位的交换门将$|I_{yx}^A\rangle$，$|I_{yx}^B\rangle$的强度比特位依次交换，并插入一个最高比特位$|0\rangle$，以适合ADDER进行逆加法操作，计算出$|I_{yx}^A\rangle-|I_{yx}^B\rangle$的值，即为$|I_{yx}^C\rangle$，此时为情况1。当$|uv\rangle$等于$|01\rangle$或者$|00\rangle$时，此时图像$|I_A(\theta)\rangle$，$|I_B(\theta)\rangle$像素位置$|yx\rangle$的强度$I_{yx}^A \leqslant I_{yx}^B$，直接输出$|0\rangle$，即为$|I_{yx}^C\rangle$，此时为情况2（如图3-6中的步骤3所示）。

3.1.6 复杂度分析

基于强度求反和取补操作的量子线路相对简单。图3-2说明在实现强度求反操作的过程中需要q个NOT门，因此强度取反操作量子门的复杂度为$O(q)$。图3-3说明仅需要1个NOT门即可实现强度取补操作，因此取补操作量子门的复杂度为$O(1)$。

接下来分析强度加法和减法操作量子门的复杂度。在图3-4和图3-6中，均涉及到了nQC，首先分析nQC的复杂度。

定理3.1 量子变换nQC的复杂度为$O(n^2)$，其中，输入比特数为$2n$，所需辅助比特数为$2n$。

证明 在图3-1中，输入比特数为$2n$，所需辅助比特数为$2n$。对于两个n比特的二进制数，至多比较n次即可，即每个比特位依次比较一次。因此，对于1个多控位NOT门，所有的CNOT门数为

$$2\left(2\Lambda_2(X)+2\Lambda_4(X)+\cdots+2\Lambda_{2n}(X)\right)=4\left(\Lambda_2(X)+\Lambda_4(X)+\cdots+\Lambda_{2n}(X)\right) \tag{3-9}$$

通过引理1.1和引理1.2可知，1个$\Lambda_4(X)$门等价于2个Toffoli门和2个$\Lambda_3(X)$门。类似地，1个$\Lambda_3(X)$门等价于4个Toffoli门且1个Toffoli门可以由6个CNOT门模拟。

为了简化所有的$\Lambda_{2k}(X)(k=3,4,5,\cdots,n)$门，利用引理1.3可得

$$\begin{aligned}&\Lambda_6(X)+\Lambda_8(X)+\cdots+\Lambda_{2n}(X)\\&=8\times(3+5+\cdots+2n-3)\text{ Toffoli}\\&=8n^2-16n\text{ Toffoli}\end{aligned}$$

因此，式（3-9）可以简化为

$$\begin{aligned}&4\times\left(\Lambda_2(X)+\Lambda_4(X)+\Lambda_6(X)+\cdots+\Lambda_{2n}(X)\right)\\&=4\times\left(1+10+8n^2-16n\right)\Lambda_2(X)\\&=32n^2-64n+44\ \Lambda_2(X)\\&=192n^2-384n+264\text{ CNOT}\end{aligned}$$

图3-1所需的NOT门为$8n-4$个。

因此，nQC可以被$8n-4$个NOT门和$192n^2-384n+264$个CNOT门所模拟。即，nQC的复杂度为$O\left(192n^2-376n+260\right)\approx O\left(n^2\right)$。

定理3.2 量子彩色图像QIRHSI的强度加法操作ADD的复杂度为$O\left(n^2+q\right)$，其中，所需辅助量子比特数为$4n+2q+2$。

证明 在图 3-4 中，分析基于 QIRHSI 表示的加法操作 ADD 所需量子门的数量，只需分析三个步骤中所需量子门的数量即可。

在步骤 1 中，使用了 2 次 nQC，由定理 3.1 的证明过程可知需要 $16n-8$ 个 NOT 门和 $384n^2-768n+528$ 个 CNOT 门，需要的辅助比特数为 $4n$。

接下来，分析步骤 2 和 3 中所需量子基本门的数量。

在步骤 2 中，借助于 4 控位的普通加法器将 q 比特的 $|I_{yx}^A\rangle$ 与 $|I_{yx}^B\rangle$ 相加，需要用到 $2q-1$ 个 4 控位的进位操作（见图 1-5（a）），q 个 4 控位的求和操作（见图 1-5（b））和 1 个 $\Lambda_5(X)$ 门。1 个 4 控位的进位操作能分解为 2 个 $\Lambda_6(X)$ 门和 1 个 $\Lambda_5(X)$ 门，1 个 4 控位的求和操作能分解为 2 个 $\Lambda_5(X)$ 门。

1 个 $\Lambda_6(X)$ 门和 $\Lambda_5(X)$ 门分别相当于 24 个和 16 个 Toffoli 门。因此，1 个 4 控位的进位操作相当于 64 个 Toffoli 门，1 个 4 控位的求和相当于 32 个 Toffoli 门。

综上所述，步骤 2 中所需量子基本门的数量为
$$64(2q-1)+32q+16 \text{ Toffoli}+4 \text{ NOT}$$
$$=160q-48 \text{ Toffoli}+4 \text{ NOT}$$
$$=960q-288 \text{ CNOT}+4 \text{ NOT}$$

其中，所需辅助比特数为 $q+2$。

在步骤 3 中，使用了 q 个 $\Lambda_5(X)$ 门和 4 个 NOT 门，所以，步骤 3 中所需基本门的数量为
$$q\Lambda_5(X)+4 \text{ NOT}=16q \text{ Toffoli}+4 \text{ NOT}=96q \text{ CNOT}+4 \text{ NOT}$$

其中，所需要的辅助比特数为 q。

因此，基于 QIRHSI 表示的强度加法操作 ADD 的复杂度为
$$O\big((384n^2-768n+528 \text{ CNOT}+16n-8 \text{ NOT})(步骤1)+$$
$$(960q-288 \text{ CNOT}+4 \text{ NOT})(步骤2)+(96q \text{ CNOT}+4 \text{ NOT})(步骤3)\big)$$
$$=O\big(16n \text{ NOT}+384n^2-768n+1056q+240 \text{ CNOT}\big)$$
$$=O\big(384n^2-752n+1056q+240\big)$$
$$\approx O\big(n^2+q\big)$$

定理 3.3 量子彩色图像 QIRHSI 的强度减法操作 SUB 的复杂度为 $O(n^2+q^2)$，其中，所需辅助量子比特数为 $4n+4q+2$。

证明 同基于 QIRHSI 表示中强度加法操作 ADD 的步骤一样，如图 3-6 所示的强度减法操作 SUB 中步骤 1 需要 $16n-8$ 个 NOT 门和 $384n^2-768n+528$ 个 CNOT 门，其中，需要辅助比特数为 $4n$。

在步骤 2 中，为了比较像素位置 $|yx\rangle$ 上 $|I_{yx}^A\rangle$ 与 $|I_{yx}^B\rangle$ 的大小关系，使用了 4 控位的 qQC，因此，需要多控位 NOT 门数量为
$$2(2\Lambda_6(X)+2\Lambda_8(X)+\cdots+2\Lambda_{2q+4}(X))$$
$$=4(\Lambda_6(X)+\Lambda_8(X)+\cdots+\Lambda_{2q+4}(X))$$
$$=32(3+5+7+\cdots+2q+1) \text{ Toffoli}$$

$$= 32q^2 + 64q \text{ Toffoli}$$
$$= 192q^2 + 384q \text{ CNOT}$$

其中，所需辅助比特数为 $2q$。

除此之外，用到的 NOT 门数为 $8q$。因此，步骤 2 需要 $8q$ 个 NOT 门和 $192q^2 + 384q$ 个 CNOT 门。

在步骤 3 中，首先使用了 q 个 6 控位的交换门，1 个 6 控位的交换门相当于 3 个 $\Lambda_7(X)$ 门，1 个 $\Lambda_7(X)$ 门相当于 32 个 Toffoli 门。因此，共使用了 $96q$ 个 Toffoli 门。

然后，使用了 6 控位的 q 位普通加法器，而一个 6 控位普通加法器使用了 $2q-1$ 个 6 控位的进位算子（见图 1-5（a）），q 个 6 控位的求和算子（见图 1-5（b））和 1 个 $\Lambda_7(X)$ 门。

1 个 6 控位的进位算子能分解为 2 个 $\Lambda_8(X)$ 门和 1 个 $\Lambda_7(X)$ 门。1 个 6 控位的求和算子能分解为 2 个 $\Lambda_7(X)$ 门。1 个 $\Lambda_8(X)$ 门相当于 40 个 Toffoli 门。

因此，1 个 6 控位的普通加法器使用的量子基本门为
$$(2q-1) \times (2\Lambda_8(X) + \Lambda_7(X)) + 2q\Lambda_7(X) + \Lambda_7(X)$$
$$= (2q-1) \times (2 \times 40 + 32) + 64q + 32 \text{ Toffoli}$$
$$= 288q - 80 \text{ Toffoli}$$
$$= 1728q - 480 \text{ CNOT}$$

而步骤 3 所需的量子基本门为
$$5 \text{ NOT} + 96q \text{ Toffoli} + 1728q - 480 \text{ CNOT}$$
$$= 5 \text{ NOT} + 576q \text{ CNOT} + 1728q - 480 \text{ CNOT}$$
$$= 5 \text{ NOT} + 2304q - 480 \text{ CNOT}$$

其中，所需辅助比特数为 $2q+2$。

综上所述，基于 QIRHSI 表示的强度减法操作 SUB 的复杂度为
$$O\big(\big(384n^2 - 768n + 528 \text{ CNOT} + 16n - 8 \text{ NOT}\big)(\text{步骤1}) +$$
$$\big(192q^2 + 384q \text{ CNOT} + 8q \text{ NOT}\big)(\text{步骤2}) +$$
$$\big(2304q - 480 \text{ CNOT} + 5 \text{ NOT}\big)(\text{步骤3})\big)$$
$$= O\big(384n^2 - 768n + 192q^2 + 2688q + 48 \text{ CNOT} + 16n + 8q - 3 \text{ NOT}\big)$$
$$= O\big(384n^2 - 752n + 192q^2 + 2696q + 45\big)$$
$$\approx O\big(n^2 + q^2\big)$$

3.1.7 实验示例

下面以如图 3-8 所示的简单 4×4 图像强度分量为例来说明强度求反和取补操作。此处，$n=2$，$q=4$。

原始图像为
$$|I(\theta)\rangle = \frac{1}{2^2}\sum_{y=0}^{3}\sum_{x=0}^{3}|H_{yx}\rangle|S_{yx}\rangle|I_{yx}\rangle \otimes |yx\rangle = \frac{1}{4}\sum_{y=0}^{3}\sum_{x=0}^{3}|H_{yx}\rangle|S_{yx}\rangle|C_{yx}^0 C_{yx}^1 C_{yx}^1 C_{yx}^3\rangle \otimes |yx\rangle$$

对应的强度值见图 3-8（a）。

求反后的图像为

$$F(|I(\theta)\rangle) = \frac{1}{2^2}\sum_{y=0}^{3}\sum_{x=0}^{3}|H_{yx}\rangle|S_{yx}\rangle|2^4-1-I_{yx}\rangle \otimes |yx\rangle$$

$$= \frac{1}{4}\sum_{y=0}^{3}\sum_{x=0}^{3}|H_{yx}\rangle|S_{yx}\rangle|15-I_{yx}\rangle \otimes |yx\rangle$$

对应的强度值见图 3-8（b）。

取补后的图像为

$$B(|I(\theta)\rangle) = \frac{1}{2^2}\sum_{y=0}^{3}\sum_{x=0}^{3}|H_{yx}\rangle|S_{yx}\rangle|(I_{yx}+2^3)\bmod 2^4\rangle \otimes |yx\rangle$$

$$= \frac{1}{4}\sum_{y=0}^{3}\sum_{x=0}^{3}|H_{yx}\rangle|S_{yx}\rangle|(I_{yx}+8)\bmod 16\rangle \otimes |yx\rangle$$

对应的强度值见图 3-8（c）。

	00	01	10	11
00	0	1	2	3
01	4	5	6	7
10	8	9	10	11
11	12	13	14	15

	00	01	10	11
00	15	14	13	12
01	11	10	9	8
10	7	6	5	4
11	3	2	1	0

	00	01	10	11
00	8	9	10	11
01	12	13	14	15
10	0	1	2	3
11	4	5	6	7

（a）原始图像强度分量　　（b）求反的图像强度分量　　（c）取补的图像强度分量

图3-8　在4×4量子图像强度分量上求反和取补操作的结果

在 4×4 的量子图像强度分量上加法和减法操作的结果如图 3-9 所示。

原始图像 $|I_A(\theta)\rangle$ 和 $|I_B(\theta)\rangle$ 为

$$|I_A(\theta)\rangle = \frac{1}{2^2}\sum_{y=0}^{3}\sum_{x=0}^{3}|H_{yx}\rangle|S_{yx}\rangle|I_{yx}^A\rangle \otimes |yx\rangle = \frac{1}{4}\sum_{y=0}^{3}\sum_{x=0}^{3}|H_{yx}\rangle|S_{yx}\rangle|C_{yx}^{A0}C_{yx}^{A1}C_{yx}^{A2}C_{yx}^{A3}\rangle \otimes |yx\rangle$$

$$|I_B(\theta)\rangle = \frac{1}{2^2}\sum_{y=0}^{3}\sum_{x=0}^{3}|H_{yx}\rangle|S_{yx}\rangle|I_{yx}^B\rangle \otimes |yx\rangle = \frac{1}{4}\sum_{y=0}^{3}\sum_{x=0}^{3}|H_{yx}\rangle|S_{yx}\rangle|C_{yx}^{B0}C_{yx}^{B1}C_{yx}^{B2}C_{yx}^{B3}\rangle \otimes |yx\rangle$$

相应地，强度值如图 3-9（a）和图 3-9（b）所示。

图像 $|I_A(\theta)\rangle$ 和 $|I_B(\theta)\rangle$ 通过加法操作 ADD 所得图像为 $|I_C(\theta)\rangle$，如下所示，

$$|I_C(\theta)\rangle = \text{ADD}\{|I_A(\theta)\rangle, |I_B(\theta)\rangle\} = \frac{1}{2^2}\sum_{y=0}^{3}\sum_{x=0}^{3}|C_{yx}^C\rangle \otimes |yx\rangle$$

$$= \begin{cases} \dfrac{1}{4}\sum_{y=0}^{3}\sum_{x=0}^{3}|H_{yx}\rangle|S_{yx}\rangle(|I_{yx}^A\rangle+|I_{yx}^B\rangle) \otimes |yx\rangle, & 0 \leq I_{yx}^A + I_{yx}^B \leq 15 \\ \dfrac{1}{4}\sum_{y=0}^{3}\sum_{x=0}^{3}|H_{yx}\rangle|S_{yx}\rangle|15\rangle \otimes |yx\rangle, & 15 < I_{yx}^A + I_{yx}^B \leq 30 \end{cases}$$

且图像 $|I_C(\theta)\rangle$ 的强度值如图 3-9（c）所示。

图像 $|I_A(\theta)\rangle$ 和 $|I_B(\theta)\rangle$ 通过减法操作 SUB 所得图像为 $|I_C(\theta)\rangle$，如下所示，

$$|I_C(\theta)\rangle = \text{SUB}\{|I_A(\theta)\rangle, |I_B(\theta)\rangle\} = \frac{1}{2^2}\sum_{y=0}^{3}\sum_{x=0}^{3}|C_{yx}^C\rangle \otimes |yx\rangle$$

$$= \begin{cases} \dfrac{1}{4}\sum_{y=0}^{3}\sum_{x=0}^{3}|H_{yx}\rangle|S_{yx}\rangle\left(|I_{yx}^A\rangle - |I_{yx}^B\rangle\right) \otimes |yx\rangle, & I_{yx}^A > I_{yx}^B \\ \dfrac{1}{4}\sum_{y=0}^{3}\sum_{x=0}^{3}|H_{yx}\rangle|S_{yx}\rangle|0\rangle \otimes |yx\rangle, & I_{yx}^A \leq I_{yx}^B \end{cases}$$

且图像 $|I_C(\theta)\rangle$ 的强度值如图 3-9（d）所示。

	00	01	10	11
00	6	3	11	7
01	14	8	5	15
10	1	2	4	13
11	9	10	12	0

(a) 图像 $|I_A(\theta)\rangle$ 的强度分量

	00	01	10	11
00	7	1	15	13
01	0	2	14	6
10	10	12	11	4
11	8	3	9	5

(b) 图像 $|I_B(\theta)\rangle$ 的强度分量

	00	01	10	11
00	13	4	15	15
01	14	10	15	15
10	11	14	15	15
11	15	13	15	5

(c) 图像 $|I_A(\theta)\rangle$ 和 $|I_B(\theta)\rangle$ 相加后的强度分量

	00	01	10	11
00	0	2	0	0
01	14	6	0	9
10	6	0	0	9
11	1	7	3	0

(d) 图像 $|I_A(\theta)\rangle$ 和 $|I_B(\theta)\rangle$ 相减后的强度分量

图 3-9 在 4×4 的量子图像强度分量上加法和减法操作的结果

3.2 量子噪声图像

量子噪声图像经常被应用在评估量子图像质量和测试量子图像处理算法中。本节介绍一种常见的噪声图像——椒盐噪声图像的制备方法。

量子图像的噪声主要来源于图像的传输和处理过程，主要是加性噪声。量子噪声图像可以表示为

$$|G\rangle = |F\rangle + |\eta\rangle$$

式中，$|F\rangle$ 表示量子图像，$|\eta\rangle$ 表示加性噪声图像，$|G\rangle$ 表示叠加噪声后的降质图像。高斯噪声和椒盐噪声是两种常见的主要加性噪声，通过降质函数，可以得到噪声过程等价于量子噪声图像的制备。

设量子椒盐噪声图像具有下列 NEQR 格式：

$$|I\rangle = \left(\sqrt{p_a}|c_a\rangle|a\rangle + \sqrt{p_b}|c_b\rangle|b\rangle + \frac{\sqrt{1-p_a-p_b}}{\sqrt{2^{2n}-2}}\sum_{i\neq a,b}^{2^{2n}-1}|c_i\rangle|i\rangle\right)$$

式中，p_a 和 p_b 分别是 $|c_a\rangle$ 和 $|c_b\rangle$ 两个位置的概率密度函数值。进一步，这个表示满足归一化量子态，即

$$\||I\|| = \sqrt{p_a + p_b + \frac{(1-p_a-p_b)(2^{2n}-2)}{2^{2n}-2}} = 1$$

量子椒盐噪声图像的制备过程如下：

步骤 1 首先设量子初态为 $q+4n-2$ 个 $|0\rangle$ 态的叠加态：

$$|\Psi\rangle_0 = |0\rangle^{\otimes q+4n-2} = |0\rangle^{\otimes q}|0\rangle^{\otimes n}|0\rangle^{\otimes n}|0\rangle^{\otimes 2n-2}$$

步骤 2 构造幺正变换。构造幺正变换 U_1 为：

$$U_1 = I^{\otimes q} \otimes \left(\sqrt{p_a}I\right)^n \otimes \left(\sqrt{p_b}I\right)^n \otimes H^{\otimes 2n-2}$$

步骤 3 使用 U_1 后，初始态 $|\Psi\rangle_0$ 变换为

$$\begin{aligned}|\Psi\rangle_1 &= U_1(|\Psi\rangle_0) \\ &= \left(I^{\otimes q} \otimes \left(\sqrt{p_a}I\right)^{\otimes n} \otimes \left(\sqrt{p_b}I\right)^{\otimes n} \otimes H^{\otimes 2n-2}\right)\left(|0\rangle^{\otimes q+4n-2}\right) \\ &= \left(I^{\otimes q} \otimes \left(\sqrt{p_a}I\right)^{\otimes n} \otimes \left(\sqrt{p_b}I\right)^{\otimes n} \otimes H^{\otimes 2n-2}\right)\left(|0\rangle^{\otimes q}|0\rangle^{\otimes n}|0\rangle^{\otimes n}|0\rangle^{\otimes 2n-2}\right) \\ &= |0\rangle^{\otimes q}\sqrt{p_a}|a\rangle\sqrt{p_b}|b\rangle \otimes \frac{1}{2^{2n}-2}\sum_{i=0,i\neq a,b}^{2^{2n}-2}|i\rangle\end{aligned}$$

步骤 4 应用变换 U_2：

$$U_2 = I^{\otimes q} \otimes I^{\otimes n} \otimes I^{\otimes n} \otimes \left(\sqrt{1-p_a-p_b}I\right)^{\otimes n}$$

到量子态 $|\Psi\rangle_1$，得到 $|\Psi\rangle_2$

$$\begin{aligned}|\Psi\rangle_2 &= U_2(|\Psi\rangle_1) \\ &= \left(I^{\otimes q} \otimes I^{\otimes n} \otimes I^{\otimes n} \otimes \left(\sqrt{1-p_a-p_b}I\right)^{\otimes n}\right)\left(|0\rangle^{\otimes q}\sqrt{p_a}|a\rangle\sqrt{p_b}|b\rangle \otimes \frac{1}{2^{2n}-2}\sum_{i=0,i\neq a,b}^{2^{2n}-2}|i\rangle\right) \\ &= |0\rangle^{\otimes q}\sqrt{p_a}|a\rangle\sqrt{p_b}|b\rangle\frac{\sqrt{1-p_a-p_b}}{2^{2n}-2}\sum_{i=0,i\neq a,b}^{2^{2n}-2}|i\rangle\end{aligned}$$

式中，a 和 b 是表示位置信息的 n 量子比特量子态。

步骤 5 制备量子噪声图像的灰度值。对中间态 $|\Psi\rangle_2$，所有像素已经以 NEQR 形式出现，灰度值生成过程可以分为 2^{2n} 个子操作 $\Omega_{yx}^i : |0\rangle \to |0+C_{yx}^i\rangle$，这样，如果 $C_{yx}^i = 1$，那么 Ω_{yx}^i 是一个 $2n$-CNOT 门。否则，是一个单位门。因此，量子操作 Ω_{yx} 可以通过 Ω_{yx}^i 得到，形式为 $\Omega_{yx} = \overset{q-1}{\underset{i=0}{\otimes}} \Omega_{yx}^i$。具体地，

$$\Omega_{yx}\left(|0\rangle^{\otimes q}\right) = \left(\overset{q-1}{\underset{i=0}{\otimes}}\Omega_{yx}^i\right)\left(|0\rangle^{\otimes q}\right) = \overset{q-1}{\underset{i=0}{\otimes}}\left(\Omega_{yx}^i|0\rangle\right) = \overset{q-1}{\underset{i=0}{\otimes}}|0+C_{yx}^i\rangle = \overset{q-1}{\underset{i=0}{\otimes}}|C_{yx}^i\rangle = |f(Y,X)\rangle$$

设计幺正变换 U_3：

$$U_3 = \Omega_a \otimes |a\rangle\langle a| + \Omega_b \otimes |b\rangle\langle b| + \sum_{i=0,i\neq a,b}^{2^{2n}-2}\Omega_i \otimes |i\rangle\langle i|$$

作用在 $|\Psi\rangle_2$ 上实现制备灰度值的目的。

$$U_3(|\Psi\rangle_2) = \left(\Omega_a \otimes |a\rangle\langle a| + \Omega_b \otimes |b\rangle\langle b| + \sum_{i=0,i\neq a,b}^{2^{2n}-2} \Omega_i \otimes |i\rangle\langle i|\right)$$

$$\left(|0\rangle^{\otimes q}\sqrt{p_a}|a\rangle\sqrt{p_b}|b\rangle\frac{\sqrt{1-p_a-p_b}}{2^{2n}-2}\sum_{i=0,i\neq a,b}^{2^{2n}-2}|i\rangle\right)$$

$$= |c_a\rangle\sqrt{p_a}|a\rangle + |c_b\rangle\sqrt{p_b}|b\rangle + \frac{\sqrt{1-p_a-p_b}}{2^{2n}-2}\sum_{i=0,i\neq a,b}^{2^{2n}-2}|c_i\rangle|i\rangle$$

通过以上 5 个步骤可以完成量子椒盐噪声图像的制备。对于大小为 $2^n \times 2^n$ 的图像,整个制备过程代价不超过 $O(qn2^{2n})$。

3.3 本章小结

本章简要研究了量子彩色图像 QIRHSI 的算术运算,即求反、取补、加法和减法运算。研究了利用量子比较器在两幅图像中定位到相同的像素位置,然后执行强度加法和减法操作,最后依据不同的取值范围输出相应的强度值。复杂度分析表明所提出的算术运算方法是有效的。最后,给出了基于 NEQR 表示的量子加性噪声图像的制备方法。

第4章 量子图像几何运算

为了达到所期望的某种视觉效果,将输入图像的像素位置映射到新的像素位置,进而达到改变原图像显示效果的目的,该过程称为图像的几何变换。几何变换主要包括图像的几何校正和空间变换(缩放、旋转及仿射变换)。本章提出了量子彩色图像 QIRHSI 的几何变换,包括基本几何变换和尺度缩放操作,进一步研究了几何变换的幺正变换和相应的量子线路。

4.1 QIRHSI 的基本几何变换

4.1.1 两点交换

定义 4.1 量子彩色图像 QIRHSI 的两点交换算子 G 定义为

$$G(|I(\theta)\rangle) = \frac{1}{2^n} \sum_{k=0}^{2^{2n}-1} |H_k\rangle|S_k\rangle|I_k\rangle \otimes P(|k\rangle)$$

$$= \frac{1}{2^n} \left\{ |H_j\rangle|S_j\rangle|I_j\rangle \otimes |i\rangle + |H_i\rangle|S_i\rangle|I_i\rangle \otimes |j\rangle + \sum_{k=0,k\neq i,j}^{2^{2n}-1} |H_k\rangle|S_k\rangle|I_k\rangle \otimes |k\rangle \right\} \quad (4-1)$$

其中,$|I(\theta)\rangle$ 表示一幅 QIRHSI 彩色图像,见式(2-1)。两点交换算子 G 也可以表示为

$$G = I^{\otimes 2} \otimes I^{\otimes q} \otimes P = I^{\otimes 2} \otimes I^{\otimes q} \otimes \left\{ |i\rangle\langle j| + |j\rangle\langle i| + \sum_{k=0,k\neq i,j}^{2^{2n}-1} |k\rangle\langle k| \right\} \quad (4-2)$$

由式(4-2)可知,$P(|k\rangle) = |k\rangle, k \neq i, k \neq j$,且 $P(|i\rangle) = |j\rangle, P(|j\rangle) = |i\rangle$。

为了设计量子图像 QIRHSI 两点交换操作 G 的量子线路,需要 Gray 码的辅助[116]。对于两个不同的二进制数 $i = i_{2n-1}\cdots i_1 i_0$ 和 $j = j_{2n-1}\cdots j_1 j_0$,连接 i 和 j 的一组 Gray 码是指起始于 i 并终止于 j 的一组二进制数,在该组二进制数中,相邻两个二进制数之间只有一位不同。$2n$ 位二进制数 $i=0$ 和 $j=2^{2n}-1$ 的二进制展开,见式(4-3)

$$i = \underbrace{0\cdots 0\cdots 0}_{2n}, \quad j = \underbrace{1\cdots 1\cdots 1}_{2n} \quad (4-3)$$

则存在如式(4-4)所示的一组 Gray 码

$$G_1 = \begin{matrix} 0 & 0 & \cdots & 0 & 0 & 0 & \cdots & 0 & 0 \\ 0 & 0 & \cdots & 0 & 0 & 0 & \cdots & 0 & 1 \\ \vdots & \vdots & & \vdots & \vdots & \vdots & & \vdots & \vdots \\ 0 & 0 & \cdots & 0 & 1 & 1 & \cdots & 1 & 1 \\ \vdots & \vdots & & \vdots & \vdots & \vdots & & \vdots & \vdots \\ 0 & 1 & \cdots & 1 & 1 & 1 & \cdots & 1 & 1 \\ 1 & 1 & \cdots & 1 & 1 & 1 & \cdots & 1 & 1 \end{matrix} \qquad (4\text{-}4)$$

记 g_1 到 g_m 为连接 i 和 j 的 Gray 码的元，且 $g_1 = i$ 到 $g_m = j$，则总可以找到满足条件 $m \leqslant 2n+1$ 的 Gray 码，因为 i 和 j 最多有 $2n$ 个位置不一致。

不妨假设 QIRHSI 图像要交换的两个像素的坐标为 $|i\rangle = |0\rangle$ 和 $|j\rangle = |2^{2n}-1\rangle$，$i$ 和 j 的二进制展开如式（4-3）所示。连接 i 和 j 的 Gray 码如式（4-4）所示。$|g_1\rangle = |i\rangle = |0\rangle$ 到 $|g_{2n+1}\rangle = |j\rangle = |2^{2n}-1\rangle$ 是该 Gray 码的元。这里，只需通过一系列的量子门实现状态变换

$$|g_1\rangle \rightarrow |g_2\rangle \rightarrow \cdots \rightarrow |g_{2n}\rangle \qquad (4\text{-}5)$$

该状态变换可以通过执行多控位的 NOT 门操作实现，而 $|g_{2n}\rangle$ 与 $|g_{2n+1}\rangle$ 恰好不一样的那一位，就是目标量子比特，然后进行操作

$$|g_{2n}\rangle \rightarrow |g_{2n-1}\rangle \rightarrow \cdots \rightarrow |g_1\rangle \qquad (4\text{-}6)$$

最终实现量子彩色图像 QIRHSI 的像素 $|i\rangle = |0\rangle$ 和 $|j\rangle = |2^{2n}-1\rangle$ 的交换。量子彩色图像 QIRHSI 交换像素 $|i\rangle = |0\rangle$ 和 $|j\rangle = |2^{2n}-1\rangle$ 的量子线路如图 4-1 所示。

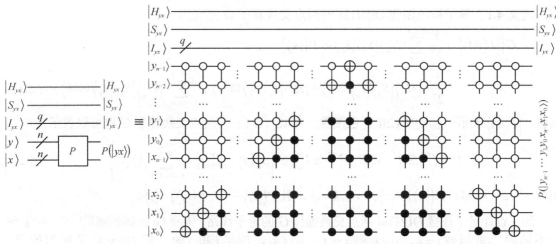

图 4-1 QIRHSI 彩色图像交换像素 $|i\rangle = |0\rangle$ 和 $|j\rangle = |2^{2n}-1\rangle$ 的量子线路

由于连接 i 和 j 的 Gray 码通常存在多种情形，于是交换像素 $|i\rangle$ 和 $|j\rangle$ 的量子线路也不是唯一的。以 $i = 0010$ 和 $j = 1111$ 为例，两组 Gray 码如式（4-7）和式（4-8）所示：

$$G_2 = \begin{matrix} 0 & 0 & 1 & 0 \\ 0 & 0 & 1 & 1 \\ 0 & 1 & 1 & 1 \\ 1 & 1 & 1 & 1 \end{matrix} \qquad (4\text{-}7)$$

$$G_3 = \begin{matrix} 0 & 0 & 1 & 0 \\ 1 & 0 & 1 & 0 \\ 1 & 1 & 1 & 0 \\ 1 & 1 & 1 & 1 \end{matrix} \qquad (4\text{-}8)$$

定理 4.1 基于 Gray 码的量子彩色图像 QIRHSI 的两点交换算子 G 的计算复杂度为 $O(n^2)$。

证明 不妨设两点交换算子 G 在量子图像 QIRHSI 中要交换的像素位置为 $|i\rangle$ 和 $|j\rangle$，连接 $2n$ 位二进制数 i 和 j 的一组 Gray 码的元为 $g_1, g_2, \cdots, g_{m-1}, g_m$，其中，$g_1 = 0$，$g_m = 2^{2n} - 1$，需使用一系列量子门逐步执行状态变换

$$|g_1\rangle \rightarrow |g_2\rangle \rightarrow \cdots \rightarrow |g_{m-1}\rangle$$

再执行多个 CNOT 门，而后再进行变换

$$|g_{m-1}\rangle \rightarrow |g_{m-2}\rangle \rightarrow \cdots \rightarrow |g_1\rangle$$

这样完成了 G 算子，且 G 算子复杂度为 $O(n^2)$。下面详细分析该量子线路的复杂度。

首先将 $|g_1\rangle$ 和 $|g_2\rangle$ 的状态交换，若 $|g_1\rangle$ 和 $|g_2\rangle$ 在第 l 位的值不同，则仅需将第 l 量子比特用 1 个 CNOT 门翻转来完成交换操作，需要保持 $|g_1\rangle$ 和 $|g_2\rangle$ 其余量子比特皆相同。接着，使用 1 个受控操作交换 $|g_2\rangle$ 和 $|g_3\rangle$，逐一操作，直到 $|g_{m-2}\rangle$ 和 $|g_{m-1}\rangle$ 完成交换。上述 $m-2$ 个运算可以完成式（4-9）中的运算。

$$\begin{aligned} |g_1\rangle &\rightarrow |g_{m-1}\rangle \\ |g_2\rangle &\rightarrow |g_1\rangle \\ |g_3\rangle &\rightarrow |g_2\rangle \\ &\cdots\cdots \\ |g_{m-1}\rangle &\rightarrow |g_{m-2}\rangle \end{aligned} \qquad (4\text{-}9)$$

其次，若 $|g_{m-1}\rangle$ 和 $|g_m\rangle$ 在第 w 位不同，则在其余量子比特相同的条件下，执行目标量子比特在第 w 位的 CNOT 门操作。CNOT 门运算利用交换操作来完成：将 $|g_{m-1}\rangle$ 和 $|g_{m-2}\rangle$ 交换，继续交换 $|g_{m-2}\rangle$ 和 $|g_{m-3}\rangle$，以此类推，直到交换 $|g_2\rangle$ 和 $|g_1\rangle$。

由于 i 和 j 最多有 $2n$ 个位置不一样，故必然能够找出满足 $m \leq 2n+1$ 的 Gray 码。为了达成两级幺正运算，需要不超过 $2(2n-1)$ 个受控 NOT 门操作交换 $|g_1\rangle$ 到 $|g_{m-1}\rangle$。而每个这样的受控运算可以使用 $O(n)$ 个 NOT 门和 CNOT 门实现[3]。实现第 w 个量子比特为目标的 CNOT 门运算也需要 $O(n)$ 个量子基本门。因此，实现 $|g_1\rangle$ 到 $|g_{m-1}\rangle$ 需要 $O(n^2)$ 个基本量子门。综上所述，量子彩色图像 QIRHSI 实现 G 算子的量子线路复杂度是 $O(n^2)$。

4.1.2 循环平移

QIRHSI 图像沿坐标轴的循环平移如定义 4.2 所示。图像 Tree 沿坐标轴的循环平移例子，如图 4-2 所示。

(a) 原始Tree图像　　　　　(b) 沿y轴循环平移128像素后　　　　　(c) 沿x轴循环平移128像素后

图 4-2　图像 Tree 沿坐标轴循环平移

定义 4.2　量子彩色图像 QIRHSI 沿 y 轴和 x 轴循环平移 l 像素的算子 T_{y+l} 和 T_{x+l} 分别定义为

$$T_{y+l}(|I(\theta)\rangle) = \frac{1}{2^n} \sum_{y=0}^{2^n-1} \sum_{x=0}^{2^n-1} |H_{yx}\rangle |S_{yx}\rangle |I_{yx}\rangle \otimes |(y+l) \bmod 2^n, x\rangle \quad (4\text{-}10)$$

$$T_{x+l}(|I(\theta)\rangle) = \frac{1}{2^n} \sum_{y=0}^{2^n-1} \sum_{x=0}^{2^n-1} |H_{yx}\rangle |S_{yx}\rangle |I_{yx}\rangle \otimes |y, (x+l) \bmod 2^n\rangle \quad (4\text{-}11)$$

其中，$|I(\theta)\rangle$ 表示一幅 QIRHSI 彩色图像。$l = l_{n-1} \cdots l_1 l_0$ 且 $l \in (0, 2^n - 1]$，因此 $l_i (i = 0, 1, \cdots, n-1)$ 不全为零。循环平移算子 T_{y+l} 和 T_{x+l} 分别表示为

$$\begin{aligned} T_{y+l} &= I^{\otimes 2} \otimes I^{\otimes q} \otimes \sum_{j=0}^{2^n-1} |(j+l) \bmod 2^n\rangle \langle j| \otimes I^{\otimes n} \\ &= I^{\otimes 2} \otimes I^{\otimes q} \otimes \{|(0+l) \bmod 2^n\rangle \langle 0| + \cdots + |(2^n - 1 + l) \bmod 2^n\rangle \langle 2^n - 1|\} \otimes I^{\otimes n} \end{aligned} \quad (4\text{-}12)$$

$$\begin{aligned} T_{x+l} &= I^{\otimes 2} \otimes I^{\otimes q} \otimes I^{\otimes n} \otimes \sum_{j=0}^{2^n-1} |(j+l) \bmod 2^n\rangle \langle j| \\ &= I^{\otimes 2} \otimes I^{\otimes q} \otimes I^{\otimes n} \otimes \{|(0+l) \bmod 2^n\rangle \langle 0| + \cdots + |(2^n - 1 + l) \bmod 2^n\rangle \langle 2^n - 1|\} \end{aligned} \quad (4\text{-}13)$$

循环平移算子 T_{y+l} 和 T_{x+l} 的量子线路分别如图 4-3 和图 4-4 所示。

定理 4.2　量子彩色图像 QIRHSI 的循环平移算子 T_{y+l} 和 T_{x+l} 的计算复杂度均为 $O(n)$。

证明　为了计算循环平移算子 T_{y+l} 和 T_{x+l} 所需量子门的数量，只需计算模 2^n 加法器所需基本量子门的数量。

由于 1 个 Toffoli 门等价于 6 个 CNOT 门[9]。在基本的进位与求和操作（见图 1-5）中，所需 CNOT 门的数量分别为 13 和 2。而普通加法器（见图 1-4）包含 $2n-1$ 个进位操作、n 个求和操作和 1 个 CNOT 门，因此，普通加法器所需 CNOT 门的数量为 $28n - 12$，与量子线路的输入 n 呈线性关系。

模 2^n 加法器（见图 1-6）包含 5 个普通加法器、2 个 NOT 门及至多不超过 $2n+4$ 个的 CNOT 门。因此，模 2^n 加法器需要 2 个 NOT 门和至多 $142n - 56$ 个 CNOT 门，即模 2^n 加法器的复杂度为 $O(n)$。因此，循环平移算子 T_{y+l} 和 T_{x+l} 的复杂度均为 $O(n)$。

4.1.3　翻折变换

QIRHSI 图像沿坐标轴的翻折变换如定义 4.3 所示。如图 4-5 所示给出了图像沿坐标轴翻

折变换的例子。

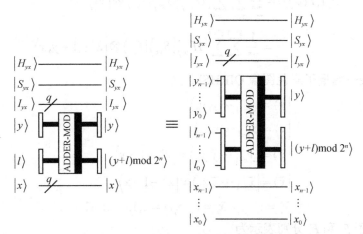

图 4-3　QIRHSI 图像沿 y 轴平移 l 像素的量子线路

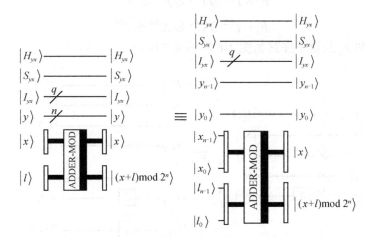

图 4-4　QIRHSI 图像沿 x 轴平移 l 像素的量子线路

(a) 原始Tree图像　　　(b) 沿y轴翻折后　　　(c) 沿x轴翻折后

图 4-5　图像 Tree 沿坐标轴翻折变换

定义 4.3　量子彩色图像 QIRHSI 沿 y 轴和 x 轴的翻折变换算子 F_y 和 F_x 分别定义为

$$F_y(|I(\theta)\rangle) = \frac{1}{2^n}\sum_{y=0}^{2^n-1}\sum_{x=0}^{2^n-1}|H_{yx}\rangle|S_{yx}\rangle|I_{yx}\rangle \otimes |y\bar{x}\rangle$$

$$= \frac{1}{2^n}\sum_{y=0}^{2^n-1}\sum_{x=0}^{2^n-1}|H_{yx}\rangle|S_{yx}\rangle|I_{yx}\rangle \otimes |y, 2^n-1-x\rangle \quad (4\text{-}14)$$

$$F_x(|I(\theta)\rangle) = \frac{1}{2^n} \sum_{y=0}^{2^n-1} \sum_{x=0}^{2^n-1} |H_{yx}\rangle |S_{yx}\rangle |I_{yx}\rangle \otimes |\overline{y}x\rangle$$

$$= \frac{1}{2^n} \sum_{y=0}^{2^n-1} \sum_{x=0}^{2^n-1} |H_{yx}\rangle |S_{yx}\rangle |I_{yx}\rangle \otimes |2^n-1-y,x\rangle \quad (4\text{-}15)$$

其中，$|I(\theta)\rangle$ 代表一幅量子彩色图像 QIRHSI。又

$$|y\rangle = |y_{n-1}\cdots y_1 y_0\rangle$$
$$|x\rangle = |x_{n-1}\cdots x_1 x_0\rangle$$
$$|\overline{y}\rangle = |\overline{y}_{n-1}\cdots \overline{y}_1 \overline{y}_0\rangle = |2^n-1-y\rangle$$
$$|\overline{x}\rangle = |\overline{x}_{n-1}\cdots \overline{x}_1 \overline{x}_0\rangle = |2^n-1-x\rangle$$
$$\overline{y}_i = 1-y_i,\ \overline{x}_i = 1-x_i, i = 0,1,\cdots,n-1$$

翻折变换算子 F_y 和 F_x 分别表示为

$$F_y = I^{\otimes 2} \otimes I^{\otimes q} \otimes I^{\otimes n} \otimes X^{\otimes n} \quad (4\text{-}16)$$

$$F_x = I^{\otimes 2} \otimes I^{\otimes q} \otimes X^{\otimes n} \otimes I^{\otimes n} \quad (4\text{-}17)$$

翻折变换算子 F_y 和 F_x 的量子线路如图 4-6 和图 4-7 所示。

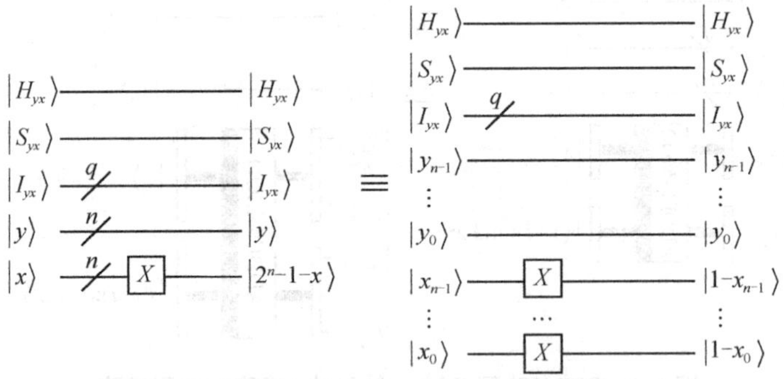

图 4-6 QIRHSI 图像沿 y 轴翻折的量子线路

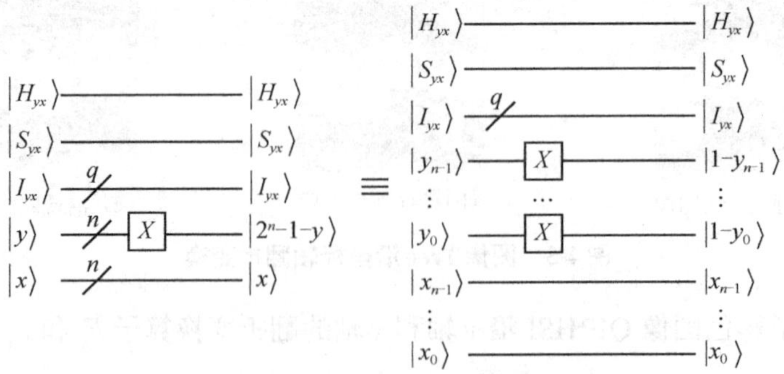

图 4-7 QIRHSI 图像沿 x 轴翻折的量子线路

定理 4.3 量子彩色图像 QIRHSI 上的翻折变换算子 F_y 和 F_x 计算复杂度均为 $O(n)$。

证明 翻折算子 F_y 和 F_x 如式（4-16）和式（4-17）所示，可知算子 F_y 和 F_x 均使用了 n 个

NOT 门，因此在 QIRHSI 图像上实现翻折算子 F_y 和 F_x 所需量子门的数量均为 $O(n)$。

QIRHSI 图像沿 $y=x$ 轴和 $y=-x$ 轴翻折变换如定义 4.4 所示。如图 4-8 所示为图像 Tree 沿 $y=x$ 轴和 $y=-x$ 轴翻折变换的例子。

（a）原始Tree图像　　　　（b）沿$y=x$轴翻折变换　　　　（c）沿$y=-x$轴翻折变换

图 4-8　图像 Tree 沿 $y=x$ 轴和 $y=-x$ 轴翻折变换

定义 4.4　量子彩色图像 QIRHSI 沿 $y=x$ 轴和 $y=-x$ 轴的翻折算子 $F_{y=x}$ 和 $F_{y=-x}$ 分别定义为

$$F_{y=x}\left(\left|I(\theta)\right\rangle\right) = \frac{1}{2^n}\sum_{y=0}^{2^n-1}\sum_{x=0}^{2^n-1}\left|H_{yx}\right\rangle\left|S_{yx}\right\rangle\left|I_{yx}\right\rangle \otimes V\left(\left|yx\right\rangle\right)$$

$$= \frac{1}{2^n}\sum_{y=0}^{2^n-1}\sum_{x=0}^{2^n-1}\left|H_{yx}\right\rangle\left|S_{yx}\right\rangle\left|I_{yx}\right\rangle \otimes \left|xy\right\rangle \quad (4\text{-}18)$$

$$F_{y=-x}\left(\left|I(\theta)\right\rangle\right) = \frac{1}{2^n}\sum_{y=0}^{2^n-1}\sum_{x=0}^{2^n-1}\left|H_{yx}\right\rangle\left|S_{yx}\right\rangle\left|I_{yx}\right\rangle \otimes \left|\overline{xy}\right\rangle$$

$$= \frac{1}{2^n}\sum_{y=0}^{2^n-1}\sum_{x=0}^{2^n-1}\left|H_{yx}\right\rangle\left|S_{yx}\right\rangle\left|I_{yx}\right\rangle \otimes \left|2^n-1-x, 2^n-1-y\right\rangle \quad (4\text{-}19)$$

其中，$\left|I(\theta)\right\rangle$ 表示一幅量子彩色图像 QIRHSI，见式（2-1）。翻折变换算子 $F_{y=x}$ 和 $F_{y=-x}$ 可以分别表示为

$$F_{y=x} = I^{\otimes 2} \otimes I^{\otimes q} \otimes V \quad (4\text{-}20)$$

$$F_{y=-x} = F_{y=x} F_y F_x \quad (4\text{-}21)$$

翻折变换算子 $F_{y=x}$ 和 $F_{y=-x}$ 的量子线路如图 4-9 和图 4-10 所示，算子 V 的量子线路如图 4-11 所示。

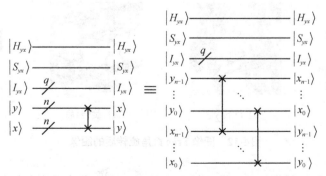

图 4-9　QIRHSI 图像沿 $y=x$ 轴翻折的量子线路

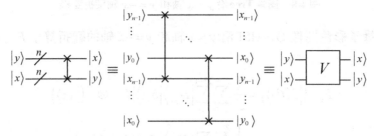

图4-10 QIRHSI图像沿 $y=-x$ 轴翻折的量子线路

图4-11 算子 V 的量子线路

定理 4.4 量子图像 QIRHSI 上的翻折算子 $F_{y=x}$ 和 $F_{y=-x}$ 的计算复杂度均为 $O(n)$。

证明 翻折算子 $F_{y=x}$ 和 $F_{y=-x}$ 如式（4-20）和式（4-21）所示，可知算子 $F_{y=x}$ 使用了 n 个交换门，算子 $F_{y=-x}$ 使用了 $2n$ 个 NOT 门和 n 个交换门。由于 1 个交换门等价于 3 个 CNOT 门，因此在 QIRHSI 图像上实现翻折算子 $F_{y=x}$ 和 $F_{y=-x}$ 所需量子门的数量均为 $O(n)$。

4.1.4 直角旋转

QIRHSI 图像旋转角度为 $\frac{\pi}{2}, \pi, \frac{3\pi}{2}$ 的变换如定义 4.5 所示。如图 4-12 所示为图像 Tree 直角旋转后的图像。

(a) 原始Tree图像

(b) 旋转$\frac{\pi}{2}$后

(c) 旋转π后

(d) 旋转$\frac{3\pi}{2}$后

图4-12 图像Tree直角旋转后的图像

定义 4.5 量子彩色图像 QIRHSI 旋转角度为 $\frac{\pi}{2}, \pi, \frac{3\pi}{2}$ 变换的直角旋转算子 $R_{\pi/2}, R_{\pi}, R_{3\pi/2}$ 分别定义为

$$R_{\pi/2}(|I(\theta)\rangle) = \frac{1}{2^n}\sum_{y=0}^{2^n-1}\sum_{x=0}^{2^n-1}|H_{yx}\rangle|S_{yx}\rangle|I_{yx}\rangle \otimes |x\overline{y}\rangle$$

$$= \frac{1}{2^n}\sum_{y=0}^{2^n-1}\sum_{x=0}^{2^n-1}|H_{yx}\rangle|S_{yx}\rangle|I_{yx}\rangle \otimes |x, 2^n-1-y\rangle \quad (4\text{-}22)$$

$$R_{\pi}(|I(\theta)\rangle) = \frac{1}{2^n}\sum_{y=0}^{2^n-1}\sum_{x=0}^{2^n-1}|H_{yx}\rangle|S_{yx}\rangle|I_{yx}\rangle \otimes |\overline{yx}\rangle$$

$$= \frac{1}{2^n}\sum_{y=0}^{2^n-1}\sum_{x=0}^{2^n-1}|H_{yx}\rangle|S_{yx}\rangle|I_{yx}\rangle \otimes |2^n-1-y, 2^n-1-x\rangle \quad (4\text{-}23)$$

$$R_{3\pi/2}(|I(\theta)\rangle) = \frac{1}{2^n}\sum_{y=0}^{2^n-1}\sum_{x=0}^{2^n-1}|H_{yx}\rangle|S_{yx}\rangle|I_{yx}\rangle \otimes |\overline{x}y\rangle$$

$$= \frac{1}{2^n}\sum_{y=0}^{2^n-1}\sum_{x=0}^{2^n-1}|H_{yx}\rangle|S_{yx}\rangle|I_{yx}\rangle \otimes |2^n-1-x, y\rangle \quad (4\text{-}24)$$

其中，$|I(\theta)\rangle$ 表示一幅量子彩色图像 QIRHSI。直角旋转算子 $R_{\pi/2}$、R_{π} 和 $R_{3\pi/2}$ 分别可以表示为

$$R_{\pi/2} = F_{y=x}F_x \quad (4\text{-}25)$$

$$R_{\pi} = F_y F_x \quad (4\text{-}26)$$

$$R_{3\pi/2} = F_{y=x}F_y \quad (4\text{-}27)$$

算子 $R_{\pi/2}$、R_{π} 和 $R_{3\pi/2}$ 的量子线路如图 4-13、图 4-14 和图 4-15 所示。

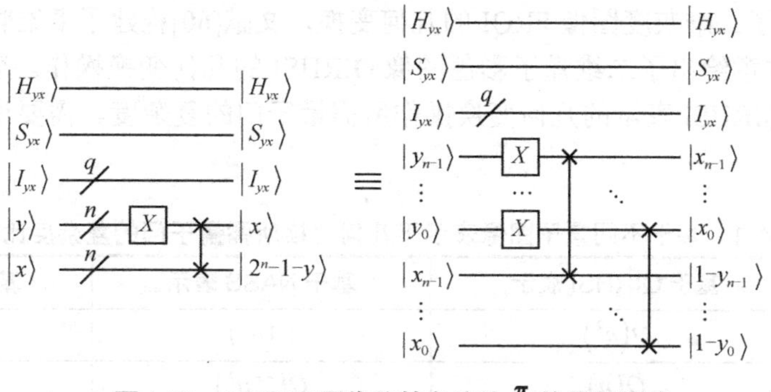

图 4-13 QIRHSI 图像旋转角度为 $\frac{\pi}{2}$ 的量子线路

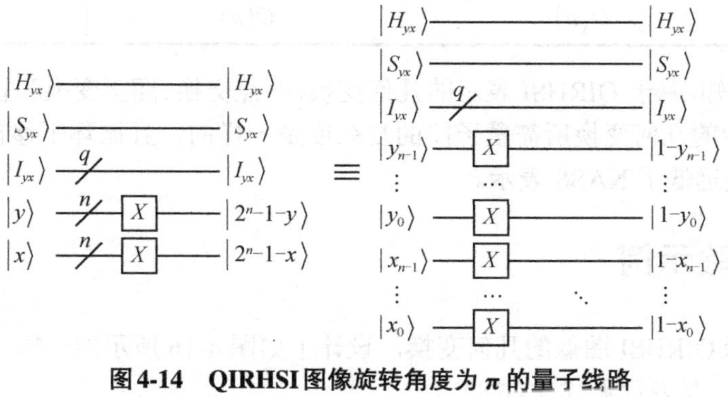

图 4-14 QIRHSI 图像旋转角度为 π 的量子线路

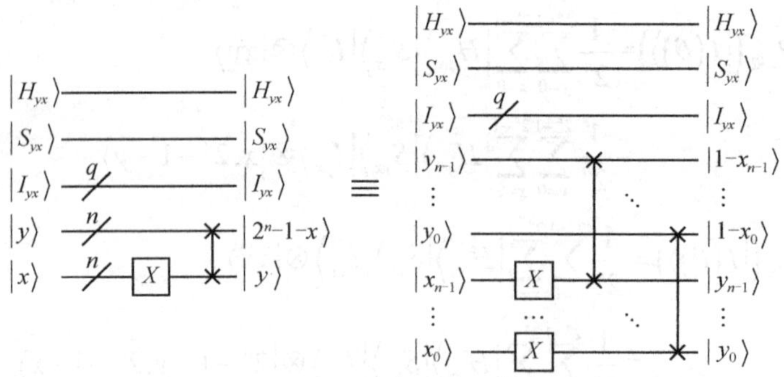

图 4-15　QIRHSI 图像旋转角度为 $\dfrac{3\pi}{2}$ 的量子线路

定理 4.5　直角旋转算子 $R_{\pi/2}$、R_{π} 和 $R_{3\pi/2}$ 在量子图像 QIRHSI 上的计算复杂度均为 $O(n)$。

证明　直角旋转算子 $R_{\pi/2}$、R_{π} 和 $R_{3\pi/2}$ 如式（4-25）、式（4-26）和式（4-27）所示，可知算子 $R_{\pi/2}$ 使用 n 个 NOT 门和 n 个交换门，算子 R_{π} 使用 n 个交换门，算子 $R_{3\pi/2}$ 使用 n 个 NOT 门和 n 个交换门。所以，在 QIRHSI 图像上实现直角旋转操作 $R_{\pi/2}$、R_{π} 和 $R_{3\pi/2}$ 所需量子门的数量均为 $O(n)$。

4.1.5　复杂度分析

文献[57]设计了二维灰度图像 FRQI 的几何变换，文献[60]构建了多维彩色图像 NASS 的几何变换操作。本章给出了二维量子彩色图像 QIRHSI 的几何变换操作。表 4-1 对比了基于 FRQI、NASS 和 QIRHSI 表示的几何变换操作所需量子门的复杂度。需要说明的是图像的尺寸均为 $2^n \times 2^n$。

表 4-1　基于不同量子图像表示下几何变换所需量子门的复杂度比较

几何变换	基于 QIRHSI 表示	基于 NASS 表示	基于 FRQI 表示
两点交换	$O(n^2)$	$O(n^2)$	$O(n^2)$
循环平移	$O(n)$	$O(2^n n^2)$	—
翻折变换	$O(n)$	$O(n)$	$O(n)$
直角旋转	$O(n)$	$O(n)$	$O(n)$

观察表 4-1 可知，基于 QIRHSI 表示的几何变换（两点交换、翻折变换和直角旋转）与 FRQI 表示和 NASS 表示的几何变换所需量子门的复杂度是一样的，且循环平移在 QIRHSI 表示中所需量子门的数量远低于 NASS 表示。

4.1.6　实验示例

为了直观展示 QIRHSI 图像的几何变换，设计了如图 4-16 所示的一幅尺寸为 4×4 的量子彩色图像 QIRHSI，其表示见式（4-28）。

$$|I(\theta)\rangle = \frac{1}{2^2}\sum_{k=0}^{2^4-1}|H_k\rangle|S_k\rangle|I_k\rangle \otimes |k\rangle = \frac{1}{4}\sum_{y=0}^{2^2-1}\sum_{x=0}^{2^2-1}|H_{yx}\rangle|S_{yx}\rangle|I_{yx}\rangle \otimes |yx\rangle \qquad (4\text{-}28)$$

图 4-16　一幅尺寸为 4×4 的量子彩色图像 QIRHSI

（1）两点交换。图 4-17 给出了 QIRHSI 彩色图像两个像素 $|i\rangle=|1\rangle=|00\rangle|01\rangle$ 和 $|j\rangle=|11\rangle=|10\rangle|11\rangle$ 交换的例子。图 4-18 给出了相应的量子线路。这里，两点交换算子 G 定义为

$$G = I^{\otimes 2} \otimes I^{\otimes 8} \otimes P = I^{\otimes 2} \otimes I^{\otimes 8} \otimes \left\{|1\rangle\langle 11| + |11\rangle\langle 1| + \sum_{k=0,k\neq 1,11}^{15}|k\rangle\langle k|\right\}$$

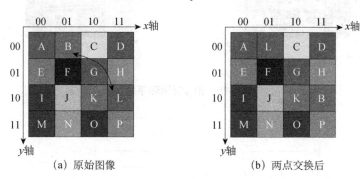

(a) 原始图像　　　　　　　　(b) 两点交换后

图 4-17　两点交换

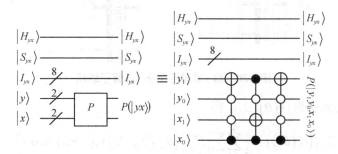

图 4-18　实现两点交换的量子线路

将 G 算子作用到图像 $|I(\theta)\rangle$ 上可得

$$G(|I(\theta)\rangle) = \frac{1}{4}\sum_{k=0}^{15}|H_k\rangle|S_k\rangle|I_k\rangle \otimes P(|k\rangle)$$

$$= \frac{1}{4}\left\{ |H_{11}\rangle|S_{11}\rangle|I_{11}\rangle \otimes |1\rangle + |H_1\rangle|S_1\rangle|I_1\rangle \otimes |11\rangle + \sum_{k=0,k\neq 1,11}^{15} |H_k\rangle|S_k\rangle|I_k\rangle \otimes |k\rangle \right\}$$

其中，$P(|k\rangle) = |k\rangle, k \neq 1,11$，且 $P(|1\rangle) = |11\rangle, P(|11\rangle) = |1\rangle$。

（2）循环平移。图 4-19 给出了 QIRHSI 彩色图像沿 x 轴循环平移的例子，其中，$l=3$。图 4-20 给出了相应的量子线路。定义循环平移算子 T_{x+3} 为

$$T_{x+3} = I^{\otimes 2} \otimes I^{\otimes 8} \otimes I^{\otimes 2} \otimes \sum_{j=0}^{3} |(j+3)\bmod 4\rangle\langle j|$$

$$= I^{\otimes 2} \otimes I^{\otimes 8} \otimes I^{\otimes 2} \otimes (|3\rangle\langle 0| + |0\rangle\langle 1| + |1\rangle\langle 2| + |2\rangle\langle 3|)$$

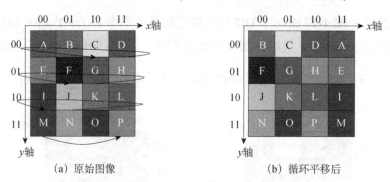

(a) 原始图像　　　　　　(b) 循环平移后

图 4-19　沿 x 轴循环平移 3

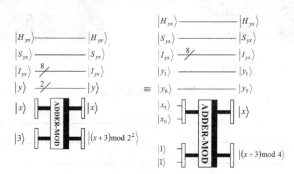

图 4-20　沿 x 轴循环平移 3 的量子线路

将算子 T_{x+3} 作用到图像 $|I(\theta)\rangle$ 上，得

$$T_{x+3}(|I(\theta)\rangle) = \frac{1}{4}\sum_{y=0}^{3}\sum_{x=0}^{3} |H_{yx}\rangle|S_{yx}\rangle|I_{yx}\rangle \otimes |y,(x+3)\bmod 4\rangle$$

（3）翻折变换（沿 x 轴翻折）。图 4-21 给出了 QIRHSI 彩色图像沿 x 轴翻折的例子。图 4-22 给出了相应的量子线路。翻折变换算子 F_x 定义为

$$F_x = I^{\otimes 2} \otimes I^{\otimes 8} \otimes X^{\otimes 2} \otimes I^{\otimes 2}$$

将翻折变换算子 F_x 作用到图像 $|I(\theta)\rangle$ 上能够得到

$$F_x(|I(\theta)\rangle) = \frac{1}{4}\sum_{y=0}^{3}\sum_{x=0}^{3} |H_{yx}\rangle|S_{yx}\rangle|I_{yx}\rangle \otimes |3-y,x\rangle$$

（a）原始图像　　（b）沿x轴翻折后

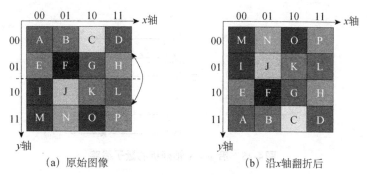

图4-21　沿 x轴翻折

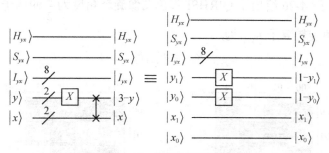

图4-22　沿 x轴翻折的量子线路

（4）翻折变换（沿 $y=x$ 轴翻折）。图 4-23 给出了 QIRHSI 彩色图像沿 $y=x$ 轴翻折变换的例子。图 4-25 给出了相应的量子线路。翻折变换算子 $F_{y=x}$ 定义为

$$F_{y=x}=I^{\otimes 2}\otimes I^{\otimes 8}\otimes V$$

（a）原始图像　　（b）沿y=x轴翻折后

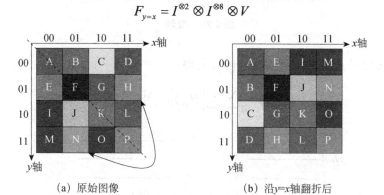

图4-23　沿 y = x 轴翻折

将翻折变换算子 $F_{y=x}$ 作用到图像 $|I(\theta)\rangle$ 上能够得到

$$F_{y=x}\left(|I(\theta)\rangle\right)=\frac{1}{4}\sum_{y=0}^{3}\sum_{x=0}^{3}|H_{yx}\rangle|S_{yx}\rangle|I_{yx}\rangle\otimes|xy\rangle$$

其中，算子 V 见图 4-24。

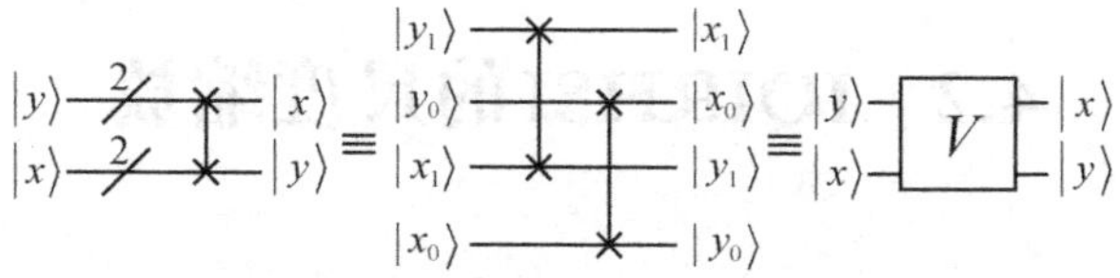

图4-24　算子 V的量子线路

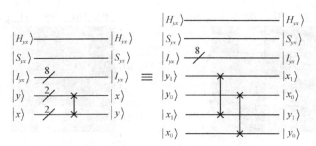

图 4-25 沿 $y = x$ 轴翻折的量子线路

（5）直角旋转。图 4-26 给出了 QIRHSI 彩色图像旋转角度为 $\frac{\pi}{2}$ 的例子。图 4-27 给出了相应的量子线路。直角旋转算子 $R_{\pi/2}$ 为

$$R_{\pi/2} = F_{y=x} F_x$$

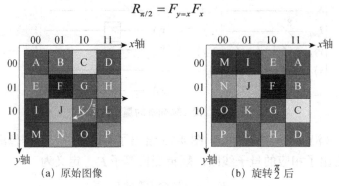

(a) 原始图像 (b) 旋转 $\frac{\pi}{2}$ 后

图 4-26 旋转 $\frac{\pi}{2}$

将直角旋转算子 $R_{\pi/2}$ 作用到图像 $|I(\theta)\rangle$ 上得

$$R_{\pi/2}(|I(\theta)\rangle) = \frac{1}{4} \sum_{y=0}^{3} \sum_{x=0}^{3} |H_{yx}\rangle |S_{yx}\rangle |I_{yx}\rangle \otimes |x, 3-y\rangle$$

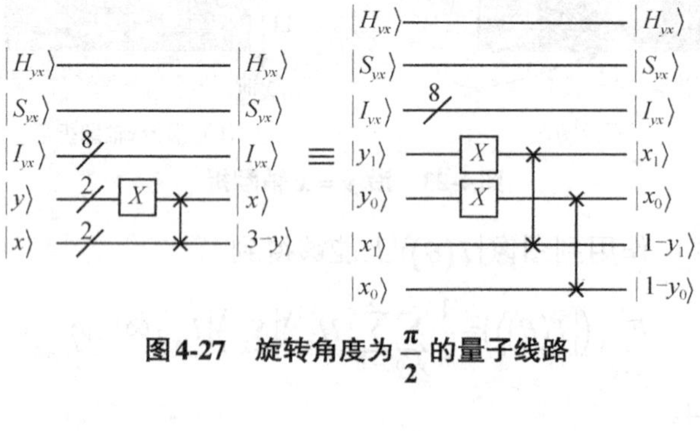

图 4-27 旋转角度为 $\frac{\pi}{2}$ 的量子线路

4.2 IQIRHSI 的尺度缩放

在量子图像表示方法的基础上，相关量子计算方法的研究也在蓬勃发展。例如，特征提

取、图像分割、数字水印和加密等。图像缩放不同于其他几何变换，造成这种现象的原因有两个：一是图像需要调整尺寸；二是需要使用插值方法添加新像素或删除冗余的像素。由于图像缩放涉及插值方法，不同的插值方法在精确度和计算复杂度之间寻求平衡。插值的本质是根据已知的像素数据估计未知像素位置的过程。最近邻插值法、双线性插值法和三次内插法是三种常见的插值方法[117]。

量子图像的尺度缩放依旧处于起步阶段。本节以最近邻插值法为基础，提出了一种基于改进的 QIRHSI（Improved QIRHSI，IQIRHSI）表示[见式（2-25）]的量子彩色图像的尺度缩放方法。如图 4-28 所示给出了三种插值方法对彩色图像 Lena 缩放后的结果，其中，图（b）、图（c）和图（d）的尺寸是图（a）的 2 倍。下面介绍基于 IQIRHSI 表示的量子彩色图像缩放。

(a) 图像Lena　(b) 最近邻插值法　(c) 双线性插值法　(d) 三次内插法

图 4-28　使用不同插值方法缩放后的效果

4.2.1　最近邻插值法

图像缩放是使用最为广泛的图像处理操作之一，其主要目的是调整图像的大小。与双线性插值法和三次内插法相比，最近邻插值法最易实现。

一般将最近邻插值法分解为水平和垂直两个方向进行考虑，见式（4-29）：

$$I' = S(I, r_x, r_y) = S_x(S_y(I, r_y), r_x) = S_y(S_x(I, r_x), r_y) \tag{4-29}$$

其中，S 为缩放函数，I 为原始图像，记缩放之后的图像为 I'，r_x 和 r_y 分别是沿 x 轴和 y 轴方向的缩放比例。S_x 和 S_y 复合成一个缩放函数 S，沿水平方向的缩放函数表示为 S_x，沿垂直方向的缩放函数记为 S_y。水平和垂直缩放函数作用的前后次序并不影响缩放后的图像效果，因此 S_x 和 S_y 的次序是可互换的。换句话说，r_x 和 r_y 构成了整个图像的缩放比例。图 4-29 演示了如式（4-29）所示的缩放，其中，$r_x = 4$，$r_y = 2$。因此，首先研究量子彩色图像在单个方向的缩放，然后再将其扩展到整幅量子彩色图像的缩放，最后通过例子设计完整的量子线路予以解释说明。

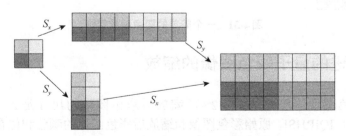

图 4-29　S 的可分解性和可交换性

假定 $2^{n_1} \times 2^{n_2}$ 为原图像尺寸，$2^{m_1} \times 2^{m_2}$ 为缩放后的尺寸，缩放率是 $r_y = 2^{m_1-n_1}$ 和 $r_x = 2^{m_2-n_2}$，其中，n_1, n_2, m_1, m_2 都是非负整数。以水平方向为例来深入探索量子彩色图像的缩放。

放大：重复像素值 r_x 次。例如，原始图像"AB"，$r_x = 4$，得到缩放后的图像是"AAAABBBB"。

缩小：原始图像中每 $1/r_x$ 像素点在缩放后将变为一个像素。新像素位置 x' 的颜色值等于第一组 $1/(2r_x)$ 像素的颜色值，即初始图像中的像素 $x'/r_x + 1/(2r_x) = x' \cdot 2^{n_2-m_2} + 2^{n_2-m_2-1}$，如图 4-30 所示。例如，"ABCDEFGH"是初始图像，$r_x = 1/2$ 是缩放比例，"BDFH"是缩放后的图像；若缩放比例为 $r_x = 1/4$，则缩放后的图像为"CG"。如图 4-31 所示为一个简单的图像缩放实例。

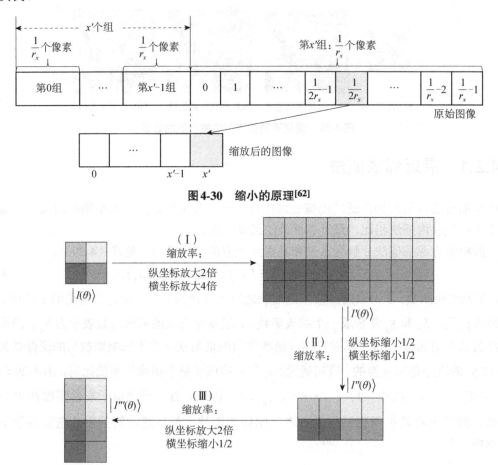

图 4-30 缩小的原理[62]

图 4-31 一个简单的图像缩放实例

4.2.2 改进的量子彩色图像的缩放

假设原始彩色图像的尺寸是 $2^{n_1} \times 2^{n_2}$，缩放后彩色图像的尺寸是 $2^{m_1} \times 2^{m_2}$。缩放率是 $2^{m_1-n_1} \times 2^{m_2-n_2}$。基于 IQIRHSI，原始彩色图像和缩放后彩色图像的颜色和位置信息分别是 C_{yx}、(y,x) 和 $C_{y'x'}$、(y',x')。

根据式（4-29），图像的缩放是由两个方向的缩放复合而成的。因此，在该节中，只以 y 轴方向的量子彩色图像缩放为例。为了更加便捷，这里省略了 n_1 和 m_1 的下标 1。

4.2.2.1 彩色图像放大操作的量子线路

使用量子模操作 UP(n, m) 得到彩色图像放大的量子线路，其中，n 与 m 分别表示从 2^n 到 2^m 的彩色图像尺寸。按 y 轴方向放大的彩色图像量子线路如图 4-32 所示，其中，$m > n$。

- 需要 $(m-n)$ 个 $|0\rangle$ 设置 y 轴的新位置。
- 为了放大坐标轴，需要添加 $(m-n)$ 个 Hadamard 门扩展得到 $y'_n, y'_{n+1}, \cdots, y'_{m-1}$。

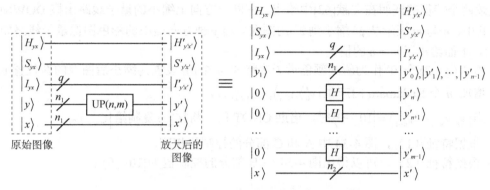

图 4-32　按 y 轴方向放大的彩色图像量子线路

显然，增加 $(m-n)$ 个 Hadamard 门作用到初始态，而初始态又以等概率呈现 $|0\rangle$ 和 $|1\rangle$，所有出现的可能值为 $\{|00\cdots00\rangle, |00\cdots01\rangle, \cdots, |11\cdots10\rangle, |11\cdots11\rangle\}$。也就是说，原始图像的像素 $|y_0 y_1 \cdots y_{n-1}\rangle$ 被放大了一个倍数因子 2^{m-n}，相应的像素坐标变成了

$$|y_0 y_1 \cdots y_{n-1} 0 \cdots 0\rangle, \cdots, |y_0 y_1 \cdots y_{n-1} 1 \cdots 1\rangle$$

同时保持颜色值不变。按照上述方法，原始彩色图像中每个像素重复 r_y 次。如图 4-33 所示为 UP(n, m) 的一个简要例子，其中 $m-n=1$，即 $r_y=2$。

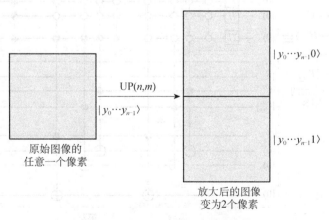

图 4-33　UP(n, m) 的一个简要例子

4.2.2.2 彩色图像缩小操作的量子线路

为了设计量子彩色图像缩小的线路,利用缩小原理,需要借助于 4.2.1 节中的图 4-30 进一步分析。原始彩色图像中像素的位置信息是 $|y_0 y_1 \cdots y_{m-1} y_m y_{m+1} \cdots y_{n-2} y_{n-1}\rangle$。将位置信息划分为两部分:$|y_0 y_1 \cdots y_{m-2} y_{m-1}\rangle$ 和 $|y_m y_{m+1} \cdots y_{n-2} y_{n-1}\rangle$,且具有以下特征:

(1)属于同一组的所有像素都具有相同的 $|y_0 y_1 \cdots y_{m-1}\rangle$,也是该组的标签,即该组所产生的缩小彩色图像像素的位置信息。

(2)缩小后的图像中像素 y' 的颜色值等于原始图像中像素 $|y'_0 y'_1 \cdots y'_{m-1} 10 \cdots 0\rangle$ 的颜色值,即 $|y_m y_{m+1} \cdots y_{n-1}\rangle = |10 \cdots 0\rangle$。

上述两个特征的证明在文献[62]中给出。在同一方向上缩小的量子线路由模 DOWN(n, m) 表示,其中,n 与 m 表示从 2^n 缩小到 2^m 的图像。沿 y 轴方向缩小的彩色图像量子线路如图 4-34 所示,下面给出了 $m < n$ 的情况:

- 添加 $(q+2)$ 个 $|0\rangle$ 作为新的颜色量子比特和 m 个 $|0\rangle$ 设置为缩小后图像的新位置 y。
- 增加 m 个 Hadamard 门产生 $|y'_0\rangle, |y'_1\rangle, \cdots, |y'_{m-1}\rangle$。
- 当 $|y_m y_{m+1} \cdots y_{n-1}\rangle = |10 \cdots 0\rangle$ 时,借助 CNOT 门,将 $|C_{yx}\rangle$ 复制给 $|C_{y'x'}\rangle$。

—— 根据特征(1),图 4-34 中 A 和 C 部分的控制值相同。
—— 根据特征(2),可以得出图 4-34 中 B 部分的控制值为 $|10 \cdots 0\rangle$。

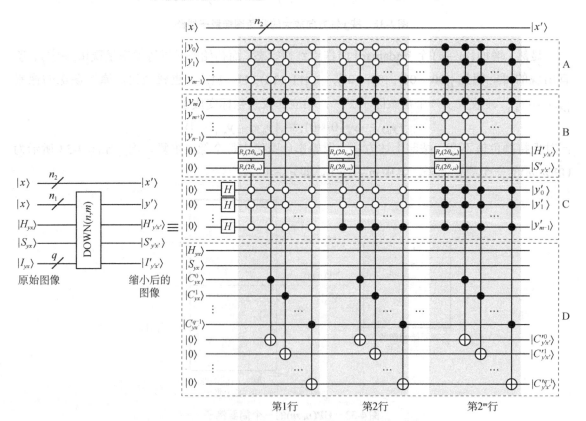

图 4-34 沿 y 轴方向缩小的彩色图像量子线路

换言之，缩小前图像像素 $|y'_0 y'_1 \cdots y'_{m-1} 10 \cdots 0\rangle$ 的颜色值被复制到缩小后的像素 $|y'_0 y'_1 \cdots y'_{m-1}\rangle$ 上。为了在 IQIRHSI 表示中更容易地控制色调和饱和度，原始图像中的色调 H 和饱和度 S 在图 3-34 A 部分中，而缩小后图像中的色调 H 和饱和度 S 被转移到图 3-34 B 部分中。

4.2.2.3 量子线路复杂度

相对而言，量子彩色图像放大的线路更简单一些。如果缩放比例是 2^{m-n}，那么仅需要 $(m-n)$ 个 Hadamard 门就能实现。

接下来，研究量子彩色图像缩小线路的复杂度。基本量子门的数量对量子线路的复杂度起着举足轻重的作用。这里，选择 CNOT 门和受控旋转门为基本单元。

定理 4.6 一幅尺寸为 $2^{n_1} \times 2^{n_2}$ 的 IQIRHSI 态的量子图像缩小线路的计算复杂度为 $O(3 \times 2^{m+3} \times (q+2)(n+m-1))$。

证明 在图 4-34 中，该量子线路有 2^m 条窄的灰色阴影区域，一个区域有 q 层 CNOT 门和 1 层多控位受控旋转门，即它有 $q \times 2^m$ 层多控位 CNOT 门和 2^m 层多位受控旋转门。

对于每一层，都是 1 个多控位 CNOT 门。图 3-34 中四部分受控量子位的数量为

$$m(\text{A 部分}) + (n-m)(\text{B 部分}) + m(\text{C 部分}) + 1(\text{D 部分}) = n + m + 1 \quad (4\text{-}30)$$

借助引理 1.3，1 个 $\Lambda_{n+m+1}(X)$ 等价于

$$4(n+m-1)\Lambda_2(X)$$

以同样的方式，针对每一行，它是 1 个多控位受控旋转门。受控量子位的数量为

$$m(\text{A 部分}) + (n-m)(\text{B 部分}) + m(\text{C 部分}) = n + m \quad (4\text{-}31)$$

从引理 1.3 可知，1 个 $\Lambda_{n+m}(U)$ 相当于

$$4(n+m) - 10 \Lambda_2(X) + 2 \Lambda_2(U)$$

因此，依据式（4-30）和式（4-31），图 4-34 中量子图像缩小一行的复杂度为

$$8(n+m) - 20 \Lambda_2(X) + 4 \Lambda_2(U) + q \times 4(n+m-1)\Lambda_2(X)$$

于是，量子门 DOWN(n, m) 可以通过式（4-32）所示的基本门来模拟：

$$2^m \times [8(n+m) - 20 \Lambda_2(X) + 4 \Lambda_2(U) + q \times 4(n+m-1)\Lambda_2(X)] + (n+m-1)\text{ NOT} \quad (4\text{-}32)$$

文献[9]指出，1 个 $\Lambda_2(X)$ 门可以由 6 个 $\Lambda_1(X)$ 门来模拟。通过引理 1.2，式（4-32）可简化为

$$3 \times 2^{m+3} \times \left((q+2) \cdot (n+m-1) - \frac{5}{3}\right)\Lambda_1(X) + 2^{m+5} \Lambda_0 + (n+m-1)\text{ NOT}$$

即量子线路中所需量子门的数量为

$$O(3 \times 2^{m+3} \times (q+2)(n+m-1))$$

4.2.3 实验示例

选择图 4-31 中的图像缩放变换作为例子来阐释量子缩放线路的一些细节。原始图像为

$$|I(\theta)\rangle = \frac{1}{2} \sum_{y=0}^{1} \sum_{x=0}^{1} |H_{yx}\rangle |S_{yx}\rangle |I_{yx}\rangle \otimes |y\rangle |x\rangle$$

其中,$n_1=n_2=1$,$q=8$。

(1)$|I(\theta)\rangle \to |I'(\theta)\rangle$,此处$r_y=2$,$r_x=4$,且$m_1=2$,$m_2=3$。如图4-35所示为图4-31步骤(Ⅰ)中的线路设计。

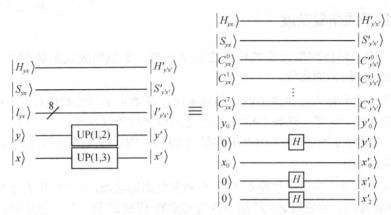

图4-35 图4-31步骤(Ⅰ)中的线路设计

(2)$|I'(\theta)\rangle \to |I''(\theta)\rangle$,其中,$r_y=r_x=1/2$,$m_1'=1$且$m_2'$的取值为2。如图4-36所示为图4-31步骤(Ⅱ)中的线路设计。

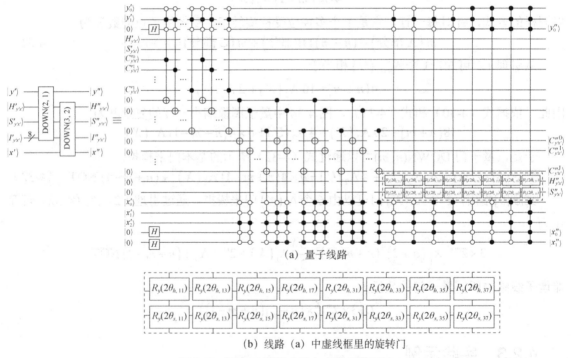

图4-36 图4-31步骤(Ⅱ)中的线路设计

(3)$|I''(\theta)\rangle \to |I'''(\theta)\rangle$,其中,$r_y=2$,$r_x=1/2$,$m_1''=2$和$m_2''=1$。如图4-37所示为图4-31步骤(Ⅲ)中的线路设计。

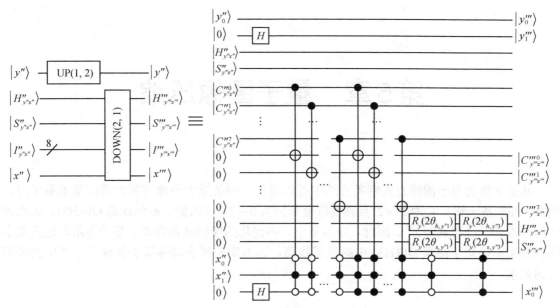

图 4-37　图 4-31 步骤（Ⅲ）中的线路设计

4.3　本章小结

本章介绍了量子彩色图像 QIRHSI 的两点交换、循环平移、翻折变换及直角旋转等基本几何变换操作，设计了实现上述几何变换的幺正变换和量子线路，分析了量子线路所需量子门的数量。然后研究了 IQIRHSI 彩色图像基于最近邻插值的尺度缩放。设计了基于 IQIRHSI 图像的缩放量子线路，且分析了量子线路的计算复杂度。

本章介绍的基本量子图像处理方法，为进一步设计复杂的量子图像处理方法和安全保密策略提供了技术支持。

第5章 量子图像压缩

从第 2 章的量子图像及其制备方法中可以看到，制备量子图像需要大量的基本量子门。例如，要制备一幅尺寸为 $2^8 \times 2^8$ 且强度取值范围为 $0 \sim 2^8-1$ 的量子彩色图像 QIRHSI，大约需要的基本量子门数量为 2^{34}。因此，在本章中，将优化图像的制备资源。基于布尔表达式最小化原理来简化量子图像 QIRHSI 中的量子线路，其本质是减少制备量子图像时所使用的量子门的数量。

5.1 QIRHSI 的压缩

制备量子彩色图像 QIRHSI 的时间主要花在步骤 B 和 R（见图 2-3）。整个过程的时间复杂度取决于步骤 B 和 R 中使用 CNOT 门和受控旋转门的数量。为了简化量子彩色图像制备资源的过程，此处仅考虑所有像素具有相同色调和饱和度的情况。因此，本节重点讨论如何优化这些 CNOT 门以简化步骤 B 中的工作。

首先，回顾 2.2.2 节中的式（2-8），为了便于下面的讨论，将该式重新列于此处

$$B_m = I^{\otimes q+2} \otimes \sum_{k=0, k \neq m}^{2^{2n}-1} |k\rangle\langle k| + I^{\otimes 2} \otimes \Lambda_m \otimes |m\rangle\langle m|$$

式（2-8）为量子图像的像素位置 m 的强度生成子操作 B_m。

在步骤 B 中，QIRHSI 表示的原始制备方法是建立在像素位置上的，需要遍历所有的像素，即 m 的取值从 0 到 $2^{2n}-1$。因此，有 2^{2n} 个 B_m 操作，也就是说，有 2^{2n} 个 Λ_m 操作。由于每个像素位置 CNOT 门 Λ_m 的数量取决于该像素位置强度二进制序列中 1 的数量，如果存在某个强度为 0 的像素位置，那么该像素位置的所有 Λ_m 都是恒等门。优化的 QIRHSI 制备方法是在 q 层位平面进行的，每组位平面中 CNOT 门的数量与该层中 1 的数量密切相关。此外，每层位平面中 CNOT 门的数量是由该层中取值为 1 的像素位置的布尔表达式最小化来决定的，如果存在某些位平面中的值都为 0，那么该层位平面中的量子操作门都是恒等门。

QIRHSI 表示、制备及优化如图 5-1 所示，为了更清楚地展示上述优化量子图像制备资源的方法，以图 5-1（a）中 2×2 图像为例，该图像有 4 个像素，即 00、01、10 和 11。图 5-1（b）呈现了原始量子操作 Λ_{00}，Λ_{01}，Λ_{10} 和 Λ_{11}。由于 q 的值为 8（q 表示强度的取值范围），因此将强度划分为 8 层位平面，通过布尔表达式分别对每层中取值为 1 的像素位置最小化，获得优化后的量子操作 $C'^0, C'^1, \cdots, C'^7$，如图 5-1（c）所示。

将每个像素位置对应的二进制字符串作为一个布尔变量，然后将其转化为布尔小项。如

果 x 是某个位置的布尔变量且取值为 1，那么 x 就被用于布尔小项，否则就使用 $\bar{x}$。例如，二进制字符串 00 和 10 分别等同于 $\bar{x}_1\bar{x}_0$ 和 $x_1\bar{x}_0$。使用该方法，所有长度为 n 的二进制字符串的集合和 n 个布尔变量生成的所有布尔小项之间存在着一一对应的关系。

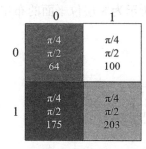

$$|I(\theta)\rangle = \frac{1}{2}\left\{\left(\cos\frac{\pi}{4}|0\rangle + \sin\frac{\pi}{4}|1\rangle\right)\left(\cos\frac{\pi}{2}|0\rangle + \sin\frac{\pi}{2}|1\rangle\right)|01000000\rangle \otimes |00\rangle + \right.$$
$$\left(\cos\frac{\pi}{4}|0\rangle + \sin\frac{\pi}{4}|1\rangle\right)\left(\cos\frac{\pi}{2}|0\rangle + \sin\frac{\pi}{2}|1\rangle\right)|01100100\rangle \otimes |01\rangle +$$
$$\left(\cos\frac{\pi}{4}|0\rangle + \sin\frac{\pi}{4}|1\rangle\right)\left(\cos\frac{\pi}{2}|0\rangle + \sin\frac{\pi}{2}|1\rangle\right)|10101111\rangle \otimes |10\rangle +$$
$$\left.\left(\cos\frac{\pi}{4}|0\rangle + \sin\frac{\pi}{4}|1\rangle\right)\left(\cos\frac{\pi}{2}|0\rangle + \sin\frac{\pi}{2}|1\rangle\right)|11001011\rangle \otimes |11\rangle\right\}$$

(a) 一幅示例图像及其QIRHSI表示

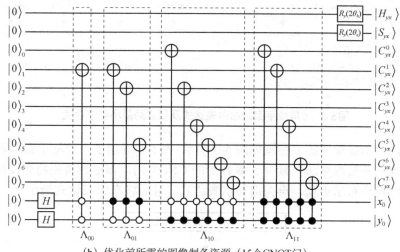

(b) 优化前所需的图像制备资源（15个CNOT门）

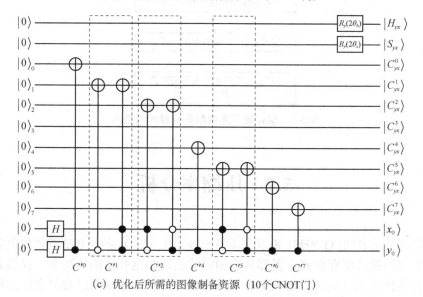

(c) 优化后所需的图像制备资源（10个CNOT门）

图5-1 QIRHSI表示、制备及优化

首先将量子图像的强度划分为 q 层位平面，然后对每个位平面中取值为 1 的控制信息进行优化。为此，每个位平面中取值为 1 的位置对应的二进制字符串扮演着枢纽作用。每个二进制字符串都对应着一个布尔小项。接下来，将每个位平面的布尔小项合并。最后，把每个位平面组合的布尔小项最小化。以 2×2 图像为例，如图 5-2 所示为 8 层位平面的布尔表达式及相应的最小化表达式。

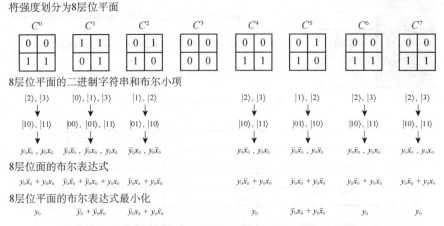

图5-2 8层位平面的布尔表达式及相应的最小化表达式

优化量子图像制备资源的流程图如图 5-3 所示，图 5-3 展示了一种基于布尔表达式最小化的优化量子图像制备资源算法以减少步骤 B 中的 CNOT 门。该过程首先将强度通道划分为 q 层位平面，然后构造布尔小项，再构造布尔表达式，最后将布尔表达式最小化。

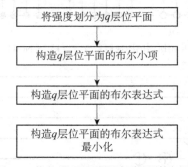

图5-3 优化量子图像制备资源的流程图

5.2 压缩率分析

一般的仿真情况表明，QIRHSI 和 NCQI 表示方法比 MCQI 表示方法能优化更多的图像制备资源。当整幅图像的所有像素位置都具有相同的色调和饱和度的情况下，仅当某一区域的相邻像素具有相同的强度值时，MCQI 量子图像制备资源才可以通过布尔表达式最小化进行优化，这是因为存储 MCQI 图像的颜色信息需 3 量子比特。NCQI 量子图像用 24 量子比特存储颜色信息，通过布尔表达式最小化方法对 R, G, B 通道上每个量子位进行优化。而在 QIRHSI

表示中,每个像素的色调和饱和度信息用 2 个量子比特来存储,用 8 个量子比特序列的基本态来存储强度信息,序列中每个量子比特都是互不影响的,且制备强度信息的每个量子比特可以通过布尔表达式最小化来简化。因此,就优化效果而言,相比于 MCQI 的优化率,NCQI 和 QIRHSI 能够采用布尔表达式最小化的方法获得更佳的量子图像优化率。

引入一个简单的例子来说明 MCQI,NCQI 和 QIRHSI 量子图像制备资源优化之间的异同。图 5-4(a)给出了一幅 8×8 的彩色图像,色调为 0.71,饱和度为 1,强度的取值范围是 0~255。图 5-4(b)显示了所有像素的详细强度值。图 5-4(c)显示了与图 5-4(b)对应的所有像素的 R,G,B 分量值。如果用 MCQI 来存储图像,优化前需要 64 个受控旋转门。由于整幅图像的所有像素的色调和饱和度都是相同的,且强度值也是按照一定的规律分布的,所以 MCQI 表示中受控旋转门的数量减少到 5 个,如式(5-1)所示。

$$
\begin{aligned}
&第 0,1,2,3 列:\bar{x}_0=0, R_{64} \\
&第 4 列: x_0\bar{x}_1\bar{x}_2=100, R_{100} \\
&第 5 列: x_0\bar{x}_1 x_2=101, R_{175} \\
&第 6 列: x_0 x_1\bar{x}_2=110, R_{203} \\
&第 7 列: x_0 x_1 x_2=111, R_{245}
\end{aligned}
\tag{5-1}
$$

其中,R_x 表明在旋转操作中设置的强度值为 x。

由于强度值的范围是 0~255,当 QIRHSI 存储一幅图像时,需要 8 个量子比特储存强度信息。图 5-4(d)显示图像制备过程中 8 层位平面量子操作的所有信息。需要注意的是优化前需要 192 个 CNOT 门来制备量子图像,布尔表达式最小化方法可以用来简化每个强度量子

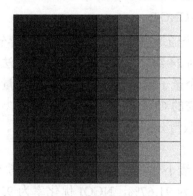

(a) 尺寸为 8×8 的彩色图像   (b) 图像 (a) 的强度值

R								G								B							
30	30	30	30	42	129	173	240	0	0	0	0	0	95	151	235	128	128	128	128	200	255	255	255
30	30	30	30	42	129	173	240	0	0	0	0	0	95	151	235	128	128	128	128	200	255	255	255
30	30	30	30	42	129	173	240	0	0	0	0	0	95	151	235	128	128	128	128	200	255	255	255
30	30	30	30	42	129	173	240	0	0	0	0	0	95	151	235	128	128	128	128	200	255	255	255
30	30	30	30	42	129	173	240	0	0	0	0	0	95	151	235	128	128	128	128	200	255	255	255
30	30	30	30	42	129	173	240	0	0	0	0	0	95	151	235	128	128	128	128	200	255	255	255
30	30	30	30	42	129	173	240	0	0	0	0	0	95	151	235	128	128	128	128	200	255	255	255
30	30	30	30	42	129	173	240	0	0	0	0	0	95	151	235	128	128	128	128	200	255	255	255

(c) 彩色图像 (a) 对应的 R、G 和 B 分量值

图 5-4   一幅 8×8 彩色图像、强度值、对应的 R,G,B 分量值及 8 层位平面

C^0								C^1								C^2								C^3							
0	0	0	0	0	1	1	1	1	1	1	1	1	0	1	1	0	0	0	0	1	1	0	1	0	0	0	0	0	0	0	1
0	0	0	0	0	1	1	1	1	1	1	1	1	0	1	1	0	0	0	0	1	1	0	1	0	0	0	0	0	0	0	1
0	0	0	0	0	1	1	1	1	1	1	1	1	0	1	1	0	0	0	0	1	1	0	1	0	0	0	0	0	0	0	1
0	0	0	0	0	1	1	1	1	1	1	1	1	0	1	1	0	0	0	0	1	1	0	1	0	0	0	0	0	0	0	1
0	0	0	0	0	1	1	1	1	1	1	1	1	0	1	1	0	0	0	0	1	1	0	1	0	0	0	0	0	0	0	1
0	0	0	0	0	1	1	1	1	1	1	1	1	0	1	1	0	0	0	0	1	1	0	1	0	0	0	0	0	0	0	1
0	0	0	0	0	1	1	1	1	1	1	1	1	0	1	1	0	0	0	0	1	1	0	1	0	0	0	0	0	0	0	1
0	0	0	0	0	1	1	1	1	1	1	1	1	0	1	1	0	0	0	0	1	1	0	1	0	0	0	0	0	0	0	1

C^4								C^5								C^6								C^7							
0	0	0	0	0	1	1	0	0	0	0	0	1	1	0	0	0	0	0	0	0	1	1	0	0	0	0	0	0	1	1	1
0	0	0	0	0	1	1	0	0	0	0	0	1	1	0	0	0	0	0	0	0	1	1	0	0	0	0	0	0	1	1	1
0	0	0	0	0	1	1	0	0	0	0	0	1	1	0	0	0	0	0	0	0	1	1	0	0	0	0	0	0	1	1	1
0	0	0	0	0	1	1	0	0	0	0	0	1	1	0	0	0	0	0	0	0	1	1	0	0	0	0	0	0	1	1	1
0	0	0	0	0	1	1	0	0	0	0	0	1	1	0	0	0	0	0	0	0	1	1	0	0	0	0	0	0	1	1	1
0	0	0	0	0	1	1	0	0	0	0	0	1	1	0	0	0	0	0	0	0	1	1	0	0	0	0	0	0	1	1	1
0	0	0	0	0	1	1	0	0	0	0	0	1	1	0	0	0	0	0	0	0	1	1	0	0	0	0	0	0	1	1	1
0	0	0	0	0	1	1	0	0	0	0	0	1	1	0	0	0	0	0	0	0	1	1	0	0	0	0	0	0	1	1	1

(d) 对应于彩色图像（a）中8层位平面的强度值（b）

图 5-4　一幅 8×8 彩色图像、强度值、对应的 R, G, B 分量值及 8 层位平面（续）

比特的量子操作，优化之后 8 层位平面的量子操作所需 CNOT 门数量分别为 2、3、2、1、2、2、2、2。第一组重构后的量子操作如式（5-2）所示。

$$\text{第 5, 7 列}: x_0 x_2 = 11, 2 - \text{CNOT}$$
$$\text{第 6 列}: x_0 x_1 \bar{x}_2 = 110, 3 - \text{CNOT} \quad (5\text{-}2)$$

图 5-4（a）给定的彩色图像，NCQI 表示方法的三个通道需要 24 个量子比特来存储图像，如图 5-4（c）所示，同样，RGB 彩色图像也可以划分为 24 组。布尔表达式最小化方法可用于简化三个量子通道的量子操作。优化后，R 通道的 8 个量子操作所需的 CNOT 门数量分别为 2、1、2、2、2、2、2、2；G 通道的 8 个量子操作所需的 CNOT 门数量分别为 1、1、1、2、1、2、2、2；B 通道的 8 个量子操作所需的 CNOT 门数量分别为 1、1、2、2、1、2、2、2。后续的计算方法与 QIRHSI 表示的计算方法一致。

优化量子彩色图像制备资源算法中布尔表达式最小化步骤由 Logic Friday 软件完成（见 11.2 节）。根据式（5-3）可知，QIRHSI 优化率为 91.67%，NCQI 优化率为 93.59%，MCQI 优化率为 92.19%。

$$\text{优化率} = \frac{\text{优化前的操作次数} - \text{优化后的操作次数}}{\text{优化前的操作次数}} \times 100\% \quad (5\text{-}3)$$

式（5-3）的优化率是近似计算的，优化率本质上取决于图像制备前后的操作次数。显然，图 5-4 中 QIRHSI 图像优化前所需的操作数量为 5 – CNOT 门，优化后为 1 个量子基本操作门，2 – CNOT 门或 3 – CNOT 门。这些量子操作所需要的基本量子操作门也不同，但量子操作门的简化对 MCQI、NCQI 和 QIRHSI 定性的比较结果并没有影响。

为了比较 MCQI、NCQI 和 QIRHSI 优化图像制备资源的不同性能，图 5-5 给出了 6 幅 8×8 图像的 I 分量图及其对应的 R, G, B 分量图。在这些图像中，前 4 张图像的强度是依据一定规律分布的，而后 2 张图像是随机获取的。

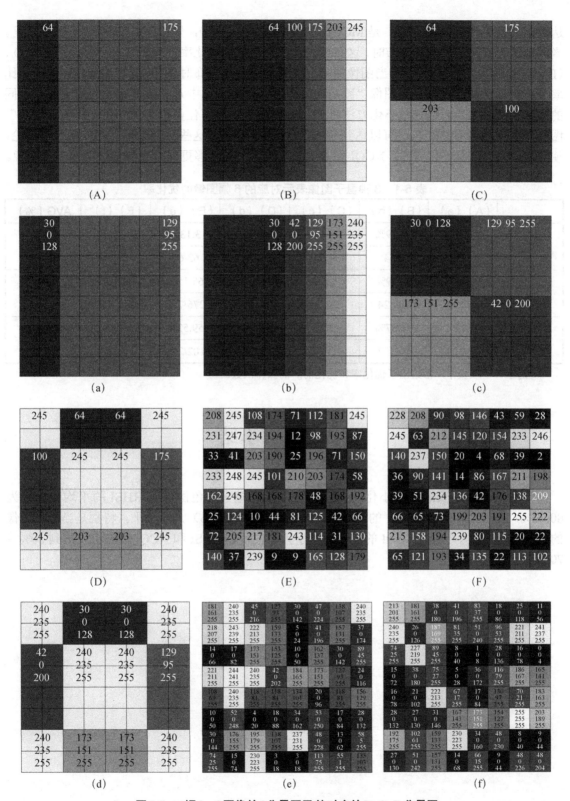

图 5-5 6 幅 8×8 图像的 I 分量图及其对应的 R, G, B 分量图

表 5-1 给出了 3 种量子图像表示方法对应的 6 幅图像的优化率。在 QIRHSI 中，6 幅图像

达到的平均优化率为 80.72%，是 MCQI（59.90%）的 1.34 倍，与 NCQI（82.75%）几乎持平。当图像的强度按某种规律分布时，这三种表示都有很好的优化率[例如，图 5-5 中的（A）(a)、(B)（b) 和（C）(c)]。当图像的强度信息"凌乱"分布时，NCQI 和 QIRHSI 的优化比率变得更加明显。尤其是当图像"凌乱"分布时，即当图像中几乎所有相邻的像素都有不同的强度值时，布尔表达式最小化方法对 MCQI 优化几乎没有任何影响。然而，对于"凌乱"图像，NCQI 和 QIRHSI 仍然可以达到 50%~70% 的优化率。这些实验结果支持以下分析结论：使用布尔表达式最小化方法，NCQI 和 QIRHSI 比 MCQI 能够更好地优化量子图像制备资源。

表 5-1　3 种量子图像表示对应的 6 幅图像的优化率

	(A)(a)	(B)(b)	(C)(c)	(D)(d)	(E)(e)	(F)(f)	AVG(%)
MCQI	95.31%	92.19%	93.75%	75%	3.13%	0%	59.90%
	3/64	5/64	4/64	16/64	62/64	64/64	
NCQI	95.87%	93.59%	94.86%	84.83%	65.15%	62.21%	82.75%
	35/848	40/624	37/720	142/936	276/792	274/725	
QIRHSI	95.72%	91.67%	95%	86.54%	59.52%	55.87%	80.72%
	13/304	16/192	12/240	42/312	102/252	109/247	

①对于每一项操作，都给出了优化率和优化前后的操作次数。

5.3　本章小结

本章使用布尔表达式最小化的优化方法，得到量子彩色图像 QIRHSI 的平均优化率为 80.72%，是 MCQI（59.90%）的 1.34 倍，与 NCQI（82.75%）几乎持平。特别是当彩色图像的强度"凌乱"分布时，MCQI 的优化率几乎为零，而 QIRHSI 和 NCQI 仍然可以达到 50%~70%。

第6章 量子图像水印

在经典计算机中，数字图像水印作为一种版权保护和内容认证的方式，已经取得了巨大的成功。为了对量子计算机中存储的量子图像进行内容认证，探索并扩展经典图像水印技术到量子信息领域，将具有重要的理论和应用价值。

本章首先基于量子变换（Quantum Transform，QT）建立了一个通用的量子图像水印模型。与经典运算不同，量子图像是一个量子态，因此在设计水印算法时，要遵循量子运算的一般法则。在满足量子态需保持归一性的条件下，得到使量子图像有较好的视觉效果时最佳的动态嵌入向量。利用量子图像水印模型，在FRQI量子图像表示下研究了基于量子小波变换的水印算法，并对算法进行了仿真以验证模型的有效性。

6.1 量子图像水印数学模型

6.1.1 量子图像水印的嵌入和提取

量子图像水印模型的嵌入和提取的主要步骤分别如图 6-1 和图 6-2 所示。水印嵌入主要包括图像的制备、水印的生成、量子变换、水印的嵌入和逆量子变换。水印提取主要分为量子变换和水印的提取。

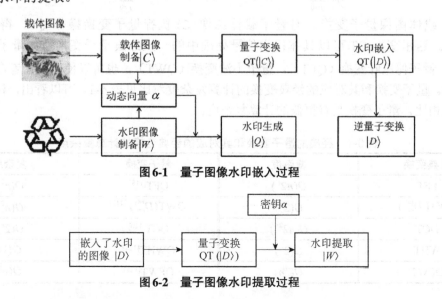

图 6-1 量子图像水印嵌入过程

图 6-2 量子图像水印提取过程

6.1.2 量子图像水印的优化数学模型

基于 6.1.1 节演示的一般水印嵌入和提取流程，本节提出一个通用的量子图像水印优化数学模型。该模型是基于量子变换的频域水印方法。在嵌入水印过程中，引进一个动态的向量因子来控制嵌入强度。根据量子力学原理，整个运算过程中，量子图像态需要始终保持归一化原则，因此利用归一性作为约束，更优的视觉质量作为目标建立优化方程，动态因子即为优化方程的最优解。和现有的其他水印模型相比，该模型能够改进图像的视觉质量并提升嵌入容量。

水印的优化模型可以描述为：

$$|D\rangle = \text{inQT}(\text{QT}(|C\rangle) + P(\boldsymbol{\alpha})(|W\rangle)) \tag{6-1}$$

参数向量 $\boldsymbol{\alpha}$ 满足优化方程（6-2）：

$$\begin{aligned} &\min \ \|\text{inQT}\{P(\boldsymbol{\alpha})(|W\rangle)\}\| \\ &\text{s.t.} \ \|\text{QT}(|C\rangle) + P(\boldsymbol{\alpha})(|W\rangle)\| = 1 \end{aligned} \tag{6-2}$$

式中 $|C\rangle$ 为量子载体图像，大小为 $2n+1$ 量子比特；$|W\rangle$ 为量子水印图像，大小为 $2n+1$ 量子比特；QT 为 $2n+1$ 量子比特的量子变换；inQT 为量子变换 QT 的逆变换；$P(\boldsymbol{\alpha})$ 为作用于水印图像的量子受控相位变换，由参数向量 $\boldsymbol{\alpha}$ 决定。

该方程的解释如下：在量子水印嵌入过程中，对载体图像的量子态 $|C\rangle$ 需要始终保持归一化原则，因此嵌入强度参数 $\boldsymbol{\alpha}$ 的选择需要满足归一化的约束条件。为保证嵌入水印后的载体图像 $|D\rangle$ 相对原始载体图像 $|C\rangle$ 尽可能相似，变换前后的两个量子态的变化态 $\text{inQT}\{P(\boldsymbol{\alpha})(|W\rangle)\}$ 的概率幅值 $\|\text{inQT}\{P(\boldsymbol{\alpha})(|W\rangle)\}\|$ 应该尽可能小。水印优化数学模型嵌入过程主要由如下 5 个步骤组成。

（1）量子图像制备。设量子载体图像 FRQI 和量子水印图像 FRQI 的大小均为 $2^n \times 2^n$，首先将它们制备成量子态：

$$|C\rangle = \frac{1}{2^n} \sum_{i=0}^{2^{2n}-1} \left(\cos\theta_i |0\rangle + \sin\theta_i |1\rangle\right) \otimes |i\rangle = \sum_{i=0}^{2^{2n}-1} |c_i\rangle \otimes |i\rangle \tag{6-3}$$

$$|W\rangle = \frac{1}{2^n} \sum_{j=0}^{2^{2n}-1} \left(\cos\varphi_j |0\rangle + \sin\varphi_j |1\rangle\right) \otimes |j\rangle = \sum_{j=0}^{2^{2n}-1} |W_j\rangle \otimes |j\rangle \tag{6-4}$$

（2）载体图像量子变换。对量子载体图像 $|C\rangle$ 执行量子变换操作 QT，得到量子态 $\text{QT}(|C\rangle)$。这里变换 QT 可以具体化为信号处理中的一些经典量子变换，如量子余弦变换（QCT），量子傅里叶变换（QFT），量子小波变换（QWT），也可以使用设计者自己设计的量子变换。量子变换和其对应的经典变换的计算复杂度对比见表 6-1。可以看出，和经典的同一种变换相比，量子变换具有更低的计算复杂度。

表 6-1 经典的量子变换和其对应的经典变换的计算复杂度

经典变换	复杂度	量子变换	复杂度
FFT	$O(n2^n)$	QFT[118]	$O(n^2)$
DWT($D_{2^n}^{(4)}$)	$O(2^n)$	QWT($D_{2^n}^{(4)}$)[119]	$O(n^2)$
DCT	$O(n2^{2n})$	QCT[120]	$O(2^n)$
WHT	$O(2^n)$	QWHT[121]	$O(1)$
DFWT	$O(3n)$	QFWT[121]	$O(n)$

(3) 量子水印生成。对量子水印 $|W\rangle$ 执行下列幺正变换：

$$P_i(\alpha_i) = \left(\boldsymbol{I} \otimes \sum_{j=0,j\neq i}^{2^{2n}-1} |j\rangle\langle j|\right) + \boldsymbol{G}(\alpha_i) \otimes |i\rangle\langle i|,$$

$$\boldsymbol{I} = \begin{pmatrix} 1 & 0 \\ 0 & 1 \end{pmatrix}, \quad \boldsymbol{G}(\alpha_i) = \begin{pmatrix} \mathrm{e}^{\mathrm{i}\alpha_i} & 0 \\ 0 & \mathrm{e}^{\mathrm{i}\alpha_i} \end{pmatrix} \tag{6-5}$$

其中，$\boldsymbol{I}$ 为二维单位矩阵；$\boldsymbol{G}(\alpha_i)$ 为相位变换。这样，对水印图像 $|W\rangle$ 应用变换 $P_k(\alpha_k)$ 和 $P_l(\alpha_l)P_k(\alpha_k)$ 可以得到：

$$P_k(\alpha_k)(|W\rangle) = P_k\left(\frac{1}{2^n}\sum_{j=0}^{2^{2n}-1}(\cos\varphi_j|0\rangle+\sin\varphi_j|1\rangle)\otimes|j\rangle\right)$$

$$= \frac{1}{2^n}\left[\sum_{j=0,j\neq k}^{2^{2n}-1}(\cos\varphi_j|0\rangle+\sin\varphi_j|1\rangle)\otimes|j\rangle + \mathrm{e}^{\mathrm{i}\alpha_k}(\cos\varphi_k|0\rangle+\sin\varphi_k|1\rangle)\otimes|k\rangle\right] \tag{6-6}$$

$$P_l(\alpha_l)P_k(\alpha_k)(|W\rangle) = P_l(\alpha_l)P_k(\alpha_k)(|W\rangle)$$

$$= \frac{1}{2^n}\left[\sum_{j=0,j\neq k,l}^{2^{2n}-1}(\cos\varphi_j|0\rangle+\sin\varphi_j|1\rangle)\otimes|j\rangle + \mathrm{e}^{\mathrm{i}\alpha_k}(\cos\varphi_k|0\rangle + \right.$$

$$\left. \sin\varphi_k|1\rangle)\otimes|k\rangle + \mathrm{e}^{\mathrm{i}\alpha_l}(\cos\varphi_l|0\rangle+\sin\varphi_l|1\rangle)\otimes|l\rangle\right] \tag{6-7}$$

从式（6-7）容易得到：

$$P(\boldsymbol{\alpha})(|W\rangle)$$
$$= \left(\prod_{j=0}^{2^{2n}-1}P_j(\alpha_j)\right)(|W\rangle)$$
$$= \frac{1}{2^n}\sum_{j=0}^{2^{2n}-1}\mathrm{e}^{\mathrm{i}\alpha_j}(\cos\varphi_j|0\rangle+\sin\varphi_j|1\rangle)\otimes|j\rangle$$
$$= |Q\rangle \tag{6-8}$$

$\boldsymbol{\alpha} = (\alpha_0, \alpha_1, \cdots, \alpha_{2^{2n}-1})$ 是一个动态的嵌入强度控制因子。

(4) 嵌入水印。将生成的水印 $|Q\rangle$ 嵌入载体的变换域 $\mathrm{QT}(|C\rangle)$ 中：

$$\mathrm{QT}(|D\rangle) = \mathrm{QT}(|C\rangle) + |D\rangle \tag{6-9}$$

其中，$\mathrm{QT}(|C\rangle)$ 为变换后的载体图像；$\mathrm{QT}(|D\rangle)$ 为嵌入水印后的量子态。

首先，两个寄存器分别用来编码载体图像和水印。然后，量子变换操作 QT 作用在载体图像 $|C\rangle$ 上，由嵌入强度参数 $\boldsymbol{\alpha}$ 确定的相位操作 $P(\boldsymbol{\alpha})$ 作用在水印 $|W\rangle$ 上。最后，将生成的水印 $|Q\rangle$ 加入到载体图像态 $\mathrm{QT}(|C\rangle)$ 上。

这里需要注意，式（6-9）是两个普通的量子态相加，因此这里并不能直接应用二进制编码下的量子态加法器[式（1-20）]。目前，设计适用于一般量子态相加的量子线路较为困难。因此，这里需要借助经典计算机。一种方案是利用经典计算机在量子图像表示的 Hilbert 空间计算出嵌入水印后的向量，并将其转换为 FRQI 图像，然后利用文献[56]中的受控旋转变换实现原始载体量子图像灰度值的改变。另一种方案是加法计算时，将一般的量子态进行补码和转码操作，补码的作用是表示振幅的正负值，转码操作是将振幅数值转换为二进制码流。在现有的量子态 $\mathrm{QT}(|C\rangle)$ 和 $|Q\rangle$ 的线路前增加一定数量的量子线路，用来存储概率幅值的实数对

应的二进制量子比特序列，从而可以通过设计受控加法器完成式（6-9）的一般量子态加法运算。类似的策略应用在提取水印的式（6-12）中。

在嵌入过程的最后，逆量子变换需要作用在 QT(|D⟩) 上，即

$$\text{inQT}\{QT(|D\rangle)\} = \text{inQT}\{QT(|C\rangle) + |Q\rangle\} = |C\rangle + \text{inQT}\{|Q\rangle\} \tag{6-10}$$

理论上，嵌入水印的载体在视觉上越接近原始载体图像水印算法越好。因此，整个过程变换的部分 inQT{|Q⟩} 需要具有较小的幅值。这样，向量 α 应该满足如式（6-11）所示的优化方程。该优化方程是以载体图像具有最优的视觉质量为目标函数，以量子计算过程中的规范化态为约束建立起来的：

$$\begin{aligned} &\min \quad \|\text{inQT}\{|Q\rangle\}\| \\ &\text{s.t.} \quad \|QT(|C\rangle) + |Q\rangle\| = 1 \end{aligned} \tag{6-11}$$

（5）逆量子变换。对 QT(|D⟩) 执行逆量子变换，得到嵌入水印后的载体图像 |D⟩。

在提取阶段，假设已知载体图像和相同的密钥 α。由于量子变换的幺正性，嵌入过程是完全可逆的，提取的主要步骤如下：

- 量子变换。对图像 QT(|D⟩) 使用同种的量子变换 QT。
- 提取水印。利用式（6-8）和式（6-9）可以得到

$$|W\rangle = P^{-1}(QT(|D\rangle) - QT(|C\rangle)) \tag{6-12}$$

其中，$P(\alpha)^{-1}$ 是受控相位变换 $P(\alpha)$ 的逆变换。因此，水印 |W⟩ 可以完全恢复。

6.2 基于量子小波变换的量子图像水印

基于 6.1 节的量子图像水印数学模型，本节提出了基于量子小波变换的水印算法。首先简要介绍一下量子小波变换的变换矩阵和量子线路实现方案；然后给出基于量子小波变换的量子图像水印算法；最后，经典仿真实验表明了算法在视觉质量、嵌入容量和复杂度三个方面的有效性。

6.2.1 量子小波变换

小波变换作为信号的一种多尺度结构描述，在图像压缩和处理中有非常重要的作用。一种有效的完备的量子 Haar 和 Daubechies $D^{(4)}$ 小波线路得到构造[119]。特别地，Daubechies $D^{(4)}$ 小波的线路可以利用量子傅里叶变换 F_{2^n}（见附录 B.3）的线路来设计。QFT 量子线路的合理性已经被证明，所以这里使用 Daubechies $D^{(4)}$ 小波作为量子图像水印算法的量子变换。

2^n 维 Daubechies 4 阶小波核的量子线路设计如图 6-3 所示。设计量子线路的本质是分解变换矩阵为一些基本的酉矩阵。因此，为了达到有效可行的量子执行方法，对 $D_{2^n}^{(4)}$（n 是量子比特的数量）小波进行了合适的分解。2^n 维的 Daubechies 4 阶小波核的线路简单概括如下。

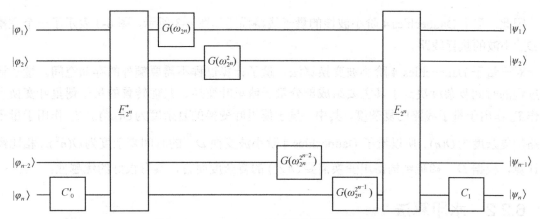

图6-3 Daubechies 4阶小波核的量子线路设计

假设有两个酉矩阵分别为 C_0 和 C_1，

$$C_0 = 2\begin{pmatrix} c_3 & -c_2 \\ c_2 & c_3 \end{pmatrix}, \quad C_1 = \frac{1}{2}\begin{pmatrix} c_0/c_3 & 1 \\ 1 & c_1/c_2 \end{pmatrix} \tag{6-13}$$

式中，$c_0 = (3+\sqrt{3})/4\sqrt{2}$，$c_1 = (3-\sqrt{3})/4\sqrt{2}$，$c_2 = (1-\sqrt{3})/4\sqrt{2}$，$c_3 = (1+\sqrt{3})/4\sqrt{2}$。

Daubechies 4阶小波核 $D_{2^n}^{(4)}$ 可以分解为：

$$D_{2^n}^{(4)} = (I_{2^{n-1}} \otimes C_1) Q_{2^n} (I_{2^{n-1}} \otimes C_{0'}) \tag{6-14}$$

式中，

$$C_{0'} = NC_0 = 2\begin{pmatrix} c_2 & c_3 \\ c_3 & -c_2 \end{pmatrix}$$

$N = \begin{pmatrix} 0 & 1 \\ 1 & 0 \end{pmatrix}$，$Q_{2^n}$ 是下移置换矩阵：

$$Q_{2^n} = \begin{pmatrix} 0 & 1 & & & & \\ 0 & 0 & 1 & & & \\ 0 & 0 & 0 & 1 & & \\ \vdots & \vdots & \vdots & & \ddots & \\ 0 & 0 & \cdots & 0 & 0 & 0 \\ 1 & 0 & \cdots & 0 & 0 & 0 \end{pmatrix} \tag{6-15}$$

进一步，Q_{2^n} 可以分解为 $Q_{2^n} = \underline{F}_{2^n} P_{2^n} T_{2^n} P_{2^n} \underline{F}_{2^n}^*$，这里，$\underline{F}_{2^n}$ 是 $2n$ 维向量的经典 Cooley-Tukey FFT 分解，$\underline{F}_{2^n}^*$ 是 $\underline{F}_{2^n}$ 的共轭转置。P_{2^n} 是位反转置换变换，描述如下：

$$P_{2^n}: |a_{n-1}a_{n-2}\cdots a_1 a_0\rangle \mapsto |a_0 a_1 \cdots a_{n-2} a_{n-1}\rangle \tag{6-16}$$

T_{2^n} 是一个对角矩阵，$T_{2^n} = \mathrm{Diag}\{1, \omega_{2^n}, \omega_{2^n}^2, \cdots, \omega_{2^n}^{2^n-1}\}$，$\omega_{2^n} = \mathrm{e}^{-\frac{2\mathrm{i}\pi}{2^n}}$，$\mathrm{i} = \sqrt{-1}$。

最后，积矩阵 $P_{2^n} T_{2^n} P_{2^n}$ 可以分解为：

$$P_{2^n} T_{2^n} P_{2^n} = (I_{2^{n-1}} \otimes G(\omega_{2^n}^{2^{n-1}})) \cdots (I_{2^{n-i}} \otimes G(\omega_{2^n}^{2^{n-i}}) \otimes I_{2^{i-1}}) \cdots (G(\omega_{2^n}) \otimes I_{2^{n-1}}) \tag{6-17}$$

其中，$G(\omega_{2^n}^k) = \mathrm{Diag}\{1, \omega_{2^n}^k\} = \begin{pmatrix} 1 & 0 \\ 0 & \omega_{2^n}^k \end{pmatrix}$，$k = 1, 2, \cdots, 2^{n-1}$。

因此，整个 Daubechies 4 阶小波核的量子线路描述如图 6-3 所示，图 6-3 表示了一个完整的 $D_{2^n}^{(4)}$ 小波的执行线路。

对于量子 Daubechies 4 阶小波变换算法，量子计算过程不需要额外的存储空间。量子计算过程的时间复杂度决定于其主要组成部分量子傅里叶变换、共轭转置的量子傅里叶变换和操作 T_{2^n} 作用于量子线路的复杂度，其中，量子傅里叶变换的复杂度为 $O(n^2)$，T_{2^n} 作用于量子线路的复杂度为 $O(n)$。所以量子 Daubechies 4 阶小波变换 $D^{(4)}$ 的时间复杂度为 $O(n^2)$。相比经典计算，根据 $D^{(4)}$ 稀疏结构得出变换需要 $O(2^n)$ 的复杂度而言，具有很好的优越性。

6.2.2 水印算法

6.2.2.1 水印嵌入过程

基于量子小波变换的图像水印嵌入算法如算法 6-1 所示。

算法 6-1 水印嵌入算法

Input：量子载体图像 $|C\rangle$ 和量子水印图像 $|W\rangle$，大小为 $2n+1$ 量子比特
Output：嵌入了水印的量子载体图像 $|D\rangle$

（1）量子小波变换。对量子载体图像进行量子小波变换，得到小波系数 $\text{QWT}(|C\rangle)$。

（2）求解优化方程

$$\min \ \|\text{inQWT}\{|Q\rangle\}\|$$
$$\text{s.t.} \ \|\text{QWT}(|C\rangle)+|Q\rangle\|=1$$

得到 $\boldsymbol{\alpha} = (\alpha_0, \alpha_1, \cdots, \alpha_{2^{2n}-1})$ 是一个动态水印强度控制向量。

（3）水印图像生成。将 $\boldsymbol{\alpha}$ 代入式（6-8）计算

$$P(\boldsymbol{\alpha})(|W\rangle) = \left(\prod_{j=0}^{2^{2n}-1} P_j(\boldsymbol{\alpha}_j)\right)(|W\rangle)$$
$$= \frac{1}{2^n}\sum_{j=0}^{2^{2n}-1} e^{i\alpha_j}(\cos\varphi_j|0\rangle + \sin\varphi_j|1\rangle)\otimes|j\rangle$$
$$= |Q\rangle$$

（4）水印的嵌入。

将 $\text{QWT}(|C\rangle)$ 和 $|Q\rangle$ 量子态做补码和转码操作，然后将量子水印 $|Q\rangle$ 嵌入到小波系数 $\text{QWT}(|C\rangle)$ 中，

$$\text{QWT}(|D\rangle) = \text{QWT}(|C\rangle)+|Q\rangle$$

（5）逆量子小波变换。

对 $\text{QWT}(|D\rangle)$ 执行逆小波变换，得到嵌入了水印的图像 $|D\rangle$。

6.2.2.2 水印提取过程

由于量子计算的幺正性，水印的嵌入算法是完全可逆的，因此利用嵌入线路的逆线路，

即可提取量子水印。提取过程主要分为两个步骤：

步骤 1：量子小波变换。

对 $|D\rangle$ 执行小波变换，得到 $\text{QWT}(|D\rangle)$。

步骤 2：提取水印。

利用 $|W\rangle = P(\alpha)^{-1}(\text{QWT}(|D\rangle) - \text{QWT}(|C\rangle))$ 可以提取水印图像，其中，$P(\alpha)^{-1}$ 为相位矩阵 $P(\alpha)$ 的逆变换，减法操作仍旧需要补码和转码二进制序列操作。

6.2.3 仿真结果及分析

由于经典计算机的局限性，这里使用大小为 64×64 的图像来仿真算法。为了评价基于量子小波变换的量子图像水印方法，从三个角度即视觉质量、计算复杂度和嵌入容量来进行分析。

6.2.3.1 视觉质量

视觉质量的好坏可以从主观和客观两个角度分析。主观上，通过人类视觉系统的观测进行直观判定。客观上，利用一些评价指标衡量图像的差别大小。

PSNR 值是一种衡量视觉质量好坏的重要方法，定义如式（6-18）所示：

$$\text{PSNR} = 20\log_{10}\left(\frac{\text{MAX}_I}{\sqrt{\text{MSE}}}\right) \text{ (dB)} \tag{6-18}$$

其中，MSE 是两个大小为 $m \times n$ 的图像的平方误差，定义如式（6-19）所示：

$$\text{MSE} = \frac{1}{mn}\sum_{i=0}^{m-1}\sum_{j=0}^{n-1}[I(i,j) - K(i,j)]^2 \tag{6-19}$$

其中，I, K 分别为两幅图像，MAX_I 是图像 I 的最大可能的像素值。

部分图像嵌入水印前后的 PSNR 值见表 6-2，从表 6-2 可以看出，最小的 PSNR 值是 74.08 dB，高于经典计算机中的多数图像水印。由于量子计算的幺正性，提取出的水印图像和嵌入前是完全一样的。

表 6-2 水印图像的 PSNR 值

载体图像	水印图像	PSNR 值（dB）
Lena	Baboon	77.05
Lena	Pills	74.08
Cameraman	Baboon	75.89
Cameraman	Pills	74.76
Baboon	Cameraman	75.39
Baboon	Pills	76.13

6.2.3.2 计算复杂度

在本文提出的水印算法中，对于一幅大小为 $N = 2^n \times 2^n$ 的图像，整个水印过程所需要的量子门数量为：制备量子载体和水印图像 $2O(2^{4n})$，量子小波变换和逆量子小波变换为 $2O(4n^2)$，水印生成为 $O(2^{4n})$，因此整个嵌入过程的计算量为：

$$2\times 2^{4n}+8n^2+2^{4n}=3\times 2^{4n}+8n^2 \tag{6-20}$$

因此，基于量子小波变换的水印策略的复杂度为 $O(2^{4n})$，是图像大小 $N=2^{2n}$ 的平方级，算法足够有效。这里，复杂度的计算没有考虑到两个量子态的加法。如果辅助经典计算机，利用受控颜色变换进行水印嵌入，那么计算复杂度在式（6-20）基础上增加 $O(2^{2n})$。

6.2.3.3 嵌入容量

本章的水印算法中，所能承受的最大负载为和载体图像大小一致的水印图像。如果将这种负载转换为经典参数，本章提出的方法嵌入容量为 8 bits/pixel，容量较经典水印算法大大提高。

6.3 本章小结

本章提出了一个具有通用性的量子图像水印模型，在该模型下，设计了基于量子小波变换的量子图像水印算法。仿真实验表明，该框架下的水印算法均具有较大的嵌入容量和良好的视觉效果。

第7章 量子图像加密

图像加密是图像安全领域一种传统的方法。攻破密文图像计算复杂度的难易程度决定了经典图像加密算法的安全性。然而，传统图像加密算法的安全性在拥有强大的计算能力的量子计算机面前可能失效，于是寻找能够抵御量子计算攻击的加密算法成为了亟须解决的问题。迄今已有一些量子图像的加密算法，通常可以分为空间域和频域两种。本章在量子彩色图像 QIRHSI 表示的基础之上，根据几何变换操作和强度分量扩散变换设计了量子彩色图像加密方案。

本文提出的量子图像加密算法包括三个步骤：首先，利用两点交换和广义 Logistic 映射置乱像素位置；其次，对强度比特面进行交叉交换和异或（XOR）、异或非（XNOR）操作，达到更改强度值的目的；最后，借助量子 Logistic 映射完成强度比特面的扩散。下面详细介绍量子图像的加密算法。

7.1 相关知识

7.1.1 广义 Logistic 映射

广义 Logisitc 映射[122]具有优良的随机特性，例如对初始值和参数敏感、遍历性，因此可以被用来设计量子图像加密算法。式（7-1）定义的广义 Logistic 映射为

$$x_{\delta+1} = \frac{4\eta^2 x_\delta (1-x_\delta)}{1+4(\eta^2-1)x_\delta(1-x_\delta)}, \delta=0,1,2,\cdots \tag{7-1}$$

式中，初始值 $x_0 \in [0,1]$，η 代表参数。当 $\eta \in [-4,-2] \cup [2,4]$ 时，式（7-1）处于混沌状态，此时生成的序列是伪随机的。

7.1.2 量子 Logistic 映射

量子 Logistic 映射[123]定义为

$$\begin{cases} x_{n+1} = \gamma\left(x_n - |x_n|^2\right) - \gamma y_n \\ y_{n+1} = -y_n e^{-2\beta} + e^{-\beta}\gamma\left[(2-x_n-\overline{x}_n)y_n - x_n\overline{z}_n - \overline{x}_n z_n\right] \\ z_{n+1} = -z_n e^{-2\beta} + e^{-\beta}\gamma\left[2(1-\overline{x}_n)z_n - 2x_n y_n - x_n\right] \\ n=0,1,2,\cdots \end{cases} \tag{7-2}$$

式中，β 代表耗散参数，γ 是控制参数。$\overline{x}_n$ 是 x_n 的共轭复数，$\overline{z}_n$ 是 z_n 的共轭复数。当 $x_n \in [0,1]$，

$y_n \in [0, 0.1]$，$z_n \in [0, 0.2]$，$\beta \in [6, +\infty)$，$\gamma \in [0, 4]$时，式（7-2）处于混沌状态[124]。

7.2 QIRHSI 加密框架

现有的量子图像加密算法主要建立在三种量子操作上：基于位置置乱、基于颜色扩散和基于频域变换操作。Arnold 置乱[125]和 Fibonacci 置乱[126]都属于基于位置置乱加密的算法；Gray 码[95]和双随机相位编码[127]属于颜色扩散加密算法。

下面以 QIRHSI 表示为基础，对量子加密中三种常用的量子操作进行初步探索研究。

1. 基于位置置乱

基于位置置乱的量子彩色图像加密意味着只改变像素位置编码，而保持颜色编码不变。以 Arnold 置乱为例，QIRHSI 图像的置乱由式（7-3）定义：

$$F_{\text{Ar}}(|I(\theta)\rangle) = \frac{1}{2^n} F_{\text{Ar}} \left\{ \sum_{k=0}^{2^{2n}-1} |H_k\rangle |S_k\rangle |I_k\rangle \otimes |k\rangle \right\}$$

$$= \frac{1}{2^n} \sum_{k=0}^{2^{2n}-1} |H_k\rangle |S_k\rangle |I_k\rangle \otimes \tilde{F}_{\text{Ar}}(|k\rangle) \tag{7-3}$$

式中 $\tilde{F}_{\text{Ar}}(|k\rangle)$ 是经 Arnold 置乱后的图像像素坐标，其具体形式在式（7-4）中给出。

$$\tilde{F}_{\text{Ar}}(|k\rangle) = \tilde{F}_{\text{Ar}}(|yx\rangle) = |(x+2y) \bmod 2^n\rangle |(x+y) \bmod 2^n\rangle \tag{7-4}$$

算子 F_{Ar}、F_{Gc} 和 QFT 的量子线路如图 7-1 所示。图 7-1（a）为算子 F_{Ar} 的量子线路。

2. 基于颜色扩散

基于颜色扩散的加密将改变颜色编码并保持位置编码不变。以 Gray 码扩散强度为例，QIRHSI 图像的扩散如式（7-5）所示。

$$F_{\text{Gc}}(|I(\theta)\rangle) = \frac{1}{2^n} F_{\text{Gc}} \left\{ \sum_{k=0}^{2^{2n}-1} |H_k\rangle |S_k\rangle |I_k\rangle \otimes |k\rangle \right\}$$

$$= \frac{1}{2^n} \sum_{k=0}^{2^{2n}-1} |H_k\rangle |S_k\rangle \tilde{F}_{\text{Gc}}(|I_k\rangle) \otimes |k\rangle \tag{7-5}$$

式中 $\tilde{F}_{\text{Gc}}(|I_k\rangle)$ 是经 Gray 码扩散后的彩色图像强度信息，见式（7-6）。

$$\tilde{F}_{\text{Gc}}(|I_k\rangle) = \tilde{F}_{\text{Gc}}(|C_k^0 C_k^1 \cdots C_k^{q-1}\rangle) = |C_k^0 (C_k^0 \oplus C_k^1) \cdots (C_k^{q-2} \oplus C_k^{q-1})\rangle \tag{7-6}$$

式中 $\oplus$ 是异或操作。图 7-1（b）为算子 F_{Gc} 的量子线路。

3. 基于频域变换操作

量子变换会同时改变量子图像的颜色编码和位置编码。以量子 Fourier 变换为例，将 QFT 作用在 QIRHSI 图像的量子态上，如式（7-7）所示。

$$\text{QFT}(|I(\theta)\rangle) = \frac{1}{2^n} \text{QFT} \left\{ \sum_{k=0}^{2^{2n}-1} |H_k\rangle |S_k\rangle |I_k\rangle \otimes |k\rangle \right\}$$

$$= \frac{1}{2^n} \sum_{k=0}^{2^{2n}-1} \text{QFT}\{|H_k\rangle|S_k\rangle|I_k\rangle \otimes |k\rangle\} \quad (7\text{-}7)$$

图 7-1（c）为算子 QFT 的量子线路。

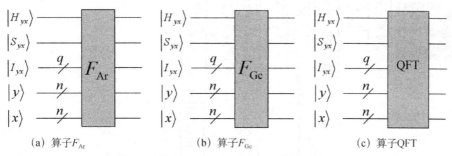

图 7-1　算子 F_{Ar}、F_{Gc} 和 QFT 的量子线路

基于 QIRHSI 表示提出的量子加密所设计的三种量子操作，可以构建具体的量子图像加密算法来达到保护量子图像的目的。

7.3　QIRHSI 的加密和解密

在本节所设计的量子彩色图像加密方案中，首先利用广义 Logistic 映射和两点交换操作对图像的像素位置进行置乱变换；其次对强度比特面进行交叉交换和 XOR、XNOR 操作以达到"篡改"强度值的目的；最终借助量子 Logistic 映射对强度比特面进行混沌扩散操作，得到加密的量子图像。如图 7-2 所示为 QIRHSI 图像加密和解密算法的详细流程图。

7.3.1　加密方案

假设要加密尺寸为 $2^n \times 2^n$ 的原始彩色图像 $|I(\theta)\rangle$，其 QIRHSI 态可以表示为：

$$|I(\theta)\rangle = \frac{1}{2^n} \sum_{k=0}^{2^{2n}-1} |H_k\rangle|S_k\rangle|I_k\rangle \otimes |k\rangle$$

$$= \frac{1}{2^n} \sum_{k=0}^{2^{2n}-1} (\cos\theta_{hk}|0\rangle + \sin\theta_{hk}|1\rangle)(\cos\theta_{sk}|0\rangle + \sin\theta_{sk}|1\rangle)|C_k^0 C_k^1 \cdots C_k^7\rangle \otimes |k\rangle$$

式中 $\theta_{hk}, \theta_{sk} \in \left[0, \dfrac{\pi}{2}\right]$，$C_k^m \in \{0,1\}$，$m = 0,1,\cdots,7$，$k = 0,1,\cdots,2^{2n}-1$。

1. 像素平面置乱

步骤 1　计算整数 $i_0 = \text{floor}(\text{mod}(x_0 \times 2^{26}, 2^{2n})) + 1$，其中，$\text{floor}(\cdot)$ 表示向下取整运算。

步骤 2　利用初始参数 η 和 x_0 迭代式(7-1)，得到 x_l。计算 $i_l = \text{floor}(\text{mod}(x_l \times 2^{26}, 2^{2n})) + 1$。

步骤 3　如果对于所有的 $j = 0,1,\cdots,l-1$，$i_l \neq i_j$，那么存储 i_l；否则，存在 j 使得 $i_l = i_j$，使用式（7-1）计算下一个 x_{l+1}，直到得到所有不同的 i_j，$j = 0,1,\cdots,2^{2n}-1$。

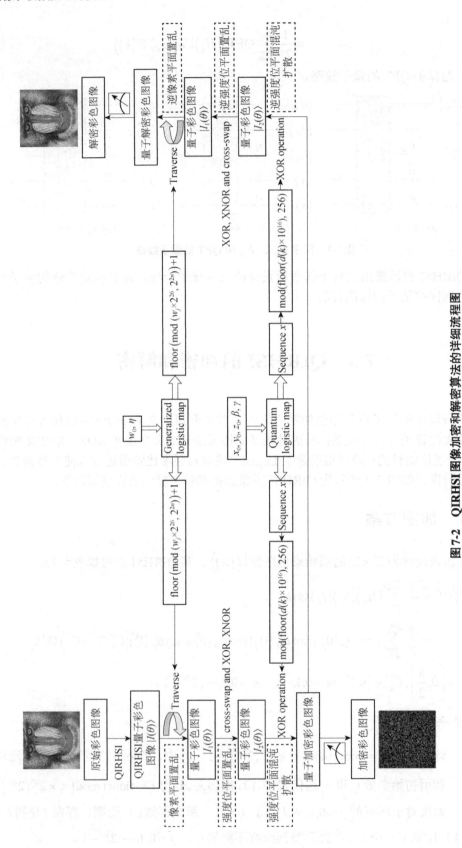

图 7-2 QIRHSI 图像加密和解密算法的详细流程图

步骤 4 在 QIRHSI 图像上将相邻的两个像素位置 $|i_{2m}\rangle$ 和 $|i_{2m+1}\rangle$ 交换，$m=0,1,\cdots,2^{2n-1}-1$，G_{P_m} 的操作，见式（7-8）。

$$G_{P_m} = I^{\otimes 2} \otimes I^{\otimes 8} \otimes P_m$$

$$= I^{\otimes 2} \otimes I^{\otimes 8} \otimes \left\{ |i_{2m}\rangle\langle i_{2m+1}| + |i_{2m+1}\rangle\langle i_{2m}| + \sum_{k=0,k\neq i_{2m},i_{2m+1}}^{2^{2n}-1} |k\rangle\langle k| \right\} \quad (7\text{-}8)$$

将 G_{P_m} 作用到 QIRHSI 图像上，得

$$G_{P_m}(|I(\theta)\rangle) = \frac{1}{2^n} G_{P_m} \left\{ \sum_{k=0}^{2^{2n}-1} |C_k\rangle \otimes |k\rangle \right\}$$

$$= \frac{1}{2^n} \left\{ |C_{i_{2m}}\rangle \otimes |i_{2m+1}\rangle + |C_{i_{2m+1}}\rangle \otimes |i_{2m}\rangle + \sum_{k=0,k\neq i_{2m},i_{2m+1}}^{2^{2n}-1} |C_k\rangle \otimes |k\rangle \right\} \quad (7\text{-}9)$$

使用式（7-9）两次，得式（7-10）：

$$G_{P_l} G_{P_m}(|I(\theta)\rangle) = \frac{1}{2^n} G_{P_l} G_{P_m} \left\{ \sum_{k=0}^{2^{2n}-1} |C_k\rangle \otimes |k\rangle \right\}$$

$$= \frac{1}{2^n} \Big\{ |C_{i_{2m}}\rangle \otimes |i_{2m+1}\rangle + |C_{i_{2m+1}}\rangle \otimes |i_{2m}\rangle + |C_{i_{2l}}\rangle \otimes |i_{2l+1}\rangle + |C_{i_{2l+1}}\rangle \otimes |i_{2l}\rangle +$$

$$\sum_{k=0,k\neq i_{2m},i_{2m+1},i_{2l},i_{2l+1}}^{2^{2n}-1} |C_k\rangle \otimes |k\rangle \Big\} \quad (7\text{-}10)$$

对于总像素数 2^{2n}，只需交换 2^{2n-1} 次，即可遍历所有的像素位置。由式（7-10）可以得到：

$$G(|I(\theta)\rangle) = \prod_{k=0}^{2^{2n-1}-1} G_{P_k}(|I(\theta)\rangle)$$

$$= \frac{1}{2^n} \big\{ |C_{i_0}\rangle \otimes |i_1\rangle + |C_{i_1}\rangle \otimes |i_0\rangle + |C_{i_2}\rangle \otimes |i_3\rangle + |C_{i_3}\rangle \otimes |i_2\rangle + \cdots +$$

$$|C_{i_{2^{2n}-4}}\rangle \otimes |i_{2^{2n}-3}\rangle + |C_{i_{2^{2n}-3}}\rangle \otimes |i_{2^{2n}-4}\rangle + |C_{i_{2^{2n}-2}}\rangle \otimes |i_{2^{2n}-1}\rangle + |C_{i_{2^{2n}-1}}\rangle \otimes |i_{2^{2n}-2}\rangle \big\}$$

$$= \frac{1}{2^n} \sum_{k=0}^{2^{2n-1}-1} \big\{ |C_{i_{2k}}\rangle \otimes |i_{2k+1}\rangle + |C_{i_{2k+1}}\rangle \otimes |i_{2k}\rangle \big\}$$

$$= \frac{1}{2^n} \sum_{j=0}^{2^{2n}-1} |C_{i_j}\rangle \otimes |i_{j'}\rangle$$

$$= \frac{1}{2^n} \sum_{j=0}^{2^{2n}-1} |H_{i_j}\rangle |S_{i_j}\rangle |I_{i_j}\rangle \otimes |i_{j'}\rangle$$

$$= |I_1(\theta)\rangle \quad (7\text{-}11)$$

式中，

$$j' = j + (-1)^j = \begin{cases} j+1, & j=0,2,4,\cdots,2^{2n}-2 \\ j-1, & j=1,3,5,\cdots,2^{2n}-1 \end{cases}$$

2. 强度比特面置乱

强度比特面置乱旨在"篡改"像素位置 k 的强度值。强度比特面交叉交换操作和 XOR、XNOR 操作是强度比特面置乱的两种方式。强度比特面交叉交换操作的量子线路如图 7-3 所示。如图 7-4 所示为强度比特面 XOR、XNOR 操作的量子线路。强度比特面交叉交换操作能够使得强度比特面的排列顺序错位。首先将如式（7-12）所示的 U 算子应用于 $|I_{i_j}\rangle$ 上。对于任意的像素位置 i_j，算子 U 作用在 i_j 上的定义如下。

$$U|I_{i_j}\rangle = U|C_{i_j}^0 C_{i_j}^1 \cdots C_{i_j}^7\rangle = |C_{i_j}^5 C_{i_j}^4 C_{i_j}^7 C_{i_j}^6 C_{i_j}^1 C_{i_j}^0 C_{i_j}^3 C_{i_j}^2\rangle \tag{7-12}$$

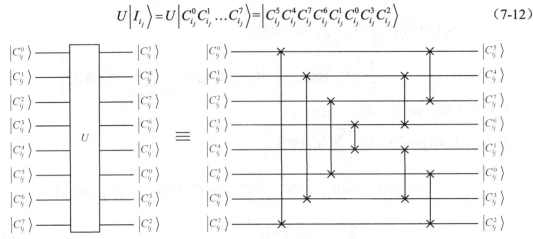

图 7-3 强度比特面交叉交换操作的量子线路

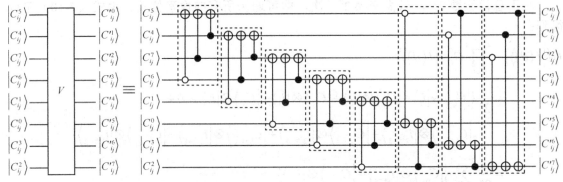

图 7-4 强度比特面 XOR、XNOR 操作的量子线路

在强度比特面 XOR、XNOR 操作中，将如式（7-13）所示的算子 V 应用于式（7-12），得 $|I'_{i_j}\rangle$。

$$V(U|I_{i_j}\rangle) = V|C_{i_j}^5 C_{i_j}^4 C_{i_j}^7 C_{i_j}^6 C_{i_j}^1 C_{i_j}^0 C_{i_j}^3 C_{i_j}^2\rangle = |C_{i_j}'^0 C_{i_j}'^1 \cdots C_{i_j}'^7\rangle = |I'_{i_j}\rangle \tag{7-13}$$

需要指明的是，$|I'_{i_j}\rangle$ 的 8 层比特面表示如下：

$$|C_{i_j}'^0\rangle = |\sim C_{i_j}^5 \oplus C_{i_j}^6 \oplus C_{i_j}^7 \oplus C_{i_j}^4\rangle, |C_{i_j}'^1\rangle = |\sim C_{i_j}^4 \oplus C_{i_j}^1 \oplus C_{i_j}^6 \oplus C_{i_j}^7\rangle$$

$$|C_{i_j}'^2\rangle = |\sim C_{i_j}^7 \oplus C_{i_j}^0 \oplus C_{i_j}^1 \oplus C_{i_j}^6\rangle, |C_{i_j}'^3\rangle = |\sim C_{i_j}^6 \oplus C_{i_j}^3 \oplus C_{i_j}^0 \oplus C_{i_j}^1\rangle$$

$$\left|C_{i_j}^{\prime 4}\right\rangle = \left|\sim C_{i_j}^1 \oplus C_{i_j}^2 \oplus C_{i_j}^3 \oplus C_{i_j}^0\right\rangle, \left|C_{i_j}^{\prime 5}\right\rangle = \left|\sim C_{i_j}^0 \oplus C_{i_j}^{\prime 0} \oplus C_{i_j}^2 \oplus C_{i_j}^3\right\rangle$$

$$\left|C_{i_j}^{\prime 6}\right\rangle = \left|\sim C_{i_j}^3 \oplus C_{i_j}^{\prime 1} \oplus C_{i_j}^{\prime 0} \oplus C_{i_j}^2\right\rangle, \left|C_{i_j}^{\prime 7}\right\rangle = \left|\sim C_{i_j}^2 \oplus C_{i_j}^{\prime 2} \oplus C_{i_j}^{\prime 1} \oplus C_{i_j}^{\prime 0}\right\rangle$$

因此，可将强度比特面置乱算子 F 定义为式（7-14），

$$F = \left(I^{\otimes 2} \otimes V \otimes I^{\otimes 2n}\right)\left(I^{\otimes 2} \otimes U \otimes I^{\otimes 2n}\right) \tag{7-14}$$

将算子 F 作用在图像 $|I_1(\theta)\rangle$ 上，得

$$\begin{aligned}
F(|I_1(\theta)\rangle) &= \frac{1}{2^n} F\left\{\sum_{j=0}^{2^{2n}-1} |C_{i_j}\rangle \otimes |i_{j'}\rangle\right\} \\
&= \frac{1}{2^n} \sum_{j=0}^{2^{2n}-1} |H_{i_j}\rangle |S_{i_j}\rangle \otimes V(U|I_{i_j}\rangle) \otimes |i_{j'}\rangle \\
&= \frac{1}{2^n} \sum_{j=0}^{2^{2n}-1} |H_{i_j}\rangle |S_{i_j}\rangle |C_{i_j}^{\prime 0} C_{i_j}^{\prime 1} \cdots C_{i_j}^{\prime 7}\rangle \otimes |i_{j'}\rangle \\
&= \frac{1}{2^n} \sum_{j=0}^{2^{2n}-1} |H_{i_j}\rangle |S_{i_j}\rangle |I_{i_j}'\rangle \otimes |i_{j'}\rangle \\
&= |I_2(\theta)\rangle
\end{aligned} \tag{7-15}$$

3. 强度比特面混沌扩散

借助式（7-2）给定的量子 Logistic 映射所产生的混沌序列实现强度比特面混沌扩散操作。给定三个初始值 x_0, y_0, z_0，给定两个参数 β 和 γ，利用式（7-2）生成三个伪随机序列，这里仅仅只取由 x 生成的伪随机序列 $\{d(k)\}$，设置 $\{d(k)\}$ 的长度为 $N+2^{2n}$，舍弃前 N 个值以避免瞬态效应。由于 $\{d(k)\}$ 中元素的取值范围为 $[0,1]$，因此 $\{d(k)\}$ 中的元素通过式（7-16）转换为整数。

$$d_k = \mathrm{mod}\left(\mathrm{floor}\left(d(k) \times 10^{16}\right), 256\right) \tag{7-16}$$

量子彩色图像强度比特面混沌扩散阶段的量子操作应划分为 $2n$ 个 XOR 子操作，从而达到对每一个像素的强度信息施加 XOR 操作的目的。为了实现 XOR 子操作，可以通过序列 $D = \{d_1, d_2, \cdots, d_{2^n}\}$ 来控制 NOT 操作，其中，$d_k = d_k^0 d_k^1 \cdots d_k^7, d_k^m \in \{0,1\}$，$m = 0, 1, \cdots, 7$，$k = 0, 1, \cdots, 2^{2n}-1$。操作 W_k 的定义见式（7-17）。如果 d_k^m 等于 1，那么 W_k^m 就是 NOT 操作；否则，W_k^m 就是恒等操作 I。

$$W_k = W_k^0 W_k^1 \cdots W_k^7 \tag{7-17}$$

因此，对量子图像 $|I_2(\theta)\rangle$ 强度值的 XOR 运算可以通过 XNOR 运算 W_k 来实现。

$$W_k |I_{i_k}'\rangle = \bigotimes_{m=0}^{7}\left(W_k^m |C_{i_k}^{\prime m}\rangle\right) = \bigotimes_{m=0}^{7} |C_{i_k}^{\prime m} \oplus W_k^m\rangle = \bigotimes_{m=0}^{7} |C_{i_k}^{\prime\prime m}\rangle = |I_{i_k}''\rangle \tag{7-18}$$

接下来，量子子操作 L_k 由 XNOR 操作 W_k 来构造，如式（7-19）所示。

$$L_k = I^{\otimes 2} \otimes I^{\otimes 8} \otimes \sum_{j=0, j\neq k}^{2^{2n}-1} |i_{j'}\rangle\langle i_{j'}| + I^{\otimes 2} \otimes W_k \otimes |i_{k'}\rangle\langle i_{k'}| \tag{7-19}$$

对强度信息的 XOR 运算可以通过子运算 L_k 来实现。强度比特面混沌扩散的量子线路如图 7-5 所示。

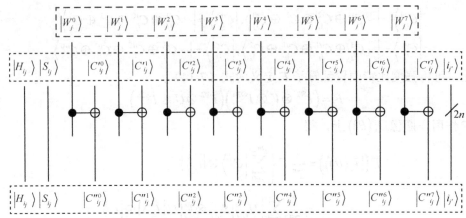

图7-5 强度比特面混沌扩散的量子线路

$$L_k(|I_2(\theta)\rangle) = \frac{1}{2^n}L_k\left\{\sum_{j=0}^{2^{2n}-1}|H_{i_j}\rangle|S_{i_j}\rangle|I'_{i_j}\rangle\otimes|i_{j'}\rangle\right\}$$

$$= \frac{1}{2^n}\left\{\sum_{j=0,j\neq k}^{2^{2n}-1}|H_{i_j}\rangle|S_{i_j}\rangle|I'_{i_j}\rangle\otimes|i_{j'}\rangle+|H_{i_k}\rangle|S_{i_k}\rangle\otimes W_k|C'^0_{i_k}C'^1_{i_k}\cdots C'^7_{i_k}\rangle\otimes|i_{k'}\rangle\right\}$$

$$= \frac{1}{2^n}\left\{\sum_{j=0,j\neq k}^{2^{2n}-1}|H_{i_j}\rangle|S_{i_j}\rangle|I'_{i_j}\rangle\otimes|i_{j'}\rangle+|H_{i_k}\rangle|S_{i_k}\rangle\otimes|C''^0_{i_k}C''^1_{i_k}\cdots C''^7_{i_k}\rangle\otimes|i_{k'}\rangle\right\}$$

$$= \frac{1}{2^n}\left\{\sum_{j=0,j\neq k}^{2^{2n}-1}|H_{i_j}\rangle|S_{i_j}\rangle|I'_{i_j}\rangle\otimes|i_{j'}\rangle+|H_{i_k}\rangle|S_{i_k}\rangle|I''_{i_k}\rangle\otimes|i_{k'}\rangle\right\} \quad (7\text{-}20)$$

当 $j=k,m$ 时，将其作用到图像 $|I_2(\theta)\rangle$ 上，得

$$L_mL_k(|I_2(\theta)\rangle) = \frac{1}{2^n}L_mL_k\left\{\sum_{j=0}^{2^{2n}-1}|H_{i_j}\rangle|S_{i_j}\rangle|I'_{i_j}\rangle\otimes|i_{j'}\rangle\right\}$$

$$= \frac{1}{2^n}\left\{\sum_{j=0,j\neq k,m}^{2^{2n}-1}|H_{i_j}\rangle|S_{i_j}\rangle|C'^0_{i_j}C'^1_{i_j}\cdots C'^7_{i_j}\rangle\otimes|i_{j'}\rangle+\right.$$

$$\left.|H_{i_m}\rangle|S_{i_m}\rangle|C''^0_{i_m}C''^1_{i_m}\cdots C''^7_{i_m}\rangle\otimes|i_{m'}\rangle+|H_{i_k}\rangle|S_{i_k}\rangle|C''^0_{i_k}C''^1_{i_k}\cdots C''^7_{i_k}\rangle\otimes|i_{k'}\rangle\right\}$$

$$= \frac{1}{2^n}\left\{\sum_{j=0,j\neq k,m}^{2^{2n}-1}|H_{i_j}\rangle|S_{i_j}\rangle|I'_{i_j}\rangle\otimes|i_{j'}\rangle+\right.$$

$$\left.|H_{i_m}\rangle|S_{i_m}\rangle|I''_{i_m}\rangle\otimes|i_{m'}\rangle+|H_{i_k}\rangle|S_{i_k}\rangle|I''_{i_k}\rangle\otimes|i_{k'}\rangle\right\} \quad (7\text{-}21)$$

从式（7-21）可得

$$L(|I_2(\theta)\rangle) = \prod_{j=0}^{2^{2n}-1}L_j(|I_2(\theta)\rangle)$$

$$= \frac{1}{2^n}\sum_{j=0}^{2^{2n}-1}|H_{i_j}\rangle|S_{i_j}\rangle|C''^0_{i_j}C''^1_{i_j}\cdots C''^7_{i_j}\rangle\otimes|i_{j'}\rangle$$

$$= \frac{1}{2^n} \sum_{j=0}^{2^{2n}-1} |H_{i_j}\rangle |S_{i_j}\rangle |I''_{i_j}\rangle \otimes |i_{j'}\rangle$$

$$\triangleq |I_e(\theta)\rangle \tag{7-22}$$

7.3.2 解密方案

量子运算满足幺正变换的性质，因此整个加密过程是可逆的。在解密方案中，有逆强度比特面混沌扩散、逆强度比特面置乱和逆像素平面置乱三个步骤。详细过程描述如下。

1. 逆强度比特面混沌扩散

借助强度比特面混沌扩散过程中产生的伪随机序列能够获得图像 $|I_2(\theta)\rangle$。将算子 L^{-1} 作用在密文图像 $|I_e(\theta)\rangle$ 上得

$$\begin{aligned}
L^{-1}(|I_e(\theta)\rangle) &= \frac{1}{2^n} \prod_{j=0}^{2^{2n}-1} L_j^{-1} \left\{ \sum_{j=0}^{2^{2n}-1} |H_{i_j}\rangle |S_{i_j}\rangle |I''_{i_j}\rangle \otimes |i_{j'}\rangle \right\} \\
&= \frac{1}{2^n} \prod_{j=0}^{2^{2n}-1} L_j^{-1} \left\{ \sum_{j=0}^{2^{2n}-1} |H_{i_j}\rangle |S_{i_j}\rangle |C''^0_{i_j} C''^1_{i_j} \cdots C''^7_{i_j}\rangle \otimes |i_{j'}\rangle \right\} \\
&= \frac{1}{2^n} \sum_{j=0}^{2^{2n}-1} |H_{i_j}\rangle |S_{i_j}\rangle |C'^0_{i_j} C'^1_{i_j} \cdots C'^7_{i_j}\rangle \otimes |i_{j'}\rangle \\
&= \frac{1}{2^n} \sum_{j=0}^{2^{2n}-1} |H_{i_j}\rangle |S_{i_j}\rangle |I'_{i_j}\rangle \otimes |i_{j'}\rangle \\
&= |I_2(\theta)\rangle
\end{aligned} \tag{7-23}$$

2. 逆强度比特面置乱

将算子 F^{-1} 作用在密文图像 $|I_2(\theta)\rangle$ 上获得图像 $|I_1(\theta)\rangle$：

$$\begin{aligned}
F^{-1}(|I_2(\theta)\rangle) &= \frac{1}{2^n} F^{-1} \left\{ \sum_{j=0}^{2^{2n}-1} |H_{i_j}\rangle |S_{i_j}\rangle |I'_{i_j}\rangle \otimes |i_{j'}\rangle \right\} \\
&= \frac{1}{2^n} \sum_{j=0}^{2^{2n}-1} F^{-1} \left\{ |H_{i_j}\rangle |S_{i_j}\rangle |C'^0_{i_j} C'^1_{i_j} \cdots C'^7_{i_j}\rangle \otimes |i_{j'}\rangle \right\} \\
&= \frac{1}{2^n} \sum_{j=0}^{2^{2n}-1} |H_{i_j}\rangle |S_{i_j}\rangle |C^0_{i_j} C^1_{i_j} \cdots C^7_{i_j}\rangle \otimes |i_{j'}\rangle \\
&= \frac{1}{2^n} \sum_{j=0}^{2^{2n}-1} |H_{i_j}\rangle |S_{i_j}\rangle |I_{i_j}\rangle \otimes |i_{j'}\rangle \\
&= |I_1(\theta)\rangle
\end{aligned} \tag{7-24}$$

3. 逆像素平面置乱

借助像素平面置乱过程中产生的伪随机序列能够获得原始图像 $|I(\theta)\rangle$。将算子 G^{-1} 作用在密文图像 $|I_1(\theta)\rangle$ 上得

$$G^{-1}\left(\left|I_1(\theta)\right\rangle\right) = \prod_{j=0}^{2^{2n-1}-1} \frac{1}{2^n} G_{P_j}^{-1} \left\{ \sum_{k=0}^{2^{2n-1}-1} \left(\left|C_{i_{2k}}\right\rangle \otimes \left|i_{2k+1}\right\rangle + \left|C_{i_{2k+1}}\right\rangle \otimes \left|i_{2k}\right\rangle \right) \right\}$$

$$= \frac{1}{2^n} \sum_{k=0}^{2^{2n}-1} \left|C_k\right\rangle \otimes \left|k\right\rangle$$

$$\triangleq \left|I(\theta)\right\rangle \tag{7-25}$$

7.4 仿真结果及分析

现有的条件无法使用量子计算机来存储和操纵量子态，因此在传统计算机上借助 MATLAB 来模拟实验。6 幅大小为 512×512 的测试图像依次是 Airplane，Baboon，House，Peppers，Sailboat 和 Splash[128]，如图 7-6 第 1 列所示。测试图像的强度分量如图 7-6 第 2 列所示。设置初始值 $w_0 = 0.9969$，$x_0 = 0.4634$，$y_0 = 0.0453$，$z_0 = 0.0021$ 和参数 $\eta = 3.999$，$\beta = 29$，$\gamma = 3.99$。加密图像如图 7-6 第 3 列所示。加密图像的强度分量如图 7-6 最后 1 列所示。

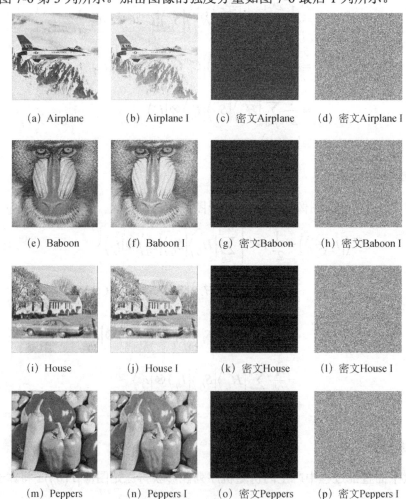

图 7-6 6 幅图像在加密和解密算法下的测试结果

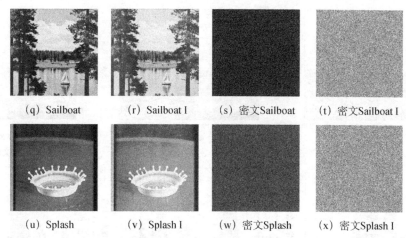

图 7-6　6 幅图像在加密和解密算法下的测试结果（续）

7.4.1　统计和差分分析

加密图像的统计分析是衡量加密算法的主要指标。理想的加密算法应该能够抵御不同种类的统计攻击。为了评价加密算法的安全性，本节对 7.3 节的算法进行了统计和差分分析，涵盖了直方图分析、Shannon 熵分析、图像相邻像素间的相关性分析、NPCR 和 UACI 分析、频谱分析、MSE 和 PSNR 分析。

7.4.1.1　直方图分析

直方图是反映图像像素灰度值的分布情况的。如果密文图的直方图分布越趋于均匀，那么加密方案抵抗统计攻击的性能就越优异。如图 7-7 所示为明文和密文图像强度分量的直方图。图 7-1（A）～（F）依次为明文图像强度分量的直方图，图 7-1（a）～（f）分别给出了密文图像强度分量的直方图。结果显示，明文图的直方图分布呈现高低起伏形势，密文图的直方图是均匀分布的。

为了定量分析直方图，需要利用式（7-26）计算直方图 H 的方差进而刻画密文图像强度分量的均匀程度。

$$\mathrm{var}(H) = \frac{1}{2^8 \times 2^8} \sum_{i=0}^{2^8-1} \sum_{j=0}^{2^8-1} \frac{1}{2}(h_i - h_j)^2 \tag{7-26}$$

式中 H 是直方图值向量，h_i 和 h_j 分别表示灰度值等于 i 和 j 的像素数量。明文图和密文图 I 分量的直方图方差见表 7-1。定量结果进一步验证了所构建的方案可以抵抗直方图攻击。

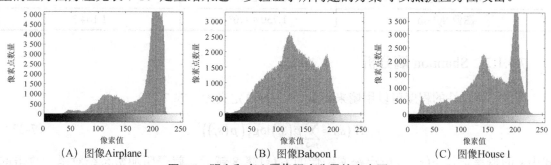

图 7-7　明文和密文图像强度分量的直方图

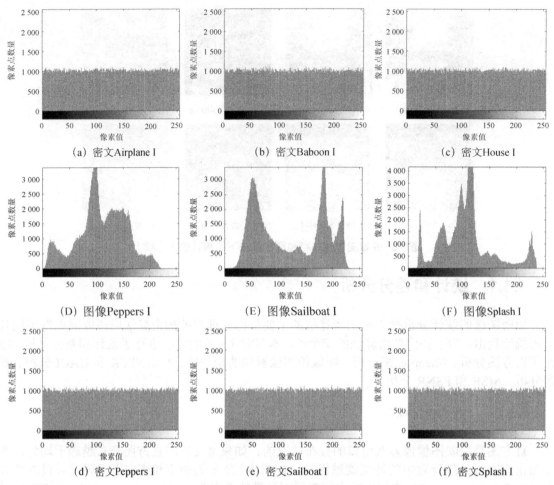

图 7-7 明文和密文图像强度分量的直方图（续）

表 7-1 明文图和密文图 I 分量的直方图方差

图像	明文 I	密文 I
图像 Airplane	$3.1592×10^6$	971.3
图像 Baboon	$6.8068×10^5$	1 333.1
图像 House	$1.3026×10^6$	902.4
图像 Peppers	$7.7600×10^5$	1 065.3
图像 Sailboat	$8.3552×10^5$	1 167.4
图像 Splash	$1.7304×10^6$	1 164.3

7.4.1.2　Shannon 熵分析

图像不确定性的程度可以用熵来衡量。熵 $H(s)$ 定义为（式 7-27）：

$$H(s) = \sum_{i=0}^{M} p(s_i) \log_2 \left(p(s_i) \right)^{-1} \tag{7-27}$$

式中 s_i 的概率记作 $p(s_i)$。所得密文图像的 $H(s)$ 离 8 越近，就表明加密系统对暴力攻击的抵抗力越强。明文和密文图像强度分量的 Shannon 熵见表 7-2。观察表 7-2 可知,加密之后图像的熵接近 8。故而,所设计的加密方案能够有效抵抗熵攻击。

表 7-2 明文和密文图像强度分量的 Shannon 熵

图像	明文 I	密文 I
图像 Airplane	6.586 6	7.999 3
图像 Baboon	7.389 9	7.999 1
图像 House	7.269 9	7.999 4
图像 Peppers	7.432 0	7.999 3
图像 Sailboat	7.404 9	7.999 2
图像 Splash	7.120 1	7.999 2

7.4.1.3 相关性分析

就一般情况而言,原始图像相邻像素间的相关性是极强的。破坏像素之间的相关性自始至终都是加密算法的宗旨,进而达到有效保护图像信息的目的。反之,对于密文图像的相邻像素,其相关性越低,算法性能就越佳,抵抗统计攻击性就越强。

想要测量原始和密文图中任意两个相邻像素的相关性,要从水平、垂直和对角三个方向着手分析,从其中一个方向任意选取 $N=10\,000$ 对相邻的两个像素,借助式(7-28)可以得到相关系数:

$$\gamma_{xy} = \frac{\sum_{i=1}^{N}\left(x_i - N^{-1}\sum_{i=1}^{N}x_i\right)\left(y_i - N^{-1}\sum_{i=1}^{N}y_i\right)}{\sqrt{\sum_{i=1}^{N}\left(x_i - N^{-1}\sum_{i=1}^{N}x_i\right)^2} \cdot \sqrt{\sum_{i=1}^{N}\left(y_i - N^{-1}\sum_{i=1}^{N}y_i\right)^2}} \tag{7-28}$$

式中,x_i 和 y_i 为相邻两个像素的灰度值,x 与 y 之间的相关系数是 γ_{xy}。如图 7-8 所示为明文和密文图像 Airplane 强度分量三个方向的相关性,由图 7-8 可知密文图 I 分量的相关系数接近于 0,明文图像强度分量的相关系数更接近 1(以 Airplane 图为例)。明文图像和密文图像 I 分量的相关系数见表 7-3,可见明文图像的相关值离 1 很近,密文图像的相关值接近 0。这也印证了所提加密算法可以抵抗相关性攻击。

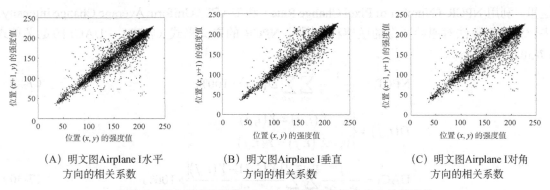

(A) 明文图Airplane I水平方向的相关系数　　(B) 明文图Airplane I垂直方向的相关系数　　(C) 明文图Airplane I对角方向的相关系数

图 7-8 明文和密文图像 Airplane 强度分量三个方向的相关性

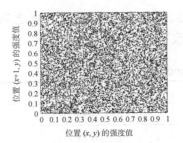 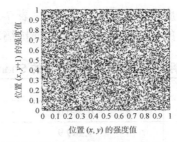 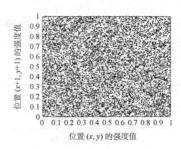

(a) 密文图Airplane I水平方向的相关系数　　(b) 密文图Airplane I垂直方向的相关系数　　(c) 密文图Airplane I对角方向的相关系数

图7-8　明文和密文图像Airplane强度分量三个方向的相关性（续）

表7-3　明文图像和密文图像I分量的相关系数

图像	水平	垂直	对角
图像 Airplane I	0.984 3	0.985 6	0.975 6
加密图像 Airplane I	0.012 9	−0.019 5	−0.026 4
图像 Baboon I	0.863 8	0.908 3	0.843 9
加密图像 Baboon I	−6.592 6E−4	−0.001 6	−0.006 0
图像 House I	0.968 5	0.977 0	0.954 7
加密图像 House I	0.024 8	−0.020 1	6.557 9E−4
图像 Peppers I	0.983 8	0.982 0	0.975 0
加密图像 Peppers I	−0.006 7	−0.003 8	0.006 3
图像 Sailboat I	0.972 7	0.975 8	0.961 3
加密图像 Sailboat I	−0.011 6	−0.009 0	0.007 8
图像 Splash I	0.988 9	0.982 1	0.977 9
加密图像 Splash I	0.011 3	−0.013 0	0.002 1

7.4.1.4　NPCR 和 UACI 分析

一个越好的加密算法，对原始图像细微的变化越敏感，算法对差分攻击的鲁棒性也越好。这里，利用NPCR（Number of Pixel Change Rate）和UACI（Uniform Average Change Intensity）来评定加密算法对原始图像的敏感程度[129]。NPCR的定义见式（7-29），UACI的定义见式（7-30）：

$$\text{NPCR} = \frac{1}{2^n \times 2^n} \sum_{i=0}^{2^n-1} \sum_{j=0}^{2^n-1} D(i,j) \times 100\% \qquad (7\text{-}29)$$

$$D(i,j) = \begin{cases} 1, & X(i,j) \neq Y(i,j) \\ 0, & X(i,j) = Y(i,j) \end{cases}$$

$$\text{UACI} = \frac{1}{2^n \times 2^n} \sum_{i=0}^{2^n-1} \sum_{j=0}^{2^n-1} \frac{|X(i,j) - Y(i,j)|}{2^8 - 1} \times 100\% \qquad (7\text{-}30)$$

式中 X 表示密文图像的强度分量，Y 表示 1 个像素被"篡改"了的明文图像的强度分量。明文图像强度分量中第 1 个像素的值增加 1 并计算相应的 NPCR 值和 UACI 值，量化 NPCR 和 UACI 的结果见表 7-4。6 幅图像的 NPCR 值接近 99.60%，因此所设计的图像加密算法对明文图像的强度分量中的微小像素变化的敏感性很强。

表 7-4 量化 NPCR 和 UACI 的结果（%）

图像	NPCR	UACI
图像 Airplane I	99.608 6	32.267 1
图像 Baboon I	99.591 8	27.878 9
图像 House I	99.612 8	30.100 7
图像 Peppers I	99.610 1	28.718 3
图像 Sailboat I	99.614 3	31.305 8
图像 Splash I	99.607 8	29.110 1

7.4.1.5 频谱分析

为了衡量密文图像的统计特性，频谱分析也被用作重要的分析工具。设 $f(x,y)$ 为图像，那么图像 $f(x,y)$ 的离散 Fourier 变换 $F(u,v)$ 的定义见式（7-31）[129]：

$$F(u,v) = \sum_{x=0}^{N-1} e^{-i2\pi ux/N} \sum_{y=0}^{N-1} e^{-i2\pi vy/N} \tag{7-31}$$

$F(u,v) = R(u,v) + iI(u,v)$ 的傅里叶频谱表示见式（7-32）：

$$|F(u,v)| = \left[R^2(u,v) + I^2(u,v)\right]^{\frac{1}{2}} \tag{7-32}$$

频谱分析被用于评估加密算法对统计攻击的鲁棒性。明文和密文图像 I 分量的频谱如图 7-9 所示。明文图像强度分量的频谱分布高低起伏，而密文图像强度分量的频谱幅度几乎一致。为了量化明文和密文图像强度分量分布的均匀性，计算了明文和密文图像强度分量的标准偏差，结果见表 7-5。所有密文图像强度分量的标准偏差接近 73.9，进而印证了密文图像强度分量中像素的良好分布。因此，加密算法对频谱攻击是安全的。

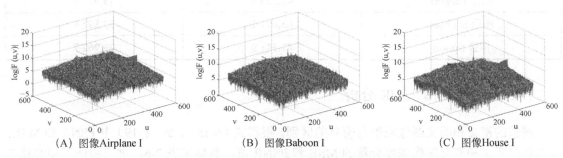

(A) 图像Airplane I　　(B) 图像Baboon I　　(C) 图像House I

图 7-9 明文和密文图像 I 分量的频谱

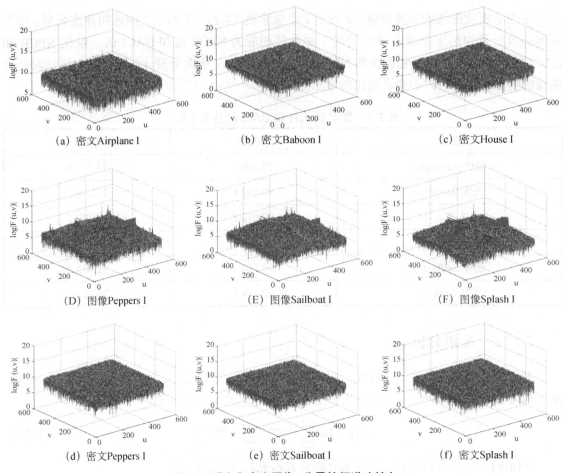

图 7-9 明文和密文图像 I 分量的频谱（续）

表 7-5 明文和密文图像强度分量的标准偏差

图像	明文 I	密文 I
图像 Airplane	41.500 5	73.932 9
图像 Baboon	43.033 6	73.866 7
图像 House	49.859 8	73.919 8
图像 Peppers	45.523 7	73.972 6
图像 Sailboat	63.691 1	73.897 4
图像 Splash	47.541 9	73.962 7

7.4.1.6 MSE 和 PSNR 分析

理想的密文和明文图像应当有明显的区别。根据式（6-18）、式（6-19）中 PSNR 和 MSE，可以获得明文和密文图像强度分量的 MSE 和 PSNR 值，具体见表 7-6，进而验证了加密算法的可行性。

表 7-6 明文和密文图像强度分量的 MSE 和 PSNR 值

图像	MSE	PSNR (dB)
图像 Airplane I	$1.014\ 0 \times 10^4$	8.070 6
图像 Baboon I	$7.291\ 5 \times 10^3$	9.502 6
图像 House I	$8.733\ 9 \times 10^3$	8.718 7
图像 Peppers I	$7.830\ 8 \times 10^3$	9.192 7
图像 Sailboat I	$9.561\ 9 \times 10^3$	8.345 8
图像 Splash I	$8.671\ 0 \times 10^3$	9.061 5

7.4.2 密钥敏感性分析

密钥敏感性是评价图像加密方案的性能指标之一。若加密算法对密钥敏感性程度很高，则密钥的微小变化都将使得解密不能成功[130]。本节以尺寸 $2^9 \times 2^9$ 的 Splash 图像的强度分量为例，通过密钥的微小变化对密文图像的强度分量进行解密，使用正确和不正确密钥的解密图像强度分量如图 7-10 所示。借助于正确的密钥可以准确地得到解密图像。观察图 7-10，当解密密钥发生微小变化时，密文图像就无法恢复为明文图像。因此，加密算法对密钥很敏感。

7.4.3 密钥空间分析

密钥空间的容量越大，密码系统对暴力攻击的抵抗能力越强[130]。在加密算法中，密钥包括广义 Logistic 映射的初始值 x_0 和参数 η，量子 Logistic 映射的三个初始值 x_0, y_0, z_0 及两个参数 β 和 γ。假设计算机存储器为 15 位双精度，则密钥空间是

$$(2^{15})^7 = 2^{105} \gg 2^{100}$$

(a) 正确密钥

(b) 不正确密钥 x_0+10^{-15}
(广义Logistic)

(c) 不正确密钥 $\eta+10^{-15}$

(d) 不正确密钥 x_0+10^{-15}
(量子Logistic映射)

(e) 不正确密钥 y_0+10^{-16}

(f) 不正确密钥 z_0+10^{-4}

(g) 不正确密钥 $\beta+10^{-3}$

(h) 不正确密钥 $\gamma+10^{-15}$

图 7-10 使用正确和不正确密钥的解密图像强度分量

7.4.4 鲁棒性分析

为了测试所设计的加密方案对遮挡攻击的鲁棒性，丢掉密文图像强度分量中的部分数据信息，然后从剩余的部分恢复原始信息。如图 7-11 所示为不同遮挡情况下解密图像的强度分量，可以看到大部分信息都可以恢复，进而表明所设计的方案在一定程度上可以抵抗遮挡攻击。

图 7-11 不同遮挡情况下解密图像的强度分量

7.4.5 复杂度分析

为了计算加密算法中量子线路的复杂度，将 CNOT 门和 NOT 门作为基本量子门。所设计的量子彩色图像加密方案包括三个步骤，因此，复杂度取决于像素平面置乱、强度比特面置乱和强度比特面混沌扩散。在像素平面置乱阶段，操作 G_{P_m} 所需量子门的复杂度为 $O(n^2)$。在强度比特面置乱阶段，操作 F 使用了 8 个交换门，24 个 CNOT 门和 16 个 NOT 门，而 1 个交换门等价于 3 个 CNOT 门，因此，操作 F 需要 48 个 CNOT 门和 16 个 NOT 门。在强度比特面混沌扩散阶段,为了计算操作 L_k 所需要的量子门,只需考虑子操作 W_k 所需要的量子门即可。图像 QIRHSI 中每个像素的强度信息由 8 个量子比特编码,每个量子比特由操作 W_k^m 执行。如果 $d_k^m=1$,那么 $d_k^m=1$ 将通过 1 个 $2n$-CNOT 门实现。每 2 个 n-CNOT 门可以分解为 $8n-8$ 个 Toffoli 门,而 6 个 CNOT 门能够实现 1 个 Toffoli 门[9]。因此,量子操作 L_k 需要 $384n-384$ 个 CNOT 门。

综上所述,加密算法的复杂度为

$$O(n^2)+O(48\,\text{CNOT}+16\,\text{NOT}+384n-384\,\text{CNOT})$$
$$=O(n^2+384n-320)$$
$$\approx O(n^2) \tag{7-33}$$

式(7-33)意味着,当用 8 量子比特编码灰度值时,所设计的量子彩色图像加密方法可以通过使用 $O(n^2)$ 个基本量子门来加密 $2^n \times 2^n$ 的 QIRHSI 图像。相比较而言,无差异操作在经典图像加密算法中的复杂度为 $O(2^{2n})$。因此,在所有条件一致的情况下,量子算法比经典算法更有效。

7.5 本章小结

本章提出了基于几何变换和强度分量扩散的量子彩色图像加密算法。为了提升算法的安全性,所设计的加密方案包括像素平面置乱、强度比特面置乱及强度比特面混沌扩散,并给出了相应的量子线路。为了将像素平面置乱得"更乱",将像素平面置乱操作结合广义 Logistic 映射进行打乱,通过设置不同的初始值和参数,增大了密钥空间。此外,强度比特面混沌扩散是通过强度比特面交叉交换和 XOR、XNOR 操作后得到的图像再结合量子 Logistic 映射获取的伪随机序列之间的异或运算完成的。仿真结果从统计和差分分析、密钥敏感性分析、密钥空间分析和鲁棒性分析几个方面验证了所设计方案的有效性和安全性。

第 8 章　量子图像秘密分享

为进一步增强量子图像的保密性，本章研究量子图像的秘密分享技术。秘密分享，即利用某种手段将秘密信息分为若干子秘密（或称份额），然后分配给多个不同的参与者。只有超过门限个数的参与者才能恢复或者近似恢复原始秘密，而少于门限个数的参与者无法获得有关秘密的任何信息。秘密分享技术主要解决秘密信息持有者权力过于集中的问题，从而提高秘密信息的安全性。

本章探索了量子图像秘密分享的可行性，提出了量子图像秘密分享（Quantum Image Secret Sharing, QISS）的方法，并分别以量子灰度图像 FRQI 和量子彩色图像 MCQI 为例展示了量子图像的秘密分享算法。

8.1　量子图像秘密分享的概念

8.1.1　经典图像秘密分享

秘密分享的概念是由 Shamir[131]和 Blakley[132]于 1979 年分别针对密钥等纯数据提出的。Shamir 的分享方法利用素域上的插值多项式原理进行秘密分享和恢复。Blakley 的方法是建立在空间平面交线（点）的几何观点上的。Blakley 的方法中，子秘密之间没有关系，而 Shamir 的方法中任意门限个子秘密可以确定多项式，这样就可以得到其他的子秘密。由于图像表示的特殊性，如果将纯数据的秘密分享方法直接应用在图像上，影子图像将是无意义的数据集合，不利于保管。因此发展图像分享这一专门领域的方法是必要的，也是具有重要意义的。关于图像分享，主要方法有视觉密码（Visual Cryptography Scheme, VCS）方法、概率型视觉密码方法和份额数据量缩小的秘密分享方法等。

可以从以下几个主要方面对秘密分享算法进行评价。

（1）恢复算法的复杂度：最简单的恢复算法只需要通过影子图像的简单叠加即可恢复原始秘密图像，复杂的算法则需要进行大量的计算。

（2）无损性：恢复的秘密图像和原始秘密图像相比，信息若能完全恢复且没有信息损失，则称为无损性。

（3）像素非扩张性：影子图像的尺寸若不超过原始秘密图像的尺寸，则称为像素非扩张性。非扩张的方法可以减少存储负担，利于传输和隐藏（到其他宿主中）。

（4）可交换性：若恢复方法不依赖影子图像的顺序，则称为可交换性。可交换的方法不需要记录额外信息。

8.1.2 量子秘密分享

1999 年，Hillery 等基于量子密码提出了量子秘密分享[133]。量子秘密分享是经典的秘密分享概念与量子力学原理相结合的产物。量子秘密分享的基本思想是将以量子比特表示的量子信息按照一定规则分成若干子信息，使得任何一个单独部分的拥有者都不能有效地恢复原始信息。只有当各个部分的拥有者合作时，才能恢复原始的完整信息。在整个过程中，若有人窃听或者信息拥有者中某个人不忠诚想要窃取信息的行为都将被发觉。1999 年，Cleve 等人建立了量子分享的理论并给出了一个分享量子秘密的方案[134]。近年来，量子秘密分享的理论和方法得到了进一步扩展。

8.1.3 量子图像秘密分享概念的延伸探讨

量子图像也是一种量子叠加态，因此在理论上，量子态的秘密分享方法同样适用于量子图像的分享。然而，正如经典图像不能利用纯数据分享方法进行直接应用一样，直接扩展量子态秘密分享技术到量子图像上也有以下两个主要缺点。

（1）按照量子态的分享原理，表征量子图像的量子态在分享前需要用更多量子比特进行重新编码，因而不可避免地产生像素扩张现象，进而增加了存储量。

（2）极难保证子秘密仍旧是和原始秘密同种形式的量子态，即分割的子秘密也是没有视觉意义的数据集合，无法完成进一步的视觉显示，不利于保管。

因此，同样有必要针对量子图像这一特殊的量子态研究其分享方法。鉴于上述分析，若设计量子线路对原始量子图像进行操作，生成若干幅可视子量子图像是困难的。因此，这里采取了一种灵活的测量策略，该策略能够保证每个分享的子量子态仍旧为一幅量子图像。量子图像秘密分享和恢复算法的总体流程如图 8-1 所示。

首先利用密钥将量子图像加密以提高安全性，然后对秘密图像实行测量策略，从而产生影子图像。最后，将这些影子图像及其所对应的标签分配给不同的参与者，密钥也分配给专门的参与者。当原始秘密需要恢复时，所有参与者均需要提供所持秘密，然后借鉴量子视频中的量子图像带（Strip）概念，可以达到无损恢复秘密图像的目的。在分享过程中，测量的量子比特位置是灵活的，可以事先约定。整个分享过程不需要重新编码量子态，因而不会产生像素扩张。同时，每个影子图像仍旧保持量子图像的态形式，从而保证了图像的可视性。特别地，该算法适用于所有编码颜色和位置的量子图像，具有通用性和非图像表示依赖性。图 8-1 是特殊的门限 $t=n$ 情况下的 (t,n) 测量。尽管门限 t 的自由度范围比较受限制，即所有参与者缺一不可，但在很多实际场景中，的确需要所有秘密分享成员均在场，才可以恢复秘密，如军事信息、商业机密的保存和安全传输等。在该方案中，密钥 Key 需要单独一个参与者持有，但其作用和其他参与者是同等重要的。任何一个影子图像持有者不参加，都无法恢复密文图像；没有密钥持有者参与，同样也无法得到原始秘密图像。

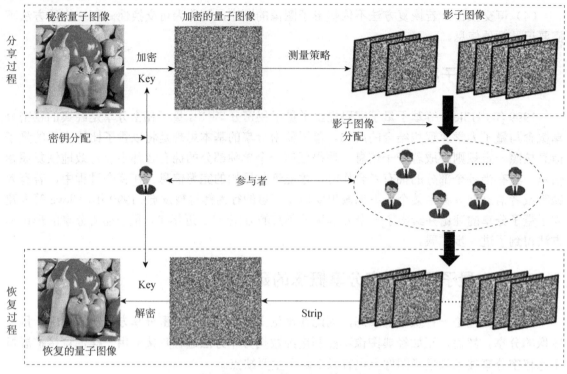

图 8-1　量子图像秘密分享和恢复算法的总体流程

8.2　FRQI 的秘密分享

为叙述方便，设将要分享的秘密量子图像为 $|I(\theta)\rangle$，大小为 $2n+1$ 量子比特，即对应 $2^n \times 2^n$ 大小的经典图像，预期分享的影子图像数量为 2^k，则根据如图 8-1 所示的流程，可以将 QISS 策略分为分享和恢复两个方案。

8.2.1　分享方案

量子图像分为影子图像之前，首先利用量子受控几何变换和颜色变换，进行量子图像 FRQI 的加密。然后，对加密后的量子图像 $|I_{\text{cipher}}(\theta)\rangle$ 执行测量策略。基于 FRQI 的量子灰度图像加密方法见算法 8-1。

算法 8-1　FRQI 的量子灰度图像加密方法

Input：量子图像 $|I(\theta)\rangle$，大小为 $2n+1$ 量子比特，初始参数为 η, η' 和 x_0, x_0'，$0 \leq \eta \leq 4$，$-4 \leq \eta' \leq 4$，$x_0, x_0' \in [0,1]$。
Output：加密后的量子图像 $|I_{\text{cipher}}(\theta)\rangle$。

(1) 计算整数 $i_0 = \text{floor}(\text{mod}(x_0 \times 2^{26}, 2^{2n})) + 1$，这里，floor 表示取整操作。

(2) 利用初始参数迭代方程，见式（7-1），得到 x_i，然后计算 $i_i = \text{floor}(\text{mod}(x_i \times 2^{26}, 2^{2n})) + 1$。

(3) 如果 $i_i \neq i_k$，$k = 0, 1, \cdots, i-1$，存储 i_i；否则对任意的 k，$i_i = i_k$，返回第（2）步，计算下一个 x_j 直到得到所有不同的 i_k，$k = 0, 1, \cdots, 2^{2n} - 1$。

(4) 利用两点交换操作 $S_I(|I(\theta)\rangle)$ 交换量子图像的两个位置 $|i_{2k}\rangle$ 和 $|i_{2k+1}\rangle$，$k = 0, 1, \cdots, n-1$，

$$S_I(|I(\theta)\rangle) = \frac{1}{2^n} \sum_{k=0}^{2^{2n}-1} |c_k\rangle \otimes S(|k\rangle)。$$

(5) 经过量子受控几何变换处理的量子图像记为 $G(|I(\theta)\rangle)$。

(6) 利用初始参数生成 2^{2n} 个实数 r_k。

(7) 利用实数 r_k 设计旋转门 $R_y(2\varphi_i)$，$\varphi_i \in \left[0, \frac{\pi}{2}\right]$，然后构建一系列幺正变换 C_k。

$$C_k = \left(I \otimes \sum_{j=0, j \neq k}^{2^{2n}-1} |j\rangle\langle j|\right) + R_y(2\varphi_k) \otimes |k\rangle\langle k|$$

(8) 利用灰度变换 C_k 旋转 $G(|I(\theta)\rangle)$ 的灰度编码角度最终得到加密图像，记为 $|I_{\text{cipher}}(\theta)\rangle$。

整个分享过程分为 k 层测量，每层测量又需要对所有当前子图像进行 T 次单量子位测量操作，T 为单层测量策略终止条件。当执行完这样的 k 层测量策略后，最终可以得到 2^k 个目标影子图像。事实上，当需要对量子线路进行测量时，首先需要确定的是要测量的量子比特在线路中所处的位置。在策略中，测量的比特限制在表征图像像素位置的比特上。表示图像位置的比特又分为 x 轴和 y 轴。这里，采用事先约定的方式确定每层具体测量哪个量子比特。下面以交替测量 x 轴和 y 轴最后一位量子比特为例来演示测量策略。

首先，量子图像 $|I_{\text{cipher}}(\theta)\rangle$ 可以等价地表示为：

$$\begin{aligned}|I_{\text{cipher}}(\theta)\rangle &= \frac{1}{2^n} \sum_{i=0}^{2^{2n}-1} (\cos\theta_i |0\rangle + \sin\theta_i |1\rangle) \otimes |i\rangle \\ &= \frac{1}{2^{n-\frac{1}{2}}} \sum_{j_1=0}^{2^{2n-1}-1} (\cos\theta_{j_1} |0\rangle + \sin\theta_{j_1} |1\rangle) \otimes \left(\frac{1}{\sqrt{2}} |0\rangle\right) + \\ &\quad \frac{1}{2^{n-\frac{1}{2}}} \sum_{j_2=0}^{2^{2n-1}-1} (\cos\theta_{j_2} |0\rangle + \sin\theta_{j_2} |1\rangle) \otimes \left(\frac{1}{\sqrt{2}} |1\rangle\right)\end{aligned}$$

式中，$\theta_{j_1} = \theta_{2k}$，$k = 0, 1, \cdots, 2^n - 1$，$\theta_{j_2} = \theta_{2k+1}$，$k = 0, 1, \cdots, 2^n - 1$。当测量某一位量子比特时，比如 x 轴的最后一个量子比特，量子态将会塌缩到态 $|J_{l_1}(\theta)\rangle$，标签为 $l_1 = m_1$，$m_1 \in \{0, 1\}$。m_1 和塌缩态之间的关系如式（8-1）和式（8-2）所示：

$$|0\rangle \mapsto |J_{l_1}(\theta)\rangle = \frac{1}{2^{n-\frac{1}{2}}} \sum_{j_1=0}^{2^{2n-1}-1} (\cos\theta_{j_1} |0\rangle + \sin\theta_{j_1} |1\rangle) \otimes (|j_1\rangle) \quad (8\text{-}1)$$

$$|1\rangle \mapsto |J_{l_1}(\theta)\rangle = \frac{1}{2^{n-\frac{1}{2}}} \sum_{j_1=0}^{2^{2n-1}-1} (\cos\theta_{j_2} |0\rangle + \sin\theta_{j_2} |1\rangle) \otimes (|j_2\rangle) \quad (8\text{-}2)$$

塌缩到 0 还是 1 对应的态上的概率各占 1/2。执行一次测量的量子线路如图 8-2 所示。图中双

线段测量表示返回的是一个经典数值,这个数值和对应的标签值 l_1 是一致的。然而,一次测量只能以 1/2 的概率得到子图像 $|J_{l_1}(\theta)\rangle$ 中的一幅,如果想获得全部两幅子图像,需要重复制备量子图像 $|I(\theta)\rangle$ 并对同一量子比特反复进行测量直到 m_1 的值出现不同时结束。这个多次测量策略如图 8-3 所示。这样,可以得到全部子图像 $|J_{l_1}(\theta)\rangle$ 及其对应的标签 l_1。此时称图 8-3 为整个测量策略的第 1 层测量。

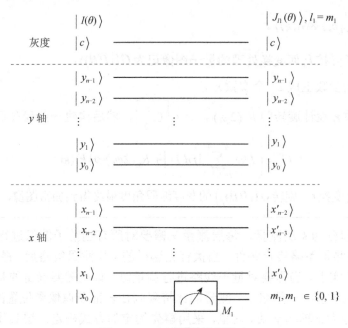

图8-2 一次测量的量子线路

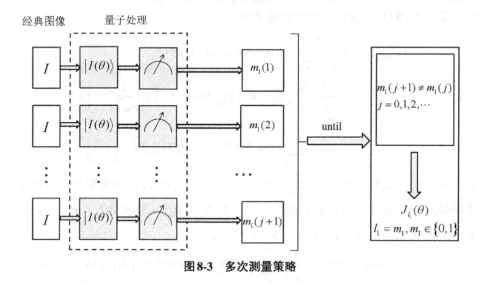

图8-3 多次测量策略

然后,对得到的两幅图像 $|J_{l_1}(\theta)\rangle$, $l_1 = m_1$, $m_1 \in \{0,1\}$ 分别重复第 1 层测量操作,称为第 2 层测量,将得到 4 幅影子图像 $|J_{l_2}(\theta)\rangle$, $l_2 = m_1 m_2$, m_1, $m_2 \in \{0,1\}$。测量量子图像两个不同量子位的线路如图 8-4 所示,对应的量子图像分享过程如图 8-5 所示。

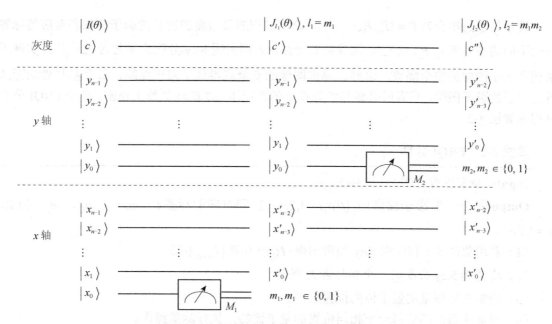

图 8-4 测量量子图像两个不同量子位的线路

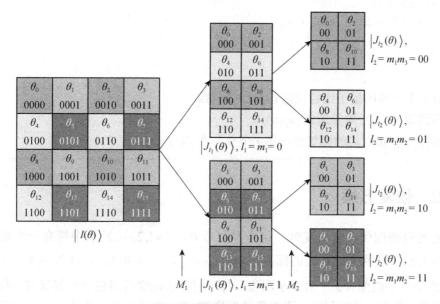

图 8-5 量子图像分享过程

重复上述测量操作，当进行到第 k 层时，可以得到 2^k 个影子图像 $J_{l_i}(\theta)$，$i=1,2,3,\cdots,2^k$ 和它们的标签 $l_i = m_1 m_2 \cdots m_k$，$m_j \in \{0,1\}$，$j=1,2,\cdots,k$。

整个分享过程作用在加密后的秘密量子图像上，在这个过程中，不需要重新编码操作，即原始图像的大小没有发生变化。而重新编码是一般的量子态秘密分享的主要步骤。进一步，由图 8-4 可见，整个分享过程没有像素扩张现象，而且影子秘密图像的尺寸反而逐渐缩小。每幅影子图像的数据量缩小为原始秘密图像的 $\dfrac{1}{2^k}$。特别地，影子图像仍旧保持了 FRQI 的量子图像态表示形式，即每幅影子图像有自己独立的视觉意义。

设参与者的集合为 $P = \{P_0, P_1, \cdots, P_{2^k}\}$。分享过程的最后将加密后的影子图像和对应的标签分给不同的参与者 $P_1, P_2, \cdots, P_{2^k}$。为保证安全性，加密密钥 Key 分配给参与者 P_0，从而实现了密钥和影子图像的完全隔离。这样，秘密图像的安全就得到了双重保险，每个参与者均无法看到自己的影子图像，只有所有参与者均在场的情况下，才能恢复整个秘密。整个 FRQI 分享过程见算法 8-2。

算法 8-2　FRQI 分享

Input：量子图像 $|I(\theta)\rangle$，密钥 Key。

Output：分享的影子图像 $|J_{l_i}(\theta)\rangle, i = 1, 2, \cdots, 2^k$ 和对应的标签 $l_i = m_1 m_2 \cdots m_k$，$m_j \in \{0,1\}$，$j = 1, 2, \cdots, k$。

（1）利用算法 8-1 和密钥 Key 加密图像 $|I(\theta)\rangle$ 获得 $|I_{\text{cipher}}(\theta)\rangle$。

（2）将密钥 Key 分配给一个参与者 P_0 保管。

（3）约定需要测量的量子位的位置顺序。

（4）对加密后的图像每一个相同位置的量子比特，执行测量操作。

```
for i=1 to T do
    Judge if m(i) = m(i + 1)
until
    m(T),  m(T + 1)
end
```

（5）对 k 个不同的量子比特位进行 k 层测量操作。

（6）得到 2^k 个影子量子图像 $|J_i(\theta)\rangle$。

（7）将 $|J_i(\theta)\rangle$ 和对应的标签分给第 i 个参与者 P_i，$i = 1, 2, \cdots, 2^k$。

8.2.2　恢复方案

当原始的秘密图像需要恢复时，每个参与者 P_i，$i = 1, 2, \cdots, 2^k$ 手中持有一个影子图像态 $J_i(\theta)^k$，$i = 1, 2, \cdots, 2^k$ 和它们对应的标签 $l_i = m_1 m_2 \cdots m_k$，$m_j \in \{0,1\}$，$j = 1, 2, \cdots, k$。在恢复过程中，所有 2^k 个影子图像有 2^{k-1} 对影子图像，每一对影子图像所对应的标签只有一位不同，则对这样两幅影子图像，可以利用改进的量子图像带（Strip）的概念来生成一幅组合的具有更大尺寸的图像。

量子图像带的概念主要用来表示 2^m 个相同尺寸的量子图像，最早用于量子视频的表示中。一个量子图像带 $|S(m,n)\rangle$，是由 2^m 个 FRQI 图像组成的阵列。量子图像带的定义如下：

$$|S(m,n)\rangle = \frac{1}{2^{\frac{m}{2}}} \sum_{j=0}^{2^m - 1} |I_j\rangle \otimes |j\rangle$$

$$|I_j\rangle = \frac{1}{2^n} \sum_{i=0}^{2^{2n}-1} (\cos\theta_i |0\rangle + \sin\theta_i |1\rangle) \otimes |i\rangle$$

式中 $|j\rangle$ 表示每幅图像在带中的位置。

一个 Strip 可以是水平方向的也可以是垂直方向的。Strip 的概念在表示量子视频中非常重要。在量子视频表示中，每一帧是一幅 FRQI 图像，多个关键帧的组合能较好地表示 m 幅图像 mFRQI。两幅 2×2 图像的 Strip 编码和线路结构如图 8-6 所示。

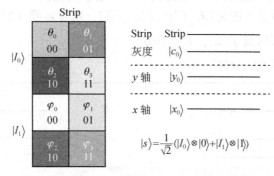

图 8-6　两幅 2×2 图像的 Strip 编码和线路结构

当使用 Strip 来生成更大的量子图像时，一个关键的问题是如何确定新增加的量子比特，即 Strip 在新线路中的位置。在原始的 Strip 中，如图 8-6 所示，Strip 的位置位于最上端。由于应用场景的不同，当需要利用 Strip 来恢复影子图像到分享前相同的位置时，必须确定每次 Strip 操作时，Strip 所处的量子比特位置。恢复时 Strip 量子比特为对影子图像新增加的量子比特位，因此和分享时测量策略所约定的位置顺序是紧密相关的。假如分享影子图像时测量操作作用的位置量子比特为 $|y\rangle = |y_{n-1}y_{n-2}\cdots y_0\rangle$ 和 $|x\rangle = |x_{n-1}x_{n-2}\cdots x_0\rangle$ 方向的末比特，即顺序为 $y_0, x_0, y_1, x_1, \cdots, y_k, x_k$，则恢复时 Strip 的位置称为 Strip I 型，应反复使用图 8-7 所示的两种位置方式。由于分享算法具有灵活性，即分享时测量策略也可以按其他顺序进行测量。比如，若分享时测量的量子比特位置为 $y_k, x_k, y_{k-1}, x_{k-1}, \cdots, y_1, x_1$，称为 Strip II 型，则此时恢复算法需要使用图 8-8 所示的两种 Strip 位置图。

和测量策略对应，将恢复操作的 Strip 也分为 k 层，在每一层中，重复对每一对标签只有一位不同的影子图像使用对应的 Strip 操作。进行 k 层 Strip 后，可以恢复加密后的量子图像。

以 Strip I 型操作为例，具体 FRQI 的恢复，见算法 8-3。

算法 8-3　FRQI 的恢复

Input：量子图像 $|J_{l_k}(\theta)\rangle$ 及其对应的标签 $l_k = m_1m_2\cdots m_k$，$m_i \in \{0,1\}$，$i=1,2,\cdots,k$，密钥 Key。

Output：恢复的图像 $|I(\theta)\rangle$。

（1）每个参与者 P_i，$i=1,2,\cdots,2^k$ 提供影子图像和标签。共有 2^{k-1} 对量子影子图像，它们的标签除最后一位 m_k 外，其他位完全一样。令 $a=k$。

（2）对于每对中的两个影子图像，执行改进的 Strip 操作。若 a 为偶数，即 $a=2n$，则新加入的 Strip 量子比特加入到 x 轴和 y 轴中间，如图 8-7（a）所示。若 a 为奇数，即 $a=2n+1$，则新加入的 Strip 量子比特置于最后一个量子位，如图 8-7（b）所示，此时，有

$$|J_{l_{k-1}}(\theta)\rangle = \frac{1}{2}(|J_{l_k^1}(\theta)\rangle \otimes |0\rangle + |J_{l_k^2}(\theta)\rangle \otimes |1\rangle)$$

$l_{k-1}=m_1m_2\cdots m_{k-1}$,$|J_{l_k^1}(\theta)\rangle$ 标签的最后一位为 0,$|J_{l_k^2}(\theta)\rangle$ 标签除了最后一位为 1,其余位和 $|J_{l_k^1}(\theta)\rangle$ 相同。

(3)反复使用 2^{k-1} 次 Strip 操作可以得到 2^{k-1} 个量子图像。

(4)设 $a=a-1$,对量子图像 $|J_{l_{a-1}}(\theta)\rangle$ 及其标签 l_{a-1} 重复步骤(2)得到图像 $|I_{\text{cipher}}(\theta)\rangle$。

(5)利用算法 8-4 解密量子图像 $|I_{\text{cipher}}(\theta)\rangle$。

(6)返回原始秘密图像 $|I(\theta)\rangle$。

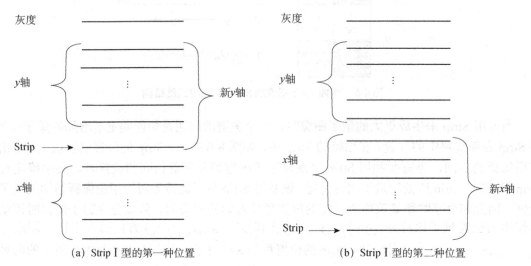

图 8-7　Strip I 操作位置选择

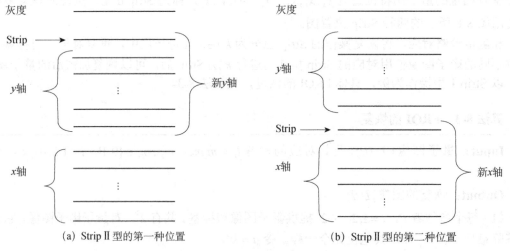

图 8-8　Strip II 操作位置选择

整个恢复过程所需要的 Strip 操作总数为 $2^{k-1}+2^{k-2}+\cdots+2^1=2^k-2$。恢复过程的演示图如图 8-9 所示。

然后,利用算法 8-4 的解密算法,可以无损地恢复原始秘密图像。

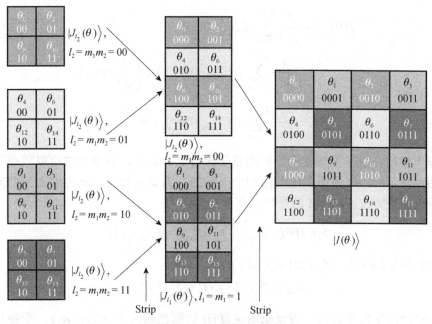

图8-9 恢复过程的演示图

算法 8-4　FRQI 解密

Input：量子图像 $|I_{\text{cipher}}(\theta)\rangle$，和算法 8-1 加密过程中相同的初始参数为 η, η' 和 x_0, x_0'，$0 \leqslant \eta \leqslant 4$，$-4 \leqslant \eta' \leqslant 4$，$x_0, x_0' \in [0,1]$。

Output：解密量子图像 $|I(\theta)\rangle$。

（1）使用和算法 8-1 中步骤（6）相同的参数 η' 和 x_0' 生成 2^{2n} 个实数 r_k。

（2）利用实数 r_k 设计旋转门 $R_y(2\varphi_k)$，$\varphi_k \in \left[0, \dfrac{\pi}{2}\right]$，得到和算法 8-1 中步骤（7）相同的幺正变换 C_k。

（3）利用 C_k 的共轭转置 $C_k^\dagger$ 旋转 $|I_{\text{cipher}}(\theta)\rangle$ 的颜色编码角度，$k = 0,1,\cdots,2^{2n}-1$，得到 $G(|I(\theta)\rangle)$ 的逆扩散结果。

（4）利用和算法 8-1 步骤（1）～步骤（3）中相同的参数 η 和 x_0 生成 2^{2n} 个不同的介于 0 和 $2^{2n}-1$ 之间的整数 i_k。

（5）利用两点交换操作 S_I ［见算法 8-1 步骤（4）］交换 $G(|I(\theta)\rangle)$ 的所有相邻像素位置 $|i_{2m}\rangle$ 和 $|i_{2m+1}\rangle$，$m = 2^{2n-1}, 2^{2n-1}-1, \cdots, 0$，得到原始量子图像 $|I(\theta)\rangle$。

8.3　MCQI 的秘密分享

8.2 节介绍的量子灰度图像 FRQI 的秘密分享方法可以扩展到量子彩色图像 MCQI 上。一幅 MCQI 量子图像可以重新改写为：

$$|I(\theta)_{mc}\rangle = \frac{1}{2^{n+1}} \sum_{j=0}^{2^{2n}-1} |C_{\text{RGB}\alpha}^{j}\rangle \otimes |j\rangle$$

$$= \frac{1}{2^{n-\frac{1}{2}}} \sum_{j_1=0}^{2^{2n-1}-1} (|C_{\text{RGB}\alpha}^{j_1}\rangle) \otimes |j_1\rangle \otimes \left(\frac{1}{\sqrt{2}}|0\rangle\right) +$$

$$\frac{1}{2^{n-\frac{1}{2}}} \sum_{j_2=0}^{2^{2n-1}-1} (|C_{\text{RGB}\alpha}^{j_2}\rangle) \otimes |j_2\rangle \otimes \left(\frac{1}{\sqrt{2}}|1\rangle\right)$$

由于测量操作作用在量子图像表示位置的量子比特上,因此,分享算法可以较容易地扩展到其他量子图像表示上,以量子彩色图像 MCQI 为例,为安全起见,首先给出 MCQI 图像的受控几何和颜色变换方法。MCQI 的受控几何变换为:

$$S_I(|I(\theta)\rangle) = \frac{1}{2^{n+1}} \sum_{k=0}^{2^{2n}-1} |C_{\text{RGB}\alpha}^{k}\rangle \otimes S_{mc}(|k\rangle) \tag{8-3}$$

式中 $S_{mc}(|k\rangle) = |k\rangle, k \neq i, j$,$S_{mc}(|i\rangle) = |j\rangle, S(|j\rangle) = |i\rangle$,即

$$S_{mc} = |i\rangle\langle j| + |j\rangle\langle i| + \sum_{k \neq i,j} |k\rangle\langle k| \tag{8-4}$$

MCQI 的受控颜色变换为:假设原始位置 $|i\rangle$ 的颜色编码为 $(\theta_R^i, \theta_G^i, \theta_B^i)$,变换后的颜色为 $(\psi_R^i, \psi_G^i, \psi_B^i) = (\theta_R^i + \varphi_R^i, \theta_G^i + \varphi_G^i, \theta_B^i + \varphi_B^i)$,则颜色变换为

$$P_{Xi} = \left(\sum_{j=0, j \neq f(X)}^{2} I \otimes |j\rangle\langle j|\right) + \boldsymbol{P}(\varphi_{Xi}) \otimes |f(X)\rangle|f(X)\rangle \tag{8-5}$$

可以实现位置 $|i\rangle$ 的 X 通道颜色的改变。这里,

$$\boldsymbol{P}(\varphi_{Xi}) = \begin{pmatrix} \cos\varphi_X^i & -\sin\varphi_X^i \\ \sin\varphi_X^i & \cos\varphi_X^i \end{pmatrix}$$

$X \in \{R, G, B\}$,且 $f(X) = \begin{cases} 0, X = R \\ 1, X = G \\ 2, X = B \end{cases}$。

设 $P_i' = P_{Ri} P_{Gi} P_{Bi}$,$i = 0, 1, \cdots, 2^{2n}-1$,进一步构造变换

$$P_i = I^{\otimes 3} \otimes \sum_{j=0, j \neq i}^{2^{2n}-1} |j\rangle\langle j| + P_i' \otimes |i\rangle\langle i| \tag{8-6}$$

可以实现位置 $|i\rangle$ 上三个颜色通道的颜色变换,而下列变换 C 可以实现所有位置的颜色变换:

$$C(|I(\theta)_{mc}\rangle) = \left(\prod_{i=0}^{2^{2n}-1} P_i\right) |I(\theta)_{mc}\rangle = |I(\psi)_{mc}\rangle \tag{8-7}$$

8.3.1 分享方案

首先利用算法 8-5 加密量子图像 MCQI。

算法 8-5　MCQI 加密

Input: 量子图像 $|I(\theta)_{mc}\rangle$,大小为 $2n+3$ 量子比特,初始参数为 η, η' 和 x_0, x_0',$0 \leq \eta \leq 4$,

$-4 \leqslant \eta' \leqslant 4$,$x_0, x_0' \in [0,1]$。

Output：加密后的量子图像 $|I_{\text{cipher}}(\theta)_{\text{mc}}\rangle$。

（1）计算一个整数 $i_0 = \text{floor}(\text{mod}(x_0 \times 2^{26}, 2^{2n})) + 1$，这里，floor 表示取整操作。

（2）利用初始参数迭代方程式（7-1），得到 x_i，然后计算 $i_i = \text{floor}(\text{mod}(x_i \times 2^{26}, 2^{2n})) + 1$。

（3）如果 $i_i \neq i_k$，$k = 0, 1, \cdots, i-1$，存储 i_i；否则对任意的 k，$i_i = i_k$，返回步骤（2），计算下一个 x_j 直到得到所有不同的 i_k，$k = 0, 1, \cdots, 2^{2n} - 1$。

（4）利用两点交换操作 $S_I(|I(\theta)\rangle)$ [式（8-3），式（8-4）] 交换量子图像的两个位置 $|i_{2k}\rangle$ 和 $|i_{2k+1}\rangle$，$k = 0, 1, \cdots, n-1$。

（5）经过量子受控几何变换处理的量子图像记为 $G(|I(\theta)_{\text{mc}}\rangle)$。

（6）利用初始参数 x_0' 和 η' 生成 3×2^{2n} 个实数 r_k。

（7）利用实数 r_k 设计旋转门 $P(\varphi_{Xi})$，$\varphi_{Xi} \in \left[0, \dfrac{\pi}{2}\right]$，$i = 0, 1, \cdots, 2^{2n} - 1$，然后利用式（8-6）构建一系列幺正变换 P_i。

（8）利用灰度变换 C [式（8-7）] 旋转 $G(|I(\theta)_{\text{mc}}\rangle)$ 的灰度编码角度，最终得到的加密图像记为 $|I_{\text{cipher}}(\theta)_{\text{mc}}\rangle$。

利用算法 8-5 加密后，可以对加密后的 MCQI 图像进行如算法 8-6 所示的分享。

算法 8-6　MCQI 分享

Input：量子图像 $|I(\theta)_{\text{mc}}\rangle$，密钥 Key。

Output：分享的影子图像 $|J_{l_i}(\theta)\rangle$，$i = 1, 2, 3, \cdots, 2^k$ 和对应的标签 $l_i = m_1 m_2 \cdots m_k$，$m_j \in \{0,1\}$，$j = 1, 2, \cdots, k$。

（1）利用算法 8-5 和密钥 Key 加密图像 $|I(\theta)_{\text{mc}}\rangle$。

（2）将密钥 Key 分配给参与者 P_0 保管。

（3）约定需要测量的量子比特的位置顺序。

（4）对加密后的图像每一个相同位置的量子比特，执行测量操作。

```
for i=1 to T(k)
   Judge if m(i) = m(i + 1)
until
   m(T(k))≠ m(T(k)+1)
end
```

（5）对 k 个不同的量子比特进行 k 层测量操作。

（6）得到 2^k 个影子量子图像 $|J_i(\theta)\rangle$。

（7）将 $|J_i(\theta)\rangle$ 和对应的标签分给第 i 个参与者 P_i，$i = 1, 2, \cdots, 2^k$。

8.3.2　恢复方案

针对恢复过程，建立下列量子态

$$|S(m,n)\rangle = \frac{1}{2^{\frac{m}{2}}} \sum_{j=0}^{2^m-1} |I_j\rangle \otimes |j\rangle \tag{8-8}$$

$$|I_j\rangle = \frac{1}{2^{n+1}} \sum_{i=0}^{2^n-1} |C_{\text{RGB}\alpha}^{ji}\rangle \otimes |i\rangle \tag{8-9}$$

$$|C_{\text{RGB}}^{ji}\rangle = \cos\theta_R^{ji}|000\rangle + \cos\theta_G^{ji}|001\rangle + \cos\theta_B^{ji}|010\rangle + \sin\theta_R^{ji}|100\rangle + \\ \sin\theta_G^{ji}|101\rangle + \sin\theta_B^{ji}|110\rangle + \cos 0|011\rangle + \sin 0|111\rangle \tag{8-10}$$

MCQI 的恢复过程见算法 8-7。

算法 8-7　MCQI 的恢复

Input: 量子图像 $|J_{l_k}(\theta)\rangle$ 及其对应的标签 $l_k = m_1 m_2 \cdots m_k$，$m_i \in \{0,1\}$，$i = 1, 2, \cdots, k$，密钥 Key。

Output: 恢复的图像 $|I(\theta)_{\text{mc}}\rangle$。

（1）每个参与者 P_i，$i = 1, 2, \cdots, 2^k$ 提供影子图像和标签。共有 2^{k-1} 对量子图像，它们的标签除了最后一位 m_k，其他位完全一样。令 $a = k$。

（2）对于每对中的两幅图像，执行改进的 Strip 操作。若 a 为偶数，即 $a = 2n$，则新加入的 Strip 量子比特加入到 x 轴和 y 轴中间，如图 8-7（a）所示。若 a 为奇数，即 $a = 2n+1$，则新加入的 Strip 量子比特置于最后一个量子位，如图 8-7（b）所示，此时，有

$$|J_{l_{k-1}}(\theta)\rangle = \frac{1}{2}(|J_{l_k^1}(\theta)\rangle \otimes |0\rangle + |J_{l_k^2}(\theta)\rangle \otimes |1\rangle)$$

$l_{k-1} = m_1 m_2 \cdots m_{k-1}$，$|J_{l_k^1}(\theta)\rangle$ 标签的最后一位为 0，$|J_{l_k^2}(\theta)\rangle$ 标签除了最后一位为 1，其余位和 $|J_{l_k^1}(\theta)\rangle$ 相同。

（3）反复使用 2^{k-1} 次 Strip 操作可以得到 2^{k-1} 个量子图像。

（4）设 $a = a-1$，对量子图像 $|J_{l_{a-1}}(\theta)\rangle$ 及其标签 l_{a-1} 重复步骤（2）。

（5）利用算法 8-8 解密量子图像 $|I_{\text{cipher}}(\theta)\rangle$。

（6）返回原始秘密图像 $|I(\theta)_{\text{mc}}\rangle$。

算法 8-8　MCQI 解密

Input: 量子图像 $|I_{\text{cipher}}(\theta)_{\text{mc}}\rangle$，和算法 8-5 中加密过程相同的初始参数为 η, η' 和 x_0, x_0'，$0 \leqslant \eta \leqslant 4$，$-4 \leqslant \eta' \leqslant 4$，$x_0, x_0' \in [0,1]$。

Output: 解密量子图像 $|I(\theta)_{\text{mc}}\rangle$。

（1）使用和算法 8-5 中步骤（6）相同的参数 η' 和 x_0' 生成 3×2^{2n} 个实数 r_k。

（2）利用实数 r_k 设计旋转门 $\boldsymbol{P}(\varphi_{Xi})$，$\varphi_{Xi} \in \left[0, \dfrac{\pi}{2}\right]$，得到和算法 8-5 中步骤（7）相同的幺正变换 P_i（式 8-6）。

（3）利用 P_i 的共轭转置 $P_i^\dagger$ 旋转 $CG(|I(\theta)_{\text{mc}}\rangle)$ 的颜色编码角度，$k = 0, 1, \cdots, 2^{2n}-1$，得到 $G(|I(\theta)_{\text{mc}}\rangle)$ 的逆扩散结果。

（4）利用和算法 8-5 步骤（1）～步骤（3）中相同的参数 η 和 x_0 生成 2^{2n} 个不同的介于 0

和 $2^{2n}-1$ 之间的整数 i_k。

（5）利用两点交换操作 S_I [见算法 8-1 步骤（4）] 交换 $G(|I(\theta)_{mc}\rangle)$ 的所有相邻像素位置 $|i_{2m}\rangle$ 和 $|i_{2m+1}\rangle$，$m=2^{2n-1},2^{2n-1}-1,\cdots,0$，得到原始量子图像 $|I(\theta)_{mc}\rangle$。

8.4 仿真结果及分析

8.4.1 仿真结果

如图 8-10 所示是一幅量子图像 MCQI 秘密分享，图像尺寸为 512×512。首先选择从表示 x 轴和 y 轴的量子比特的末尾进行测量，即测量操作 M_1,M_3 分别测量的是 x 轴方向的最后 1 个量子比特和倒数第 2 个量子比特，对应的恢复算法采用如图 8-7 所示的 Strip I 型操作。测量操作 M_2,M_4 分别测量的是 y 轴方向的最后 1 个量子比特和倒数第 2 个量子比特，恢复时采用的是如图 8-7 所示的 Strip I 型的位置。这样，分享后得到如图 8-10 所示中间部分的 2^4 幅量子影子图像 $|J_{l_i}(\theta)\rangle$，$i=1,2,\cdots,16$，每幅影子图像大小为 128×128。从 16 幅影子图像中可以看出，每幅影子图像 $|J_{l_i}(\theta)\rangle$ 的尺寸没有发生扩张，且没有关于原始秘密的任何信息。但是经过恢复后，原始的秘密图像可以完全恢复，如图 8-10 最下面的图像所示。

8.4.2 性能分析

本章介绍的量子图像秘密分享方法具有如下特点。

（1）对图像的质量和内容均没有限制。

（2）影子图像具有视觉意义。根据分享和恢复方案，整个过程产生的图像仍旧保持 FRQI 和 MCQI 量子图像态的形式，因此它们均具有视觉意义。

（3）无须编码性。和其他基于量子态的秘密分享方法不同，本算法不需要对原始秘密图像重新编码。

（4）在分享过程中，没有产生像素扩张问题，且影子图像的数据量可以缩小到原数据的 $1/2^k$，便于存储、传输或隐藏等进一步应用。

（5）无损性。在分享过程中没有任何像素灰度值损失，因此，恢复的图像将与原始秘密图像相同。在许多应用场合，保证信息（这里主要指秘密图像像素值）的完整性和精确性是非常必要的。

（6）适用性。该分享算法适用于所有编码颜色和位置为 1 个量子态的量子图像表示。

（7）灵活性。分享过程中，测量操作作用的量子比特是灵活的，可以有一定规则或组合规则，这样可以使影子图像更不易分辨。

8.5 本章小结

为进一步增强量子图像的保密性，本章探讨了量子图像进行秘密分享的可行性，提出了一种基于测量策略的新颖的 $(2^k, 2^k)$ 量子图像秘密分享策略。在分享过程中，首先对量子图像 FRQI 和 MCQI 进行加密。然后设计了测量策略，通过执行 k 层测量策略，可以得到 2^k 幅影子图像。在恢复过程中，借鉴 Strip 概念，并对 Strip 位置进行灵活改进，能够无损精确地恢复原始秘密图像。该秘密分享方法具有影子图像视觉意义保持性和像素非扩张性等主要优点，并且具有无损性、灵活性和广泛的适用性。

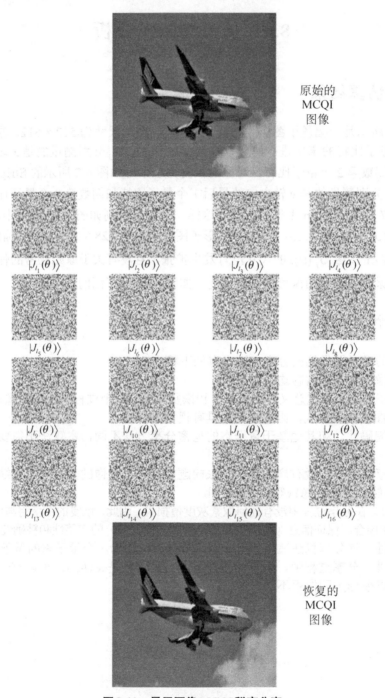

图 8-10　量子图像 MCQI 秘密分享

第9章 量子视频加密

加密是保障视频安全的重要手段之一。本章提出了一种基于量子视频 QVNEQR 和 QVNCQI 量子比特面受控 XOR 操作和改进的 Logistic 映射的有效的安全多层量子视频加密算法。为了完成整个加密系统，设计了三个主要视频操作算法：帧间位置置乱、帧内像素位置置乱和高 4 量子比特面置乱。首先，利用改进的 Logistic 映射生成的密钥对量子视频帧的位置进行置乱。然后，利用改进的 Logistic 映射生成的密钥对每一帧内像素的位置进行置乱。最后，利用改进的 Logistic 映射和量子受控 XOR 操作对帧内高 4 量子比特面进行扩散加密。实验表明，本章所提的量子视频加密算法具有高效、计算简单、低复杂度和高安全性等特点。

9.1 改进的 Logistic 映射

一个 Logistic 映射是利用简单的迭代公式来产生复杂的动态行为的混沌系统。Logistic 映射非常适合进行图像和视频加密，标准的 Logistic 混沌映射为：

$$x_{n+1} = \eta x_n(1-x_n) \tag{9-1}$$

这里，$x_0 \in (0,1)$ 是初始值，$n = 0,1,\cdots$，$0 \leqslant \eta \leqslant 4$。对于 $3.57 < \eta \leqslant 4$，映射称为混沌的。本章所使用的混沌映射[135]为：

$$\begin{cases} x_{n+1} = L(\eta, x_n)G(k) - \mathrm{floor}(L(\eta, x_n)G(k)) \\ \quad L(\eta, x_n) = \eta x_n(1-x_n) \\ \quad G(k) = 2^k, k \in \mathbf{Z}, k \geqslant 8 \end{cases} \tag{9-2}$$

改进的 Logistic 映射探索了当 $0 \leqslant \eta \leqslant 4$ 时的混沌行为。如图 9-1 所示为标准的 Logistic 映射和改进的 Logistic 映射的 Lyapunov 指数对比情况。Lyapunov 指数是一种度量混沌映射对于初始值和控制参数的敏感性的方法。

从图 9-1（a）可以得到，标准的 Logistic 映射在参数 $\eta < 3.5$ 时有一个比较大的负值区域，图 9-1（b）表明改进的 Logistic 映射当 $0 \leqslant \eta \leqslant 4$ 时指数没有负值区域，这表明改进的 Logistic 映射具有更好的混沌性能。

为了更直观地展示改进的 Logistic 映射的优点，如图 9-2 所示比较了标准的 Logistic 映射和改进的 Logistic 映射所产生的数据直方图。很显然，改进的 Logistic 映射的直方图分布更均匀。

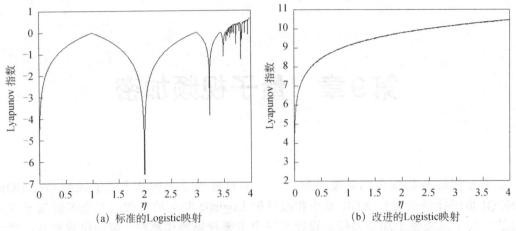

(a) 标准的Logistic映射　　　　　　　　　(b) 改进的Logistic映射

图9-1　标准的Logistic映射和改进的Logistic映射的Lyapunov指数对比情况

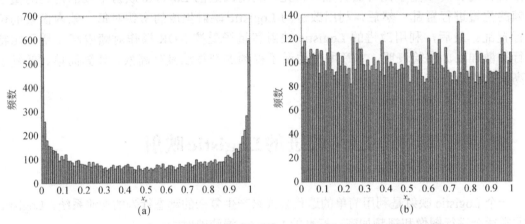

(a)　　　　　　　　　　　　　　　　　(b)

图9-2　标准的Logistic映射和改进的Logistic映射所产生的数据直方图

考虑到这些优点，所设计的量子视频加密策略将使用改进的Logistic映射进行密钥的生成。

9.2　量子视频置乱

量子视频的置乱机制可以分为两类：帧间位置置乱和帧内像素位置置乱。

9.2.1　帧间位置置乱

对于量子视频

$$|V\rangle = \frac{1}{2^{m/2}} \sum_{j=0}^{2^m-1} |I_j\rangle \otimes |j\rangle$$

$$= \frac{1}{2^{m/2+n}} \sum_{j=0}^{2^m-1} \sum_{i=0}^{2^{2n}-1} |c_{j,i}\rangle \otimes |i\rangle \otimes |j\rangle$$

帧间位置置乱为

$$G_{\text{inter}} = I^{q+n} \otimes S$$
$$= I^{q+n} \otimes \left(|k\rangle\langle l| + |l\rangle\langle k| + \sum_{j \neq k,l} |j\rangle\langle j| \right) \quad (9\text{-}3)$$

式中，I 表示单位变换，S 表示如式（9-4）所示的变换。

$$G_{\text{inter}}(|V\rangle) = G_{\text{inter}} \left(\frac{1}{2^{m/2+n}} \sum_{j=0}^{2^m-1} |I_j\rangle \otimes |j\rangle \right)$$
$$= \frac{1}{2^{m/2+n}} \sum_{j=0}^{2^m-1} \sum_{i=0}^{2^{2n}-1} |c_{j,i}\rangle \otimes |i\rangle \otimes S(|j\rangle) \quad (9\text{-}4)$$

9.2.2 帧内像素位置置乱

如果希望交换量子视频帧内两个像素的位置，可以使用式（9-5）进行变换。

$$G_{\text{intra}} = I^q \otimes S \otimes I^m$$
$$= I^q \otimes \left(|p\rangle\langle q| + |q\rangle\langle p| + \sum_{i \neq p,q} |i\rangle\langle i| \right) \otimes I^m \quad (9\text{-}5)$$

因此，

$$G_{\text{intra}}(|V\rangle) = G_{\text{intra}} \left(\frac{1}{2^{m/2+n}} \sum_{j=0}^{2^m-1} |I_j\rangle \otimes |j\rangle \right)$$
$$= \frac{1}{2^{m/2+n}} \sum_{j=0}^{2^m-1} \sum_{i=0}^{2^{2n}-1} |c_{j,i}\rangle \otimes S(|i\rangle) \otimes |j\rangle \quad (9\text{-}6)$$

9.3 量子视频异或（XOR）

逻辑上的异或（XOR）操作当且仅当两个输入比特不同时输出为真，即，一个是1一个是0时，输出为1。在量子计算中，对于输入量子态 $|0\rangle, |1\rangle$，量子 XOR 操作可以通过受控 NOT 门来执行。如图 9-3 所示为两量子比特输入的量子 XOR 线路图。

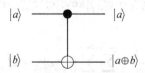

图 9-3　两量子比特输入的量子 XOR 线路图

XOR 的矩阵形式为：

$$\begin{bmatrix} 1 & 0 & 0 & 0 \\ 0 & 1 & 0 & 0 \\ 0 & 0 & 0 & 1 \\ 0 & 0 & 1 & 0 \end{bmatrix}$$

因此，有
$$XOR(|ab\rangle) = |a\rangle|a \oplus b\rangle$$

对于量子视频叠加态，如果想在表示密钥的 1 个量子比特和表示量子视频帧某一像素的颜色位平面中的 1 个量子比特之间做 XOR 操作，需构建如式（9-7）所示的幺正变换。

$$|V_s\rangle = MS(|V\rangle)$$
$$= \frac{1}{2^{\left(\frac{m}{2}+n\right)}} \sum_{j=0}^{2^m-1} \sum_{i=0}^{2^{2n}-1} \left|c_{q-1}^{j,i} c_{q-2}^{j,i} \cdots c_{t+1}^{j,i}\right\rangle |\text{key}\rangle \left|c_t^{j,i} c_{t-1}^{j,i} \cdots c_0^{j,i}\right\rangle \otimes |ij\rangle \quad (9\text{-}7)$$

首先，用一个多步交换操作将密钥比特调整至目标量子比特的相邻位置，如图 9-4 所示为量子多步交换线路 MS，可以使目标量子比特 $c_t^{j,i}$ 接近密钥量子比特 $|\text{key}\rangle$。

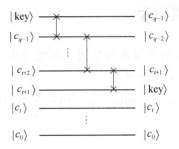

图9-4 量子多步交换线路 MS

这里，两量子比特交换操作 S 的目的是交换量子比特的位置，即，

$$S = \begin{bmatrix} 1 & 0 & 0 & 0 \\ 0 & 0 & 1 & 0 \\ 0 & 1 & 0 & 0 \\ 0 & 0 & 1 & 0 \end{bmatrix}$$

因此，$S(|a,b\rangle) = |b,a\rangle$。

然后，用如下式所示的受控量子 XOR 变换来实现量子视频的 XOR 操作。

$$|V_{k,l}\rangle = CXOR_{k,l}(|V_s\rangle)$$
$$= I^{\otimes q-t-1} \otimes XOR \otimes I^{t-1} \otimes |kl\rangle\langle kl|$$
$$\left(\frac{1}{2^{\left(\frac{m}{2}+n\right)}} \sum_{j=0}^{2^m-1} \sum_{i=0}^{2^{2n}-1} \left|c_{q-1}^{j,i} c_{q-2}^{j,i} \cdots c_{t+1}^{j,i}\right\rangle |\text{key}\rangle \left|c_t^{j,i} c_{t-1}^{j,i} \cdots c_0^{j,i}\right\rangle \otimes |ij\rangle \right) + I^{\otimes q+1} \otimes$$
$$\sum_{j=0, j\neq l}^{2^m-1} \sum_{i=0, i\neq k}^{2^{2n}-1} |ij\rangle\langle ij| \left(\frac{1}{2^{\left(\frac{m}{2}+n\right)}} \sum_{j=0}^{2^m-1} \sum_{i=0}^{2^{2n}-1} \left|c_{q-1}^{j,i} c_{q-2}^{j,i} \cdots c_{t+1}^{j,i}\right\rangle |\text{key}\rangle \left|c_t^{j,i} c_{t-1}^{j,i} \cdots c_0^{j,i}\right\rangle \otimes |ij\rangle \right)$$

$$= \frac{1}{2^{\left(\frac{m}{2}+n\right)}} \left|c_{q-1}^{j,i} c_{q-2}^{j,i} \cdots c_{t+1}^{j,i}\right\rangle XOR\left(|\text{key}\rangle \left|c_t^{j,i}\right\rangle\right) \left|c_{t-1}^{j,i} \cdots c_0^{j,i}\right\rangle \otimes |kl\rangle +$$
$$\frac{1}{2^{\left(\frac{m}{2}+n\right)}} \sum_{j=0}^{2^m-1} \sum_{i=0}^{2^{2n}-1} \left|c_{q-1}^{j,i} c_{q-2}^{j,i} \cdots c_{t+1}^{j,i}\right\rangle |\text{key}\rangle \left|c_t^{j,i} c_{t-1}^{j,i} \cdots c_0^{j,i}\right\rangle \otimes |ij\rangle$$

执行多次上述操作可以实现量子视频第 l 帧第 k 个像素第 t 个量子比特面的受控 XOR 操作，即，

$$|C\rangle = \prod_{l=0}^{2^m-1} \prod_{k=0}^{2^{2n}-1} \text{CXOR}_{k,l}(|V_s\rangle)$$

最后，使用如图 9-4 所示操作的逆多步操作用来恢复密钥 key 的位置。

$$|V_{\text{CXOR}}\rangle = \text{MS}^{-1}(|C\rangle)$$

量子视频受控 XOR 变换线路如图 9-5 所示。

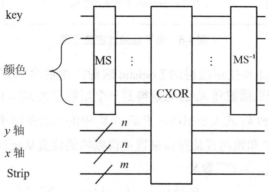

图 9-5　量子视频受控 XOR 变换线路

9.4　量子视频的加密和解密

9.4.1　加密方案

如图 9-6 所示为量子视频加密流程图，本章提出的量子视频加密策略由三个步骤实现：帧间位置置乱、帧内像素位置置乱和帧内量子比特位平面置乱。在帧间位置置乱中，基于量子视频帧间置乱变换进行帧的位置重编码。在这一步中，哪两帧图像进行交换取决于改进的 Logistic 映射产生的密钥。接下来，每一量子视频帧像素位置的置乱利用帧内几何变换和改进的 Logistic 映射完成。最后，利用量子视频比特面的受控 XOR 操作和由 Logistic 映射产生的密钥 key，对表示颜色信息的高 4 量子比特面进行扩散，从而达到加密的效果。以灰度量子视频为例，加密的具体过程如下。

步骤 1　输入待加密的 8 量子比特灰度量子视频 $|V\rangle$，假设视频具有 $M = 2^m$ 帧图像，每一帧的尺寸为 $N \times N = 2^n \times 2^n$，设 $\text{lp} = N^2$。

注意：如果量子视频帧的数量不是 2 的整数次幂，可以加入若干空图像帧来使视频满足整数次幂大小。

步骤 2　帧间像素位置置乱。

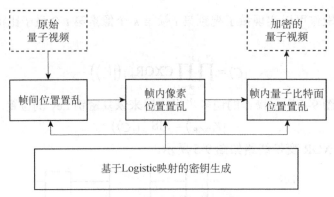

图 9-6 量子视频加密流程图

(1) 输入密钥 $\{\mu_1, x_1\}$ 和使用改进的 Logistic 映射产生的序列 2^m 次来获得序列 $K_1 = \{k_1, k_2, \cdots, k_{2^m}\}$，然后，根据取值重排 K_1 的元素得到一个新的序列 $K_1' = \{k_1', k_2', \cdots, k_{2^m}'\}$ 和位置序列 $P_1 = \{p_1, p_2, \cdots, p_{2^m}\}$。$P_1$ 和 K_1 的大小相同，P_1 表示 K_1 中的元素在新序列 K_1' 中的索引值。

(2) 利用位置序列 P_1 和帧间置乱操作来置乱视频帧的位置从而获得量子视频 $|V_1\rangle$。

$$G_{\text{inter}_i} = I^{q+n} \otimes S$$
$$= I^{q+n} \otimes \left(|p_i\rangle\langle p_{i+1}| + |p_{i+1}\rangle\langle p_i| + \sum_{j \neq p_i, p_{i+1}} |j\rangle\langle j| \right)$$
$$i = 1, 3, 5, \cdots, 2^m - 1$$
$$|V_1\rangle = \prod_{i=1,3,\cdots,2^m-1} G_{\text{intra}_i}(|V\rangle) \tag{9-8}$$

步骤 3 帧内像素位置置乱。

对于量子视频 $|V_1\rangle$ 中的每一帧：

(1) 输入密钥 $\{\mu_2, x_2\}$ 作为初始值并执行改进的 Logistic 映射 lp 次来生成密钥序列 K_2。根据取值重排 K_2 的元素获得新的序列集合 K_2' 以及索引值 $P_2 = \{p_{1'}, p_{2'}, \cdots, p_{lp'}\}$。显然，$P_2$ 和 K_2 具有相同的大小。

(2) 利用索引序列 P_2 和式（9-6）来置乱像素位置并获得量子视频 $|V_2\rangle$：

$$G_{\text{intra}_i} = I^q \otimes \left(|p_{i'}\rangle\langle p_{i+1'}| + |p_{i+1'}\rangle\langle p_{i'}| + \sum_{i \neq p_{i'}, p_{i+1'}} |i\rangle\langle i| \right) \otimes I^m$$
$$i = 1, 3, \cdots, \text{lp} - 1$$
$$|V_2\rangle = \prod_{i=1,3,\cdots,\text{lp}-1} G_{\text{intra}_i}(|V_1\rangle) \tag{9-9}$$

步骤 4 帧内量子比特面置乱。

(1) 输入密钥 $\{\mu_3, x_3\}$ 作为初始值并执行改进的 Logisic 映射 $\text{lp} \times 2^m$ 次，生成密钥序列 K_3。注意，这里使用密钥序列 K_3 的十进制小数的小数点后第 10~12 位的数字来得到一个序列 K_3'，其元素为整数。计算 $K_3' \bmod 16$ 来产生一个整数随机序列 K_4，其值位于 0~15 之间。然后，变换 K_4 应用到密钥序列 K_5 的 4 比特二进制密钥流中。

(2) 对量子视频 $|V_2\rangle$ 利用 K_5 执行量子受控 XOR 操作到高 4 量子比特面，从而得到加密后的量子视频 $|V_3\rangle$。

$$|V_3\rangle = \prod_{l=0}^{2^m-1}\prod_{k=0}^{\text{lp}-1} \text{CXOR}_{k,l} \otimes \text{MS}(|V_2\rangle)$$

注意：如果要加密的量子视频是彩色的 QVNCQI，那么只需要改变上述加密算法的步骤4。例如，如果彩色图像使用 RGB 颜色模型，那么步骤4操作对每个颜色通道执行一遍，共执行3遍。

9.4.2 解密方案

在量子计算场景中，很容易获得加密过程的逆过程，因此，明文量子视频可以无损地得到恢复。解密的具体过程如下。

步骤 1　输入已经加密后的量子视频 $|V_3\rangle$。

步骤 2　逆帧内量子比特面置乱。

（1）输入密钥 $\{\mu_3, x_3\}$ 作为初始值并执行改进的 Logistic 映射 $\text{lp} \times 2^m$ 次，生成密钥序列 K_3。然后，利用加密算法中步骤4（1）的方法获得一个新的序列 K_3'，利用 $K_3' \bmod 16$ 获得 $0 \sim 15$ 的整数随机序列 K_4，对 K_4 变换得到4比特二进制秘密序列 K_5。

（2）对 $|V_3\rangle$ 的高4量子比特面利用密钥 K_5 执行逆受控 XOR 操作获得量子视频 $|V_2\rangle$：

$$|V_2\rangle = \prod_{l=0}^{2^m-1}\prod_{k=0}^{\text{lp}-1} \text{CXOR}_{k,l}^{-1} \otimes \text{MS}^{-1}(|V_3\rangle)$$

步骤 3　逆帧内位置置乱。

对于量子视频 $|V_2\rangle$ 中的每一帧图像，进行如下操作。

（1）输入密钥 $\{\mu_2, x_2\}$ 作为初始值并执行改进的 Logistic 映射 lp 次，生成密钥序列 K_2，根据加密算法的步骤3（1）可以生成位置序列 $P_2 = \{p_{1'}, p_{2'}, \cdots, p_{\text{lp}'}\}$。

（2）利用位置序列 P_2 和式（9-5）来置乱像素位置并获得量子视频 $|V_1\rangle$：

$$|V_1\rangle = \prod_{i=1,3,\cdots,\text{lp}-1} G_{\text{intra}_i}(|V_2\rangle)$$

步骤 4　逆帧间位置置乱。

（1）输入密钥 $\{\mu_1, x_1\}$ 和使用改进的 Logistic 映射产生的序列 2^m 次，获得序列 $K_1 = \{k_1, k_2, \cdots, k_{2^m}\}$ 和位置序列 $P_1 = \{p_1, p_2, \cdots, p_{2^m}\}$，该步骤为加密过程中步骤2（1）的逆过程。

（2）利用位置序列 P_1 和式（9-3）来置乱视频帧图像的顺序并恢复原始的量子视频 $|V_1\rangle$：

$$|V\rangle = \prod_{i=1,3,\cdots,2^m-1} G_{\text{inter}_i}(|V_1\rangle)$$

9.5　仿真结果及分析

本节的所有仿真在经典计算机中执行量子视频的表示和处理，这些处理类比于量子计算机中的量子叠加态和幺正变换。

9.5.1　量子视频加密展示

为了演示效果，进行了两组实验。一组是针对单独的视频帧的，即量子图像。3 幅大小为 256×256 的灰度图像被制备出来然后利用加密算法中的步骤 3、步骤 4 进行加密，即只使用帧内的加密策略，实验结果如图 9-7 所示。另一组是针对 MATLAB 自带的一个具有 16 帧的视频的，每帧的大小为 120×160，其实验结果如图 9-8 所示。

(a) 原始图像　　　　　　(b) 加密图像

图 9-7　针对单独视频帧的加密实验结果

(a) 原始视频帧

图 9-8　针对 MATLAB 自带的具有 16 帧视频的加密实验结果

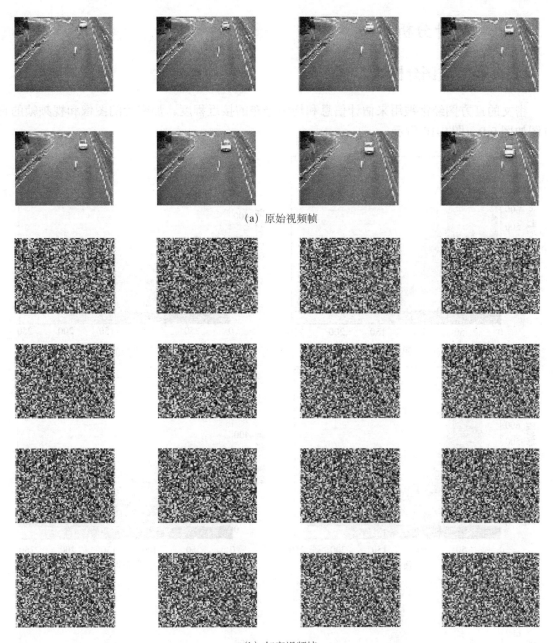

(a) 原始视频帧

(b) 加密视频帧

图9-8 针对MATLAB自带的具有16帧视频的加密实验结果（续）

9.5.2 安全性分析

本章所提的加密系统是安全的，算法的加密强度可以分为三个层次。一是帧间位置置乱，这奠定了视频数据的安全基础。二是帧内像素位置置乱，进一步增加了视频的安全性。三是帧内量子比特位平面置乱，使量子视频的加密更有效。从图9-7、图9-8可以看出，加密视频很难被识别出来，整个加密过程中使用改进的Logistic映射也增加了算法的安全性。

9.5.3 统计分析

9.5.3.1 直方图分析

密文的直方图经常被用来估计信息和均匀分布的接近程度。加密后的图像和视频帧的直方图如图 9-9、图 9-10 所示。

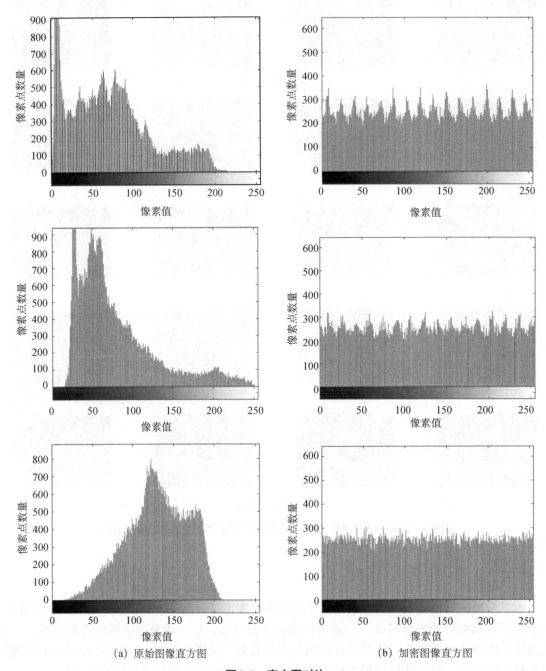

(a) 原始图像直方图　　　　　(b) 加密图像直方图

图 9-9　直方图对比

第9章 量子视频加密

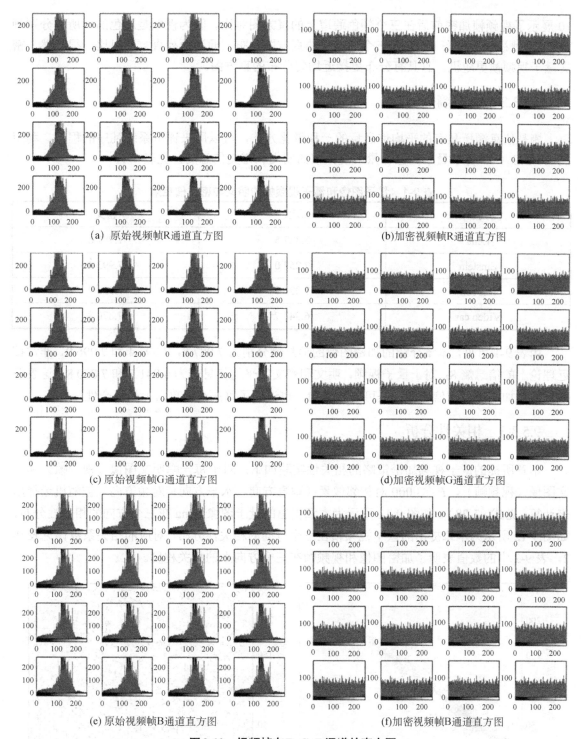

(a) 原始视频帧R通道直方图　　　　　　(b) 加密视频帧R通道直方图

(c) 原始视频帧G通道直方图　　　　　　(d) 加密视频帧G通道直方图

(e) 原始视频帧B通道直方图　　　　　　(f) 加密视频帧B通道直方图

图9-10　视频帧在R, G, B通道的直方图

注：图9-10中，横坐标代表像素值，纵坐标代表像素的数量，因空间所限，没有在图中标注横坐标和纵坐标的含义，特此说明。

图9-9展示了Lena、Einstein和Baboon三幅图像加密前后的直方图对比。从对比图中很容易看出加密后的量子图像和视频帧的直方图接近均匀分布，因此具有更高的安全性。图9-

10 展示了视频帧加密前后在三个颜色通道上的直方图对比。因为视频是彩色的，所以分别画出了 16 帧视频图像在 R, G, B 三个通道上的直方图分布。通过两列直方图对比，很显然，密文量子视频帧更随机，且具有分布更接近均匀分布的直方图。

9.5.3.2 信息熵分析

熵是信息源所具有的平均信息量的一种量化方法，可以用来评价系统乱序的程度，利用式（7-27），计算了量子图像和量子视频帧的明文和密文信息熵，见表 9-1。

表 9-1 量子图像和量子视频帧的明文和密文信息熵

测试媒体	明文	密文
Lena	7.327 5	7.987 8
Einstein	7.252 0	7.993 4
Baboon	7.226 9	7.996 9
Video car	6.941 7	7.870 8

由表 9-1 可见，本章介绍的加密图像的信息熵分别为 7.987 8，7.993 4 和 7.996 9，非常接近理论上的信息熵 8；对于量子视频，明文和密文的平均信息熵为 6.941 7 和 7.870 8，这表明本章所述加密过程的信息泄露是可以忽略的，也说明了算法在熵攻击上的安全性。

9.5.3.3 相关性分析

本章所提的量子视频加密策略的相关性实验如下：对于每一幅明文图像（视频帧）和密文图像（视频帧），$P = 3\,000$ 对相邻像素（垂直方向、水平方向和对角方向）被随机选择用来计算，见式（7-28）。如图 9-11 所示为本章提出的量子图像 Lena 在三个方向的相关性分布，如图 9-12 所示为本章提出的量子视频帧在三个方向的相关性分布。对应的相关系数详见表 9-2，表 9-2 中的数值表明了加密图像和视频帧在三个方向上的相关程度。

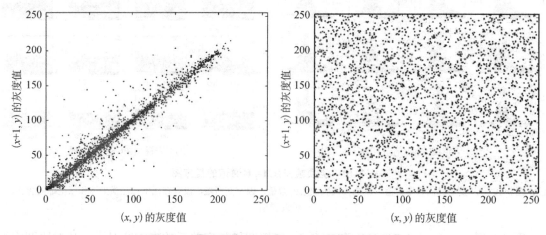

图 9-11 量子图像 Lena 在三个方向的相关性分布

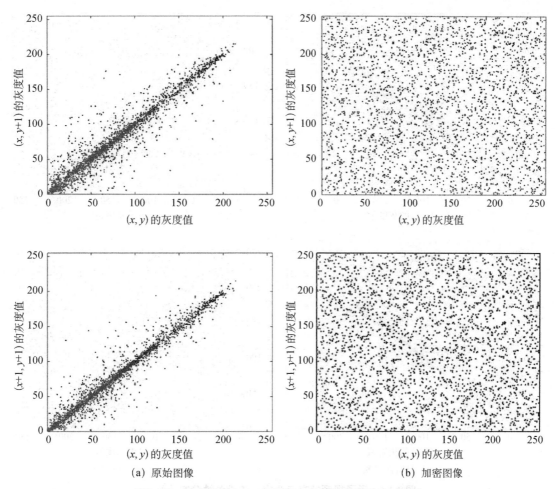

(a) 原始图像　　　　　　　　　　　　　(b) 加密图像

图 9-11　量子图像 Lena 在三个方向的相关性分布（续）

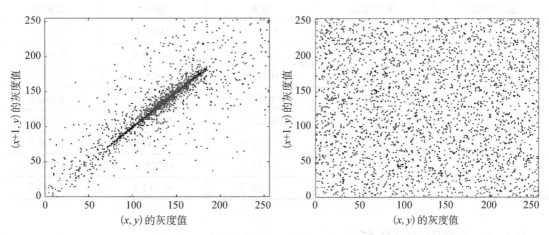

图 9-12　量子视频帧在三个方向的相关性分布

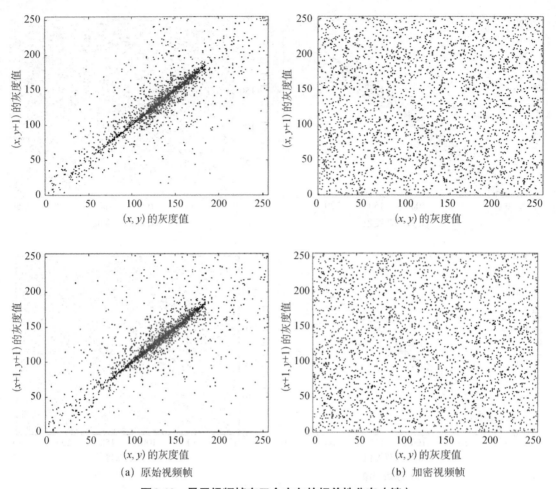

(a) 原始视频帧　　　　　　　　　　　　　(b) 加密视频帧

图 9-12　量子视频帧在三个方向的相关性分布（续）

表 9-2　明文和密文图像的相邻像素相关系数

测试媒体	图像类型	垂直	水平	对角线
Lena	明文	0.975 4	0.963 4	0.943 3
	密文	0.011 2	−0.008 4	0.004 4
Einstein	明文	0.973 9	0.971 2	0.956 5
	密文	−0.003 3	0.001 2	−0.002 8
Baboon	明文	0.829 8	0.882 2	0.802 1
	密文	0.011 6	−0.047 3	−0.000 5
Video car	明文	0.838 7	0.825 7	0.757 7
	密文	−0.024 5	−0.013 5	−0.014 3

9.5.4　密钥空间分析

密钥空间指的是加密密钥取值的范围大小。一个大的密钥空间可以使加密算法抵抗暴力攻击。在本章所述的量子视频加密算法中,密钥由参数 $\{\mu_1,\mu_2,\mu_3\}$ 和初始值 $\{x_1,x_2,x_3\}$ 利用 3 个独立的 Logistic 映射产生。假设计算机存储器为 15 位双精度,则密钥空间为 $2^{15}=32\ 768$,整个加密算法所使用的 3 个密钥的总体密钥空间为 $32\ 768^6=1.237\ 940\ 039\ 285\ 38\times10^{27}$,密钥空间足够抵抗穷举搜索和暴力攻击。

9.5.5 复杂度和实时性分析

因为视频数据编解码需要实时传输,所以加密、解密算法的使用不能给视频数据编解码带来延时,即加密、解密算法的计算复杂度要足够低,以满足视频数据应用的实时性要求。在本章的加密算法中,算法的复杂度主要体现在加密、解密过程中使用的基本量子门的数量。对于大小为 $2^m\times2^n\times2^n$ 的量子视频,复杂度计算如下:2^{m-1} 个帧间位置置乱操作,每个帧间变换 G_{inter_i} 需要 $O\left(\dfrac{n^2}{2}\right)$ 个基本量子门;$2^m\times2^{2n-1}$ 个帧内位置置乱 G_{intra_i},每个 G_{intra_i} 需要 $O(n^2)$ 个基本量子门;2^m 个多交换线路 MS,每个 MS 需要 6 个基本量子门。$4\times2^m\times2^{2n}$ 个受控 XOR 操作 $\text{CXOR}_{k,l}$,每个 $\text{CXOR}_{k,l}$ 需要 $O(n^2)$ 个基本量子门。这样,本章所介绍的量子视频加密算法的总计算复杂度为

$$2^{m-1}\times O\left(\dfrac{n^2}{2}\right)+2^m\times2^{2n-1}\times O(n^2)+6\times2^m+4\times2^m\times2^{2n}\times O(n^2)$$
$$=9\times2^{m+2n-1}\times O(n^2)+m^2\times O(2^{m-2})+6\times O(2^m)$$

对于大小为 $2^m\times2^n\times2^n$ 的量子视频,计算复杂度在可接受的范围,可以满足实时性的要求。

9.5.6 压缩率分析

若一个算法在加密前后数据量保持不变,则该算法称为压缩率不变算法。压缩率不变的加密算法在存储过程中不会改变占用的空间,在传输过程中可以维持传输速度不变。因此,理想的视频加密算法压缩率应该是不变的。本章介绍的加密、解密算法能够保持视频数据在加密前后的数据量不变,因此对压缩率没有影响。

9.6 本章小结

本章提出了一个基于量子受控 XOR 操作和改进的 Logistic 映射的量子视频加密算法。视频加密的研究目的是充分利用感知视觉领域的研究成果,确定视频的视觉感知容许范围,最大安全情况下进行感知区域的加密研究。在量子视频原始域上,利用 Logistic 映射产生的随机数控制量子视频加密方法中的位置置乱和颜色扩散操作。本章提出的加密算法利用混沌和量子 XOR 可以对量子视频码流进行安全有效的量子加密。

第10章 量子视频隐写

量子视频隐写在量子计算机时代具有重要的研究价值。视频相比于图像等媒体，具有更大的存储量和冗余信息，因此，更适用于作为秘密信息的载体。本章提出了一种量子视频 QVNEQR 的最低有效位隐写算法（LSQb），然后基于 LSQb 和量子视频的运动矢量，提出了一种量子视频运动矢量隐写方法。该算法将秘密信息隐藏在量子视频的运动矢量上，使用 LSQb 算法将秘密信息量子比特流嵌入量子视频的运动矢量中，以提高视频隐写的安全性。

10.1 QVNEQR 的帧运动检测

量子视频帧运动可以通过计算视频两相邻帧对应块的变化得到，计算由量子视频帧分块、帧块比较、残差计算三个步骤实现。

1. 量子视频帧分块

对量子视频中大小为 $2^n \times 2^n$ 的视频帧分别用 n 量子比特编码 x 轴和 y 轴。设图像块的尺寸为 8×8，每帧可以得到 2^{2n-6} 个图像块。将 2^{2n-6} 个图像块进行编码，表示位置需要 $2n-6$ 个量子比特，其中，x 轴、y 轴各需要 $n-3$ 个量子比特，且分块序号的二进制数表示与这些块的编码表示一一对应。

为了完成视频帧分块，对 $|F_j\rangle$ 进行如下编码：

$$|F_j\rangle = \frac{1}{2^n}\sum_{i=0}^{2^{2n}-1}|c_{j,i}\rangle \otimes |i\rangle = \frac{1}{2^n}\sum_{y=0}^{2^n-1}\sum_{x=0}^{2^n-1}|c_{q-1}^{j,i}c_{q-2}^{j,i}\cdots c_0^{j,i}\rangle|y\rangle|x\rangle$$

$$= \frac{1}{2^n}\sum_{y_i\in\{0,1\},x_i\in\{0,1\}}|c_{q-1}^{j,i}c_{q-2}^{j,i}\cdots c_0^{j,i}\rangle|\underbrace{000\cdots 0}_{n-3}\rangle|y_2y_1y_0\rangle|\underbrace{000\cdots 0}_{n-3}\rangle|x_2x_1x_0\rangle +$$

$$\frac{1}{2^n}\sum_{y_i\in\{0,1\},x_i\in\{0,1\}}|c_{q-1}^{j,i}c_{q-2}^{j,i}\cdots c_0^{j,i}\rangle|\underbrace{000\cdots 0}_{n-3}\rangle|y_2y_1y_0\rangle|\underbrace{000\cdots 1}_{n-3}\rangle|x_2x_1x_0\rangle + \cdots +$$

$$\frac{1}{2^n}\sum_{y_i\in\{0,1\},x_i\in\{0,1\}}|c_{q-1}^{j,i}c_{q-2}^{j,i}\cdots c_0^{j,i}\rangle|\underbrace{111\cdots 1}_{n-3}\rangle|y_2y_1y_0\rangle|\underbrace{111\cdots 0}_{n-3}\rangle|x_2x_1x_0\rangle +$$

$$\frac{1}{2^n}\sum_{y_i\in\{0,1\},x_i\in\{0,1\}}|c_{q-1}^{j,i}c_{q-2}^{j,i}\cdots c_0^{j,i}\rangle|\underbrace{111\cdots 1}_{n-3}\rangle|y_2y_1y_0\rangle|\underbrace{111\cdots 1}_{n-3}\rangle|x_2x_1x_0\rangle$$

可以看出，结果的每一项都表示一个 8×8 的图像块，并满足量子态的形式。

2. 帧块比较

帧块比较的目的是检索相邻帧间的相似块。记视频帧 $|F_1\rangle$ 和 $|F_2\rangle$ 的图像块集合分别为 $\{|B_i^1\rangle\}, i=1,2,\cdots,2^{2n-6}$ 和 $\{|B_i^2\rangle\}, i=1,2,\cdots,2^{2n-6}$，$|p_s^{u,v}\rangle$，$s=1,2,\cdots,64$，$u=0,1,\cdots,2^m-1$，$v=0,1,\cdots,2^{2n-6}-1$ 表示第 u 帧的第 v 块中的第 s 个像素值。

帧块的比较可以使用量子比特比较器（如图10-1所示为两量子比特比较器）。比较时从最高位开始，依次比较每个比特位，可以计算出两个像素 $|p_s^{u,v}\rangle$ 与 $|p_s^{u+1,v_2}\rangle$ 的差值的最大范围是 $2^{q-1}+2^{q-2}+\cdots+1=2^q-1$。

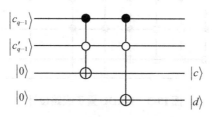

图10-1 两量子比特比较器

像素差的估计可由式（10-1）计算。

$$|c'_{q-1}-c_{q-1}|\cdot 2^{q-1}+|c'_{q-2}-c_{q-2}|\cdot 2^{q-2}+\cdots+|c'_0-c_0|\cdot 2^0 \leq 2^{q-1}+2^{q-2}+\cdots+1 \\ =2^q-1 \quad (10\text{-}1)$$

3. 残差计算

设相邻视频帧为 $|F_1\rangle$ 和 $|F_2\rangle$。视频帧 $|F_k\rangle$（$k=1,2$）的第 t 个帧块 $|B_t^k\rangle$ 表示形式如式（10-2）所示。

$$|B_t^k\rangle=\frac{1}{2^n}\sum_{y_i\in\{0,1\},x_i\in\{0,1\}}|c_{q-1}^{k,t}c_{q-2}^{k,t}\cdots c_0^{k,t}\rangle|t_{b_y}\rangle|y_2y_1y_0\rangle|t_{b_x}\rangle|x_2x_1x_0\rangle \quad (10\text{-}2)$$

式中，$|t_{b_y}\rangle$，$|t_{b_x}\rangle$ 分别表示 t 的二进制编码在 y 轴，x 轴方向上所需的量子比特。

这样，视频帧块 $|B_{t_1}^1\rangle$，$|B_{t_2}^1\rangle$ 的残差形式表示如式（10-3）所示。

$$|\Delta B\rangle=\frac{1}{2^n}\sum_{y_i\in\{0,1\},x_i\in\{0,1\}}|C^{1,t_1}-C^{2,t_2}\rangle|t_{b_y}\rangle|y_2y_1y_0\rangle|t_{b_x}\rangle|x_2x_1x_0\rangle \quad (10\text{-}3)$$

式中，$|C^{1,t_1}\rangle=|c_{q-1}^{2,t_1}c_{q-2}^{2,t_1}\cdots c_0^{2,t_1}\rangle$，$|C^{2,t_2}\rangle=|c_{q-1}^{2,t_2}c_{q-2}^{2,t_2}\cdots c_0^{2,t_2}\rangle$。

计算残差 $|\Delta B\rangle$ 的量子线路设计通过如下两个步骤完成。

（1）设计取补量子线路对量子态 $|C^{2,t_2}\rangle$ 执行取补操作，线路设计如图10-2所示。得到 $|\overline{C^{2,t_2}}\rangle$；

（2）利用 q-ADD 量子线路计算 $|C^{2,t_1}\rangle$ 与 $|\overline{C^{2,t_2}}\rangle$ 的和，线路设计如图10-3，图10-4所示。

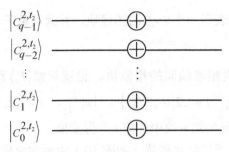

图 10-2　取补量子线路设计

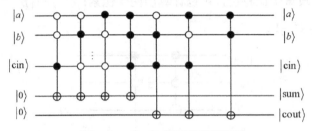

图 10-3　1-ADD 量子线路设计

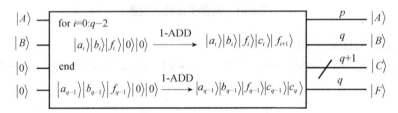

图 10-4　q-ADD 量子线路设计

q-ADD 线路可实现 $|C\rangle = |A+B\rangle$ 操作，令 $|A\rangle = |C^{2,t_1}\rangle$，$|B\rangle = |\overline{C^{2,t_2}}\rangle$，即可完成残差的计算。

10.2　最低有效量子比特位（LSQb）

在 10.1 节设计了两量子比特比较器（如图 10-1 所示）。量子线路利用两量子比特受控 NOT 门实现了比较两个量子比特是否相同的目标。在图 10-1 中，$|a\rangle,|b\rangle$ 是两个输入量子比特，$|c\rangle,|d\rangle$ 是对应的输出态。

若 $|c\rangle|d\rangle=|1\rangle|0\rangle$ 或者 $|c\rangle|d\rangle=|0\rangle|1\rangle$，则量子态 $|a\rangle$ 不等于量子态 $|b\rangle$。若 $|c\rangle|d\rangle=|0\rangle|0\rangle$，则量子态 $|a\rangle$ 等于量子态 $|b\rangle$。显然，比较器可以用来比较秘密量子比特信息和载体量子图像的最后一个量子比特是否相同。

具体的量子图像 LSQb 隐写算法包括两个步骤：（1）比较量子比特位；（2）LSQb 隐写。在第（1）步中，利用如图 10-1 所示的量子比较器来比较载体图像的最后一位量子比特和秘密信息的量子比特。然后，根据比较器的输出结果，可以决定作用到量子态上的幺正变换。在第（2）步中，如果量子比较器的输出结果是一样的，对载体的颜色信息不做任何改变，否则，对量子载体图像进行如下幺正变换：

$$U_i = I^{\otimes q-1} \otimes U \otimes |i\rangle\langle i| + I^{\otimes q} \otimes \left(\sum_{j=0, j\neq i}^{2^{2n}-1} |j\rangle\langle j| \right) \tag{10-4}$$

式中，

$$I = \begin{pmatrix} 1 & 0 \\ 0 & 1 \end{pmatrix}, \quad U = \begin{pmatrix} 0 & 1 \\ 1 & 0 \end{pmatrix}$$

很显然，这个幺正变换是受控 NOT 门。秘密信息需要嵌入载体图像的所有位置，若某些位置返回相同的值，则使用下列幺正变换：

$$U_j = I^{\otimes q} \otimes \left(\sum_{j=0}^{2^{2n}-1} |j\rangle\langle j| \right) \tag{10-5}$$

从上述过程可见，量子操作 $\prod_{i=0}^{2^{2n}-1} U_i$ 只改变了载体图像 $|I\rangle$ 相应像素颜色信息的最后一个量子比特。如果对载体图像应用 LSQb 操作，可以实现隐藏秘密信息到载体图像量子态中的目的：

$$|I'\rangle = \frac{1}{2^n} \sum_{i=0}^{2^{2n}-1} \left| c_{q-1}^i c_{q-2}^i \cdots c_1^i \right\rangle \left| \tilde{c}_0^i \right\rangle |i\rangle \tag{10-6}$$

$$\left| \tilde{c}_0^i \right\rangle = \begin{cases} \left| \overline{c}_0^i \right\rangle, & |c_{m0}\rangle \neq |c_0\rangle \\ \left| c_0^i \right\rangle, & |c_{m0}\rangle = |c_0\rangle \end{cases}$$

式中，$\left| \overline{c}_0^i \right\rangle$ 是 $\left| c_0^i \right\rangle$ 的补运算。

10.3 QVNEQR 的隐写

由于量子视频叠加态的特点，第 1 量子比特 $|c_0\rangle$ 和秘密信息的量子比特 $|c_{m0}\rangle$ 不能直接作为量子比较器的输入。作为一个叠加态，不能在不考虑其他量子比特的情况下直接处理某些量子比特。因此，在扩展量子图像 LSQb 算法之前，构建作用在整个量子视频态上的受控比较变换（CC）来实现载体最不重要量子比特 $|c_0\rangle$ 和秘密信息编码 $|c_{m0}\rangle$ 的比较。

10.3.1 QVNEQR 的受控比较器

QVNEQR 量子视频可以重新改写为如下形式：

$$\begin{aligned} |V\rangle &= \frac{1}{2^{\left(\frac{m}{2}+n\right)}} \sum_{j=0}^{2^m-1} \sum_{i=0}^{2^{2n}-1} |c_{j,i}\rangle \otimes |ij\rangle \\ &= \frac{1}{2^{\left(\frac{m}{2}+n\right)}} \sum_{j=0}^{2^m-1} \sum_{i=0}^{2^{2n}-1} \left| c_{q-1}^{j,i} c_{q-2}^{j,i} \cdots c_0^{j,i} \right\rangle \otimes |ij\rangle \end{aligned} \tag{10-7}$$

式中，$|ij\rangle$ 表示第 j 帧图像的第 i 个像素。这样，QVNEQR 量子视频的量子线路如图 10-5 所示。前 q 个量子比特表示颜色编码，接下来的 $2n$ 个量子比特表示位置编码。最后 m 个量子比特表示帧数 2^m。

设秘密信息的长度等于载体视频最低有效位量子比特数,如果秘密信息过长,可以将其分段以满足比特位相等。反之,可以将其补齐为相同的量子比特。在这种假设下,为了比较秘密量子比特 $|c_{m0}\rangle$ 和载体视频帧的量子比特 $|c_0\rangle$,设计了一个新的量子线路如图10-6所示。在图10-6中,新增加的3个量子比特线路用来表示1量子比特秘密信息和2量子比特的附加位,用于存储比较结果。

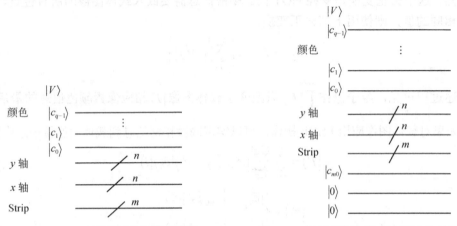

图10-5　QVNEQR量子视频的量子线路　　　　图10-6　量子视频和秘密量子比特的量子线路

可以看到,量子秘密信息比特和2个附加量子比特与最低有效位比特 $|c_0\rangle$ 不是相邻的关系。因此,首先需要将其移动到相邻位置。这一点可以通过如图10-7所示的量子多交换线路 S 来实现。如图10-7所示的线路完成了交换秘密信息量子比特 $|c_{m0}\rangle$ 和2个附加量子比特 $|0\rangle$ 从而接近量子视频最低有效位的目的。

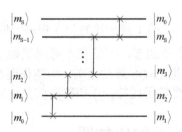

图10-7　量子多交换线路 S

通过使用3次量子多交换线路 S 操作,量子视频态具有下列形式:

$$|V_S\rangle = \frac{1}{2^{\left(\frac{m}{2}+n\right)}} \sum_{j=0}^{2^m-1} \sum_{i=0}^{2^{2n}-1} \left| c_{q-1}^{j,i} c_{q-2}^{j,i} \cdots c_0^{j,i} \right\rangle |c_{m0}\rangle |0\rangle |0\rangle \otimes |ij\rangle$$

交换位置之后,为了比较 QVNEQR 的最低有效位 $|c_0\rangle$ 和秘密量子比特 $|c_{m0}\rangle$,设计了下面的受控比较器操作:

$$\mathrm{CC}_{k,l} = \boldsymbol{I}^{\otimes q-1} \otimes C \otimes |kl\rangle\langle kl| + \boldsymbol{I}^{\otimes q+3} \otimes \sum_{j=0, j\neq l}^{2^m-1} \sum_{i=0, i\neq k}^{2^{2n}-1} |ij\rangle\langle ij| \quad (10\text{-}8)$$

$$l = 0,1,\cdots,2^m-1, \quad k = 0,1,\cdots,2^{2n}-1$$

这里，幺正变换 C 是如图 10-1 所示的两量子比特比较器，它实现了两量子比特的比较。$CC_{k,l}$ 变换可以完成秘密信息和量子视频 QVNEQR 最低有效位的比较。

$$CC_{k,l}(|V_s\rangle) = I^{\otimes q-1} \otimes C \otimes |kl\rangle\langle kl| \left(\frac{1}{2^{\left(\frac{m}{2}+n\right)}} \sum_{j=0}^{2^m-1} \sum_{i=0}^{2^{2n}-1} \left|c_{q-1}^{j,i} c_{q-2}^{j,i} \cdots c_0^{j,i}\right\rangle |c_{m0}\rangle|0\rangle|0\rangle \otimes |ij\rangle \right) +$$

$$I^{\otimes q+3} \otimes \sum_{j=0,j\neq l}^{2^m-1} \sum_{i=0,i\neq k}^{2^{2n}-1} |ij\rangle\langle ij| \left(\frac{1}{2^{\left(\frac{m}{2}+n\right)}} \sum_{j=0}^{2^m-1} \sum_{i=0}^{2^{2n}-1} \left|c_{q-1}^{j,i} c_{q-2}^{j,i} \cdots c_0^{j,i}\right\rangle |c_{m0}\rangle|0\rangle|0\rangle \otimes |ij\rangle \right)$$

$$= \frac{1}{2^{\left(\frac{m}{2}+n\right)}} \left|c_{q-1}^{j,i} c_{q-2}^{j,i} \cdots c_0^{j,i}\right\rangle |c_{m0}\rangle \left|c^{l,k}\right\rangle \left|d^{l,k}\right\rangle \otimes |kl\rangle +$$

$$\frac{1}{2^{\left(\frac{m}{2}+n\right)}} \sum_{j=0}^{2^m-1} \sum_{i=0}^{2^{2n}-1} \left|c_{q-1}^{j,i} c_{q-2}^{j,i} \cdots c_0^{j,i}\right\rangle |c_{m0}\rangle|0\rangle|0\rangle \otimes |ij\rangle \quad (10\text{-}9)$$

为了比较所有的量子比特，执行下列变换：

$$CC = \prod_{l=0}^{2^m-1} \prod_{k=0}^{2^{2n}-1} CC_{k,l} \quad (10\text{-}10)$$

$$CC(|V_s\rangle) = \frac{1}{2^{\left(\frac{m}{2}+n\right)}} \sum_{j=0}^{2^m-1} \sum_{i=0}^{2^{2n}-1} \left|c_{q-1}^{j,i} c_{q-2}^{j,i} \cdots c_0^{j,i}\right\rangle |c_{m0}\rangle \left|c^{j,i}\right\rangle \left|d^{j,i}\right\rangle \otimes |ij\rangle$$

$$\triangleq |V_{CC}\rangle \quad (10\text{-}11)$$

基于 LSQb 算法的量子视频隐写线路如图 10-8 所示，主要包括多交换门、受控比较门、LSQb 和逆多交换门。

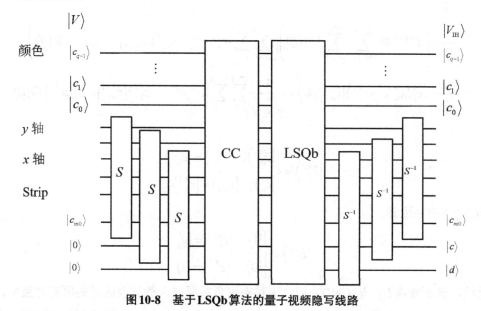

图 10-8 基于 LSQb 算法的量子视频隐写线路

10.3.2 QVNEQR 的最低有效位隐写

本节主要关注如图 10-8 所示的 LSQb 算法。量子视频的 LSQb 算法的过程如下：

1. 如果量子比较器的输出结果 $|c\rangle|d\rangle$ 相同，则不进行任何操作，即

$$U_{k,l} = \boldsymbol{I}^{\otimes q+3} \otimes \sum_{j=0}^{2^m-1} \sum_{i=0}^{2^{2n}-1} |ij\rangle\langle ij| \tag{10-12}$$

2. 如果比较器输出结果 $|c\rangle|d\rangle$ 不同，可以定义作用在载体量子视频上的如下幺正变换：

$$U_{k,l} = \boldsymbol{I}^{\otimes q-1} \otimes \boldsymbol{U} \otimes \boldsymbol{I}^{\otimes 2} \otimes |kl\rangle\langle kl| + \boldsymbol{I}^{\otimes q+3} \otimes \sum_{j=0,j\neq l}^{2^m-1} \sum_{i=0,i\neq k}^{2^{2n}-1} |ij\rangle\langle ij| \tag{10-13}$$

$$l=0,1,\cdots,2^m-1, \quad k=0,1,\cdots,2^{2n}-1$$

这样，有如下所示的计算过程：

$$U_{k,l}(|V_{\mathrm{CC}}\rangle)$$

$$= \left(\boldsymbol{I}^{\otimes q-1} \otimes \boldsymbol{U} \otimes \boldsymbol{I}^{\otimes 2} \otimes |kl\rangle\langle kl| + \boldsymbol{I}^{\otimes q+3} \otimes \sum_{j=0,j\neq l}^{2^m-1} \sum_{i=0,i\neq k}^{2^{2n}-1} |ij\rangle\langle ij|\right)$$

$$\left(\frac{1}{2^{(\frac{m}{2}+n)}} \sum_{j=0}^{2^m-1} \sum_{i=0}^{2^{2n}-1} |c_{q-1}^{j,i} c_{q-2}^{j,i} \cdots c_0^{j,i}\rangle |c_{m0}\rangle |c^{j,i}\rangle |d^{j,i}\rangle \otimes |ij\rangle\right)$$

$$= \frac{1}{2^{(\frac{m}{2}+n)}} \left(\boldsymbol{I}^{\otimes q-1} \otimes \boldsymbol{U} \otimes \boldsymbol{I}^{\otimes 2} \otimes |kl\rangle\langle kl| + \boldsymbol{I}^{\otimes q+3} \otimes \sum_{j=0,j\neq l}^{2^m-1} \sum_{i=0,i\neq k}^{2^{2n}-1} |ij\rangle\langle ij|\right)$$

$$\left(\sum_{j=0}^{2^m-1} \sum_{i=0}^{2^{2n}-1} |c_{q-1}^{j,i} c_{q-2}^{j,i} \cdots c_0^{j,i}\rangle |c_{m0}\rangle |c^{j,i}\rangle |d^{j,i}\rangle \otimes |ij\rangle\right)$$

$$= \frac{1}{2^{(\frac{m}{2}+n)}} \left(|c_{q-1}^{k,l} c_{q-2}^{k,l} \cdots c_1^{k,l}\rangle U(|c_0^{k,l}\rangle |c_{m0}\rangle) |c^{k,l}\rangle |d^{k,l}\rangle |kl\rangle\right) +$$

$$\frac{1}{2^{(\frac{m}{2}+n)}} \left(\boldsymbol{I}^{\otimes q+3} \otimes \sum_{j=0,j\neq l}^{2^m-1} \sum_{i=0,i\neq k}^{2^{2n}-1} |ij\rangle\langle ij|\right) \left(\sum_{j=0}^{2^m-1} \sum_{i=0}^{2^{2n}-1} |c_{q-1}^{j,i} c_{q-2}^{j,i} \cdots c_0^{j,i}\rangle |c_{m0}\rangle |c^{j,i}\rangle |d^{j,i}\rangle \otimes |ij\rangle\right)$$

$$= \frac{1}{2^{(\frac{m}{2}+n)}} |c_{q-1}^{k,l} c_{q-2}^{k,l} \cdots c_1^{k,l}\rangle |\tilde{c}_0^{k,l}\rangle |kl\rangle + \frac{1}{2^{(\frac{m}{2}+n)}} \sum_{j=0}^{2^m-1} \sum_{i=0}^{2^{2n}-1} |c_{q-1}^{j,i} c_{q-2}^{j,i} \cdots c_0^{j,i}\rangle |c_{m0}\rangle |c^{j,i}\rangle |d^{j,i}\rangle \otimes |ij\rangle$$

其中，

$$|\tilde{c}_0^{k,l}\rangle = \begin{cases} |\overline{c}_0^{k,l}\rangle, & |c_{m0}\rangle \neq |c_0^{k,l}\rangle \\ |c_0^i\rangle, & |c_{m0}\rangle = |c_0^{k,l}\rangle \end{cases}$$

$|\overline{c}_0^{k,l}\rangle$ 是 $|c_0^{k,l}\rangle$ 的补运算。

$$|\overline{c}_0^{k,l}\rangle = \begin{cases} |1\rangle, & |c_0^{k,l}\rangle = |0\rangle \\ |0\rangle, & |c_0^{k,l}\rangle = |1\rangle \end{cases}$$

显然，幺正变换 $U_{k,l}$ 是 CNOT 门，而秘密信息需要嵌入载体视频帧的所有位置中，每个幺正变换 $U_{k,l}$ 对应于位置 (k,l)，$l=0,1,\cdots,2^m-1, k=0,1,\cdots,2^{2n}-1$。从上述过程可得，幺正操作只改变了载体颜色编码的最后一个量子比特。如果对量子视频 $|V_{\mathrm{CC}}\rangle$ 应用下述变换可以实现嵌入所有秘密信息到量子视频的目的：

$$|V_{\text{IH}}\rangle = \frac{1}{2^{\left(\frac{m}{2}+n\right)}} \sum_{j=0}^{2^m-1} \sum_{i=0}^{2^{2n}-1} \left| c_{q-1}^{j,i} c_{q-2}^{j,i} \cdots c_1^{j,i} \right\rangle \left| \tilde{c}_0^{j,i} \right\rangle \left| c_{m0} \right\rangle \left| c^{j,i} \right\rangle \left| d^{j,i} \right\rangle \otimes |ij\rangle \quad (10\text{-}14)$$

最后，如图 10-8 所示，执行受控比较操作 CC 和 LSQb 算法后，用逆多交换变换来恢复比特位相对位置。

10.4 基于运动矢量的 QVNEQR 隐写

通过 10.2 节描述的 LSQb 算法可以实现高负载的量子视频隐写算法，但是这种方法的安全性较低，因为所有人都可以提取信息并且重构秘密信息。在经典的视频隐写中，基于运动矢量的视频隐写具有视频媒体的独有特性，因此很难被现有的隐写分析方法检测到。受经典视频运动矢量的隐写方法启发，本节关注基于运动矢量的量子视频隐写方法。

利用 10.1 节介绍的运动矢量，基于运动矢量的量子视频隐写算法描述如下：

1. 假设运动矢量中的残差为 $|\Delta B\rangle$，则

$$|\Delta B\rangle = \frac{1}{2^n} \sum_{y_i \in \{0,1\}, x_i \in \{0,1\}} |C\rangle \left| t_{b_y} \right\rangle |y_2 y_1 y_0\rangle \left| t_{b_x} \right\rangle |x_2 x_1 x_0\rangle$$

$$= \frac{1}{2^n} \sum_{y_i \in \{0,1\}, x_i \in \{0,1\}} \left| c_{q-1}^{t_1,t_2} c_{q-2}^{t_1,t_2} \cdots c_0^{t_1,t_2} \right\rangle \left| t_{b_y} \right\rangle |y_2 y_1 y_0\rangle \left| t_{b_x} \right\rangle |x_2 x_1 x_0\rangle$$

这里，t_1 和 t_2 是相邻视频帧 $|I_1\rangle$ 和 $|I_2\rangle$ 的子块 $|B_{t_1}^1\rangle$ 和 $|B_{t_2}^2\rangle$ 的编号，$\left| t_{b_y} \right\rangle$ 和 $\left| t_{b_x} \right\rangle$ 表示二进制编码 t_i 的坐标轴量子比特。

2. 类似于图 10-6，增加 3 个量子比特线路来表示 1 量子比特秘密信息和 2 量子比特附加量子比特。然后执行 3 次量子多交换线路 S 来使秘密量子比特 $|c_{m0}\rangle$ 和 2 附加量子比特 $|0\rangle$ 邻近运动矢量的最低有效量子比特位，可以得到：

$$|\Delta B_s\rangle = \frac{1}{2^n} \sum_{y_i \in \{0,1\}, x_i \in \{0,1\}} \left| c_{q-1}^{t_1,t_2} c_{q-2}^{t_1,t_2} \cdots c_0^{t_1,t_2} \right\rangle |c_{m0}\rangle |0\rangle |0\rangle \otimes \left| t_{b_y} \right\rangle |y_2 y_1 y_0\rangle \left| t_{b_x} \right\rangle |x_2 x_1 x_0\rangle$$

3. 构建受控比较变换：

$$\text{CC}_{k,l} = \boldsymbol{I}^{\otimes q-1} \otimes C \otimes \left| t_{b_y}^k \right\rangle |y_2 y_1 y_0\rangle \left| t_{b_x}^l \right\rangle |x_2 x_1 x_0\rangle +$$
$$\boldsymbol{I}^{\otimes q+3} \otimes \sum_{y_i \in \{0,1\}, x_i \in \{0,1\}} \left| t_{b_y} \right\rangle |y_2 y_1 y_0\rangle \left| t_{b_x} \right\rangle |x_2 x_1 x_0\rangle$$

4. 构建 LSQb 变换：

$$U_{k,l} = \boldsymbol{I}^{\otimes q-1} \otimes U \otimes \boldsymbol{I}^{\otimes 2} \otimes \left| t_{b_y}^k \right\rangle |y_2 y_1 y_0\rangle \left| t_{b_x}^l \right\rangle |x_2 x_1 x_0\rangle +$$
$$\boldsymbol{I}^{\otimes q+3} \otimes \sum_{y_i \in \{0,1\}, x_i \in \{0,1\}} \left| t_{b_y} \right\rangle |y_2 y_1 y_0\rangle \left| t_{b_x} \right\rangle |x_2 x_1 x_0\rangle$$

5. 在执行了受控比较变换和 LSQb 算法后，3 个逆多交换变换 S^{-1} 用来恢复原始编码。

说明：

① 上面 5 个步骤的具体实现过程类似于 10.2 节介绍的改进的 LSQb 算法，这里不再赘述。

② 秘密量子比特流可以利用受控交换门准确地提取出来，当提取时，只需要扩展图 10-8 到量子视频或者运动矢量即可。

10.5　仿真结果

在本节中，基于实验的仿真用来演示视频的视觉质量。如图 10-9 所示展示了本实验中测试使用的部分视频帧。视频帧的大小为 320×240。

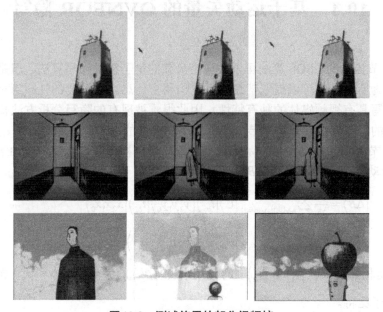

图 10-9　测试使用的部分视频帧

10.6　本章小结

本章首先介绍了量子视频帧运动检测基本理论，可以用来提取量子视频的运动矢量。然后介绍了量子最低有效位隐写方法。最后将量子最低有效位隐写方法应用到量子视频的运动矢量上，以实现高安全的量子视频运动矢量隐写方法。

第 11 章　量子算法程序设计

本章主要介绍量子图像处理仿真实验的 MATLAB 代码和量子图像压缩率计算时使用的软件 Logic Friday。

11.1　MATLAB 仿真

MATLAB 是 MathWorks 公司推出的计算软件，以矩阵的形式处理数据。MATLAB 将高性能的数值计算和可视化集成在一起，并提供了大量的内置函数。MATLAB 的开放式结构（M 语言编程），使用户可以非常容易地对 MATLAB 的功能进行扩充。目前量子图像处理领域的研究可以使用 MALTAB 进行实验仿真。下面介绍如何在 MATLAB 中表示量子图像，以及仿真量子处理算法。

11.1.1　FRQI 的 MATLAB 仿真

定义函数 FRQI_Song，其功能是把一幅大小为 $2^n \times 2^n$ 的 FRQI 量子图像转换为 2^{2n+1} 维的量子向量，即 Hilbert 空间中的 2^{2n+1} 维向量。FRQI 量子图像的 M 文件代码实现如下：

```
function QuanImg = FRQI_Song(I)
I = double(I);
th = max(max(I));
cos_I = I/th;
sin_I = sqrt(1-cos_I.^2);
[m,n] = size(I);
mm = 0:m-1;
nn = 0:n-1;
Pmm = dec2bin(mm,log2(m));
Pnn = dec2bin(nn,log2(n));
basis0 = [1 0];
basis1 = [0 1];
QuanImg = zeros(1,2*m*n);
for i = 1:n
    for j= 1:m
        Pos = strcat(Pnn(i,:),Pmm(j,:));
```

```
            Color = cos_I(j,i)*basis0+sin_I(j,i)*basis1;
            for ii = 1:length(Pos)
               if Pos(ii) == '0'
                  x(:,:,ii) = basis0;
               else
                  x(:,:,ii) = basis1;
               end
            end
            Zhiji= kron(x(:,:,1),x(:,:,2));
            for jj = 3:length(Pos)
               Zhiji = kron(Zhiji,x(:,:,jj));
            end
            Position= Zhiji;
            Encoding= kron(Color,Position);
            QuanImg = QuanImg + Encoding;
    end
end
QuanImg = QuanImg/m;
```

11.1.2 NEQR 的 MATLAB 仿真

定义函数 NEQR_Song，其功能是把一幅大小为 $2^n \times 2^n$ 的 NEQR 量子图像转换为 2^{2n+q} 维的量子向量，即 Hilbert 空间中的 2^{2n+q} 维向量。当灰度编码值为 8 量子比特时，即 $q=8$，NEQR 量子图像的 M 文件代码实现如下：

```
function LZImg=NEQ_SongR(L)
L=double(L);
[m,n]=size(L);
mm = 0:m-1;
nn = 0:n-1;
Dmm = dec2bin(mm,log2(m));
Dnn = dec2bin(nn,log2(n));
LZImg=zeros(1,256*m*n);
Yan_L=dec2bin(L,8);
for i=1:m
    for j=1:n
        Weizhi=strcat(Dmm(i,:),Dnn(j,:));
        Yanse=Yan_L(j*i,:);
   for ii = 1:length(Weizhi)
        if Weizhi(ii) == '0'
            x(:,:,ii) = [1 0];
        else
            x(:,:,ii) = [0 1];
        end
    end
```

```
            Ji= kron(x(:,:,1),x(:,:,2));
            for jj = 3:length(Weizhi)
                Ji = kron(Ji,x(:,:,jj));
            end
    for yy = 1:length(Yanse)
            if Yanse(yy) == '0'
                x(:,:,yy) = [1 0];
            else
                x(:,:,yy) = [0 1];
            end
        end
            Jiy= kron(x(:,:,1),x(:,:,2));
            for ss = 3:length(Yanse)
                Jiy = kron(Jiy,x(:,:,ss));
            end
            Position=Ji;
            Biaodashi=kron(Jiy,Position);
            LZImg=LZImg + Biaodashi;
    end
end
LZImg=LZImg/m;
```

11.1.3 QIRHSI 的 MATLAB 仿真

定义函数 QIRHSI_Song，其功能是把一幅大小为 $2^n \times 2^n$ 的 QIRHSI 量子彩色图像转换为 2^{2n+q+2} 维的量子向量，即 Hilbert 空间中的 2^{2n+q+2} 维向量。一幅 QIRHSI 量子彩色图像的 M 文件代码实现如下：

```
function QuanImg = QIRHSI_Song(rgb)
figure(1);
subplot(2,2,1);imshow(rgb);title('RGB原图');
rgb = double(rgb);
R = rgb(:,:,1);
G = rgb(:,:,2);
B = rgb(:,:,3);
num = 0.5*((R-G)+(R-B));
den = sqrt((R-G).^2+(R-B).*(G-B));
theta = acos(num./(den+eps));
H = theta;
H(B>G) = 2*pi-H(B>G);
H = H/(2*pi);
num = min(min(R,G),B);
den = R+G+B;
den(den==0)=eps;
S = 1-3.*num./den;
```

```
H(S==0)=0;
I = floor((R+G+B)/3);
hsi = cat(3,H,S,I);
subplot(2,2,2);imshow(H);title('H分量图');
subplot(2,2,3);imshow(S);title('S分量图');
subplot(2,2,4);imshow(I);title('I分量图');
m = size(hsi,1);
n = size(hsi,2);
mm = 0:m-1;
nn = 0:n-1;
Pmm = dec2bin(mm,log2(m));
Pnn = dec2bin(nn,log2(n));
basis0 = [1 0];
basis1 = [0 1];
QuanImg = zeros(1,2^(log2(m)+log2(n)+10));
for k = 1:n
    for j= 1:m
        Pos = strcat(Pnn(k,:),Pmm(j,:));
        H_kj = H(k,j)*basis0+sqrt(1-H(k,j).^2)*basis1;
        S_kj = S(k,j)*basis0+sqrt(1-S(k,j).^2)*basis1;
        Intensity_I=dec2bin(I(k,j),8);
        for yy = 1:length(Intensity_I)
           if Intensity_I(yy) == '0'
              x(:,:,yy) = [1 0];
           else
              x(:,:,yy) = [0 1];
           end
        end
        Jiy= kron(x(:,:,1),x(:,:,2));
        for ss = 3:length(Intensity_I)
           Jiy = kron(Jiy,x(:,:,ss));
        end
        Color =kron(kron(H_kj,S_kj),Jiy);
        for ii = 1:length(Pos)
           if Pos(ii) == '0'
              xx(:,:,ii) = basis0;
           else
              xx(:,:,ii) = basis1;
           end
        end
        Zhiji= kron(xx(:,:,1),xx(:,:,2));
        for jj = 3:length(Pos)
            Zhiji = kron(Zhiji,xx(:,:,jj));
        end
        Position= Zhiji;
        Encoding= kron(Color,Position);
```

```
            QuanImg = QuanImg + Encoding;
        end
end
QuanImg = QuanImg/(2^(log2(m)));
```

11.1.4 CQIPT 的 MATLAB 仿真

定义函数 CQIPT_Song，其功能是把一幅大小为 $2^n \times 2^n$ 的 CQIPT 量子彩色图像转换为 2^{2n+3} 维的量子向量，即 Hilbert 空间中的 2^{2n+3} 维向量。一幅 CQIPT 量子图像的 M 文件代码实现如下：

```
function QuanImg = CQIPT_Song(I)
I = double(I);
R = I(:,:,1);
G = I(:,:,2);
B = I(:,:,3);
th_R = max(max(R));
th_G = max(max(G));
th_B = max(max(B));
cos_R = exp(i*acos(R/th_R));
cos_G = exp(i*acos(G/th_G));
cos_B = exp(i*acos(B/th_B));
alpha = 1;
m = size(I,1);
n = size(I,2);
mm = 0:m-1;
nn = 0:n-1;
Pmm = dec2bin(mm,log2(m));
Pnn = dec2bin(nn,log2(n));
basis0 = [1 0];
basis1 = [0 1];
QuanImg = zeros(1,8*m*n);
for k = 1:n
    for j= 1:m
        Pos = strcat(Pnn(k,:),Pmm(j,:));
        Color =
tensor(basis0,basis0,basis0)+cos_R(k,j)*tensor(basis0,basis0,basis1)+...
tensor(basis0,basis1,basis0)+cos_G(k,j)*tensor(basis0,basis1,basis1)+...
tensor(basis1,basis0,basis0)+cos_B(k,j)*tensor(basis1,basis0,basis1)+...
tensor(basis1,basis1,basis0)+alpha*tensor(basis1,basis1,basis1);
        for ii = 1:length(Pos)
            if Pos(ii) == '0'
                x(:,:,ii) = basis0;
            else
```

```
            x(:,:,ii) = basis1;
        end
    end
        Zhiji= kron(x(:,:,1),x(:,:,2));
        for jj = 3:length(Pos)
            Zhiji = kron(Zhiji,x(:,:,jj));
        end
        Position= Zhiji;
        Encoding= kron(Color,Position);
        QuanImg = QuanImg + Encoding;
    end
end
QuanImg = QuanImg/(2^(log2(m)+3/2));
```

11.1.5 量子小波变换的 MATLAB 仿真

本节给出了量子计算中常用的两种量子小波变换的 MATLAB 代码，分别是量子 D4 小波和量子 $D_{2^n}^4$ 小波。

量子 D4 小波：

```
function D4= D4_wavelet(n)
v1 = ones(2^n-1,1);
Q2n = diag(v1,1);
Q2n(2^n,1) = 1;
v2 = zeros(2^n-1,1);
v2(1:2:end) = 1;
R2n = diag(v2,-1);
R2n = R2n+R2n';
S2n = Q2n*R2n;
c0 = (3+sqrt(3))/(4*sqrt(2));
c1 = (3-sqrt(3))/(4*sqrt(2));
c2 = (1-sqrt(3))/(4*sqrt(2));
c3 = (1+sqrt(3))/(4*sqrt(2));
C0 = 2*[c3 -c2;c2 c3];
C01 = 2*[c2 c3;c3 -c2];
C1 = 1/2*[c0/c3 1;1 c1/c2];
D4 = kron(eye(2^(n-1)),C1)*Q2n*kron(eye(2^(n-1)),C01);
End
```

量子 $D_{2^n}^4$ 小波：

```
function D4n2 = D4n2_QWT(n)
c0 = (3+sqrt(3))/(4*sqrt(2));
c1 = (3-sqrt(3))/(4*sqrt(2));
c2 = (1-sqrt(3))/(4*sqrt(2));
```

```
c3 = (1+sqrt(3))/(4*sqrt(2));
N = [0 1;1 0];
C0 = 2*[c3 -c2;c2 c3];
C01 = 2*[c2 c3;c3 -c2];
C1 = 1/2*[c0/c3 1;1 c1/c2];
wn = exp(-2*i*pi/2^n);
for p = 0:2^(n)-1
    wn_sequence(p+1) = wn^p;
end
T2n = diag(wn_sequence);
Q2n = F2n*T2n*F2n';
D4n2 = kron(eye(2^(n-1)),C1)*Q2n*kron(eye(2^(n-1)),C01);
end
```

11.2 量子图像压缩的仿真

Logic Friday 是一款免费软件工具，适用于基于标准 IC 封装的传统数字逻辑电路的运算。Logic Friday 的主要功能包括输入真值表、方程式或门图，快速或精确最小化选项，自动最小化标准门的数量，跟踪给定输入向量的逻辑状态，比较逻辑函数，将真值表导出为 CSV 文件等。

下面演示使用 Logic Friday 仿真软件对图像每层位平面进行压缩，得到压缩后该层位平面所需 CNOT 门的数量。

如图 11-1 所示，以一幅 8×8 的 HSI 空间彩色图像为例，其中，强度通道的灰度值如图 11-1（b）图所示。将 I 通道的灰度值分为 8 层位平面，每层位平面的二值图像如图 11-2 所示。

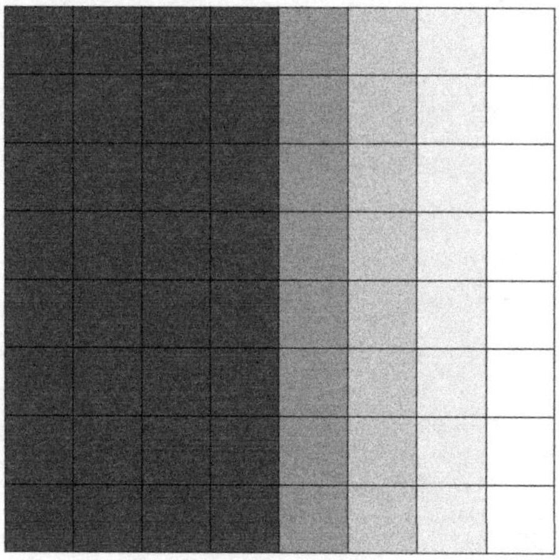

64	64	64	64	100	175	203	245
64	64	64	64	100	175	203	245
64	64	64	64	100	175	203	245
64	64	64	64	100	175	203	245
64	64	64	64	100	175	203	245
64	64	64	64	100	175	203	245
64	64	64	64	100	175	203	245
64	64	64	64	100	175	203	245

(a) HSI 彩色图像　　　　　　　(b) 强度通道的灰度值

图 11-1　一幅 8×8 的 HSI 空间彩色图像

C^0							
0	0	0	0	0	1	1	1
0	0	0	0	0	1	1	1
0	0	0	0	0	1	1	1
0	0	0	0	0	1	1	1
0	0	0	0	0	1	1	1
0	0	0	0	0	1	1	1
0	0	0	0	0	1	1	1
0	0	0	0	0	1	1	1

C^1							
1	1	1	1	1	0	1	1
1	1	1	1	1	0	1	1
1	1	1	1	1	0	1	1
1	1	1	1	1	0	1	1
1	1	1	1	1	0	1	1
1	1	1	1	1	0	1	1
1	1	1	1	1	0	1	1
1	1	1	1	1	0	1	1

C^2							
0	0	0	0	1	1	0	1
0	0	0	0	1	1	0	1
0	0	0	0	1	1	0	1
0	0	0	0	1	1	0	1
0	0	0	0	1	1	0	1
0	0	0	0	1	1	0	1
0	0	0	0	1	1	0	1
0	0	0	0	1	1	0	1

C^3							
0	0	0	0	0	0	0	1
0	0	0	0	0	0	0	1
0	0	0	0	0	0	0	1
0	0	0	0	0	0	0	1
0	0	0	0	0	0	0	1
0	0	0	0	0	0	0	1
0	0	0	0	0	0	0	1
0	0	0	0	0	0	0	1

C^4							
0	0	0	0	0	1	1	0
0	0	0	0	0	1	1	0
0	0	0	0	0	1	1	0
0	0	0	0	0	1	1	0
0	0	0	0	0	1	1	0
0	0	0	0	0	1	1	0
0	0	0	0	0	1	1	0
0	0	0	0	0	1	1	0

C^5							
0	0	0	0	1	1	0	1
0	0	0	0	1	1	0	1
0	0	0	0	1	1	0	1
0	0	0	0	1	1	0	1
0	0	0	0	1	1	0	1
0	0	0	0	1	1	0	1
0	0	0	0	1	1	0	1
0	0	0	0	1	1	0	1

C^6							
0	0	0	0	0	1	1	0
0	0	0	0	0	1	1	0
0	0	0	0	0	1	1	0
0	0	0	0	0	1	1	0
0	0	0	0	0	1	1	0
0	0	0	0	0	1	1	0
0	0	0	0	0	1	1	0
0	0	0	0	0	1	1	0

C^7							
0	0	0	0	0	1	1	1
0	0	0	0	0	1	1	1
0	0	0	0	0	1	1	1
0	0	0	0	0	1	1	1
0	0	0	0	0	1	1	1
0	0	0	0	0	1	1	1
0	0	0	0	0	1	1	1
0	0	0	0	0	1	1	1

图11-2　图11-1（b）的8层位平面

接下来，对位平面C^2使用Logic Friday软件进行压缩。步骤如下。

首先打开软件，单击File选项卡，新建一个真值表，如图11-3所示。

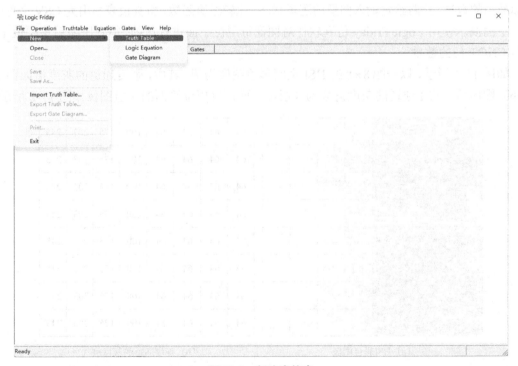

图11-3　新建真值表

这里，可以根据表示位平面C^2所有位置共需要的量子比特数来确定需要输入的数目，因为位平面C^2每个位置的值非0即1，所以只有一个输出值。输入输出变量的名字可以更改，这里使用软件自定义的名字，F0 代表每个位置的值。输入真值的具体操作如图 11-4 所示。

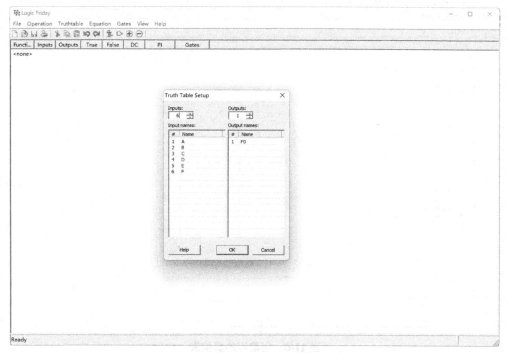

图11-4　输入真值

创建好的真值表如图 11-5、图 11-6 所示，共需要 6 个量子比特位来表示位平面 C^2 的 64 个位置的值，默认每个位置的值为 0。

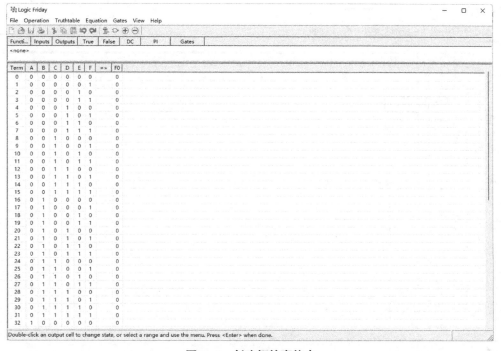

图11-5　创建好的真值表

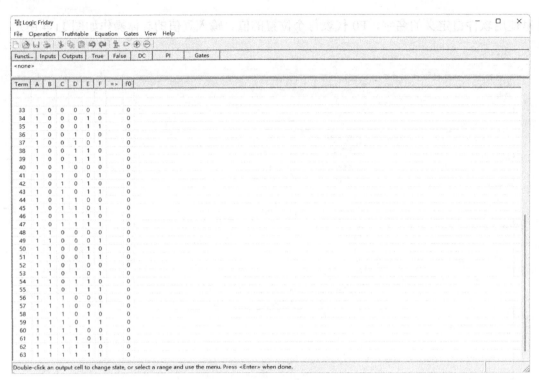

图11-6 创建好的真值表

双击每个位置的值（F0）即可更改该位置的状态（X 表示不关心该位置的值，0 或 1 皆可），参照位平面 C^2，更改后的真值表如图 11-7、图 11-8 所示。

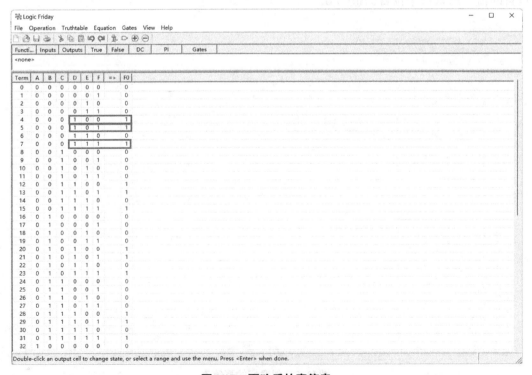

图11-7 更改后的真值表

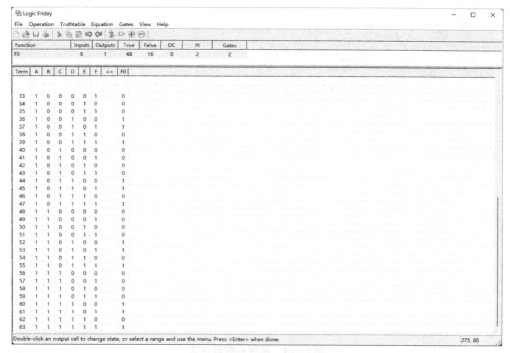

图 11-8　更改后的真值表

单击 Truthtable 选项卡下的 Select All 选项，选取更改后的整个真值表，如图 11-9 所示。

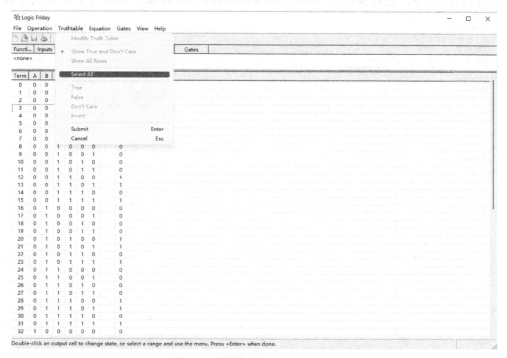

图 11-9　选取更改后的整个真值表

单击 Enter 键，软件自动显示真值为 1 的位置，并列出真值函数表达式（即布尔函数表达式），如图 11-10 所示（注意：此时还未进行最小化操作）。

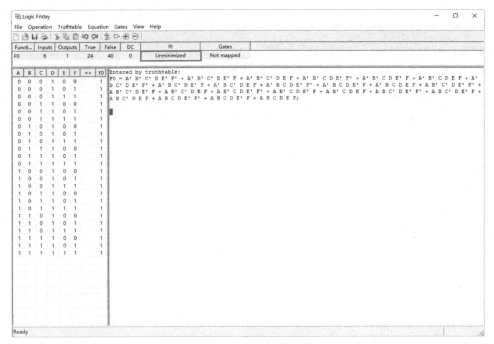

图11-10　真值函数表达式

若想查看整个真值表每个位置的值，则可选取 Truthtable 选项卡下的 Show All Rows 选项，如图 11-11 所示，也可以选取 Show True and Don't Care 选项显示值为 1 和 X 的位置。

图11-11　查看整个真值表每个位置的值

接下来对布尔表达式进行最小化操作，单击 Operation 选项卡下的 Minimize 选项，如图 11-12 所示。

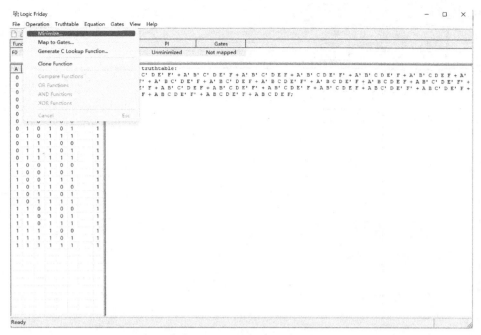

图 11-12　布尔表达式最小化

有两种模式可供选择，Fast 模式计算起来比较快，但是结果可能不精确。此处选取 Exact 模式对布尔表达式进行最小化，如图 11-13 所示。

图 11-13　Exact 模式对布尔表达式进行最小化

计算结果如图 11-14 所示，PI 表示真值为 1 的位置最小化后的函数表达式数目（即最小化布尔表达式之后加数的个数），此处 PI = 2 表示只需要两个加数。F0 = DE′ + DF 是最小化后的布尔表达式。重构后的真值表如图 11-14 左侧所示。最小化后只需要两个 CNOT 门即可：

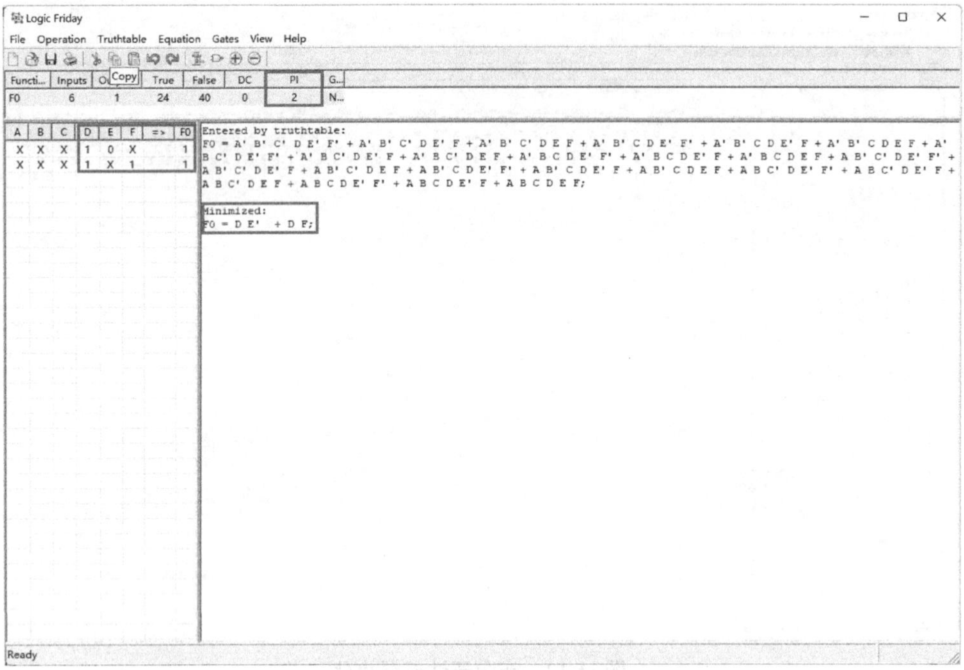

量子图像和视频处理与安全

图11-14 计算结果

Column D, E : $x_0\overline{x}_1 = 0$, CNOT

Column D, F : $x_0 x_1 = 11$, 2 − CNOT

若想更改原真值表中的值，则在真值表处右键选取 Modify Truth Table 选项即可，如图11-15 所示。

图11-15 更改原真值表中的值

对 8 层位平面 $C^0,C^1,C^2,C^3,C^4,C^5,C^6,C^7$ 均进行最小化，压缩后需要门的数量分别为：2，3，2，1，2，2，2，2。未进行最小化之前，对强度通道进行表示时需要 192 个门，而压缩后只需要 16 个门，根据式（5-3）可求得对强度通道进行压缩的压缩率为 91.67%。

11.3 本章小结

本章主要介绍了在 MATLAB 环境下对量子图像和量子视频相关算法进行仿真实验的程序和代码，并分别给出了本书第 2 章提出的四种量子图像表示方法 FRQI、NEQR、QIRHSI 和 CQIPT 的代码实现，同时以量子小波变换为例，演示了如何进行量子图像态变换操作的程序设计。最后，以 QIRHSI 量子图像压缩为例，给出基于 Logic Friday 软件的压缩及压缩率的计算方法。

附　录

附录 A　Hilbert 空间

Hilbert 从 1926 年开始系统研究量子力学的数学基础，按照他和助理 Johnvon Neumann 等的观点，适用于量子力学的数学框架是在 1927 年由一种抽象的数学结构所确定的空间。1926—1932 年，Von Neumann 证明了 Hilbert 空间算符的许多定理，于 1932 年撰写成著名的"量子力学的数学基础"一书，使 Hilbert 空间中的线性算符作为量子力学数学基础得到公认。对于已经具有高等数学和高等代数基础背景的读者，本节简要介绍线性空间、距离空间、线性距离空间、线性赋范空间和 Hilbert 空间的概念，以便大家了解量子计算的数学原理。

定义 A.1（线性空间）　设 X 是非空集合，K 是数域（实数域或复数域），如果在 X 上定义了加法运算，即对 X 中每对元素 x, y 都对应 X 中一个元素 z，用 $z = x+y$ 表示；又定义了数乘运算，即对每个数 $\alpha \in K$ 和每个元素 $x \in X$，都对应 X 中一个元素 u，用 $u = \alpha x$ 表示，而且满足如下公设：

（1）$x + y = y + x$。

（2）$x + (y + z) = (x + y) + z$。

（3）X 中存在唯一元素，用 0 表示，使对每个 $x \in X$，$x + 0 = x$，0 称为 X 中零元。

（4）对 X 中每个元素 x，都存在唯一元素，用 $-x$ 表示，使 $x + (-x) = 0$。

（5）$a(x + y) = ax + ay$。

（6）$(\alpha + \beta)x = \alpha x + \beta x$。

（7）$\alpha(\beta x) = (\alpha\beta)x$。

（8）$1x = x$。

这里 $x, y, z \in X$，$\alpha, \beta \in K$。则称 X 按上述加法和数乘为复（当 K 为复数域时）或实（当 K 为实数域时）线性空间。通常又称为向量空间，空间中的元素又称为向量或点。

线性空间最重要的概念是线性相关与线性无关。

定义 A.2　若线性空间 X 中有限的向量集合 $\{x_1, x_2, \cdots, x_n\}$ 称为线性相关的，则存在不全为 0 的数 $\alpha_1, \alpha_2, \cdots, \alpha_n$，使得 $a_1 x_1 + a_2 x_2 + a_n x_n = 0$。否则，就称为线性无关的，这时关系蕴含 $a_1 = a_2 = \cdots = \alpha_n = 0$。如果一个无穷的向量集合 S 称为线性无关的，那么 S 的每个有限子集都是线性无关的，否则 S 称为线性相关的。

定义 A.3　若集合 X 中任意两个元素 x, y 都对应一个实数 $d(x, y)$，使

（1）$d(x, y) \geq 0$；$d(x, y) = 0$ 当且仅当 $x = y$。

(2) $d(x,y) = d(y,x)$。

(3) $d(x,z) \leqslant d(x,y) + d(y,z)$。

则称 X 为距离空间，记作 $\langle X, d \rangle$，而称 $d(x,y)$ 为 x 与 y 之间的距离。

定义 A.4 设距离空间 C_1, C_2, C_3 中的点列 $\{x_n\}_{n=1}^{\infty}$，使
$$\lim_{n \to \infty} d(x_n, x) = 0$$
则称 $\{x_n\}_{n=1}^{\infty}$ 按距离 d 收敛到 x，并记作 $x_n \xrightarrow{d} x$，简记为 $x_n \to x$。

定义 A.5 设线性空间 X 上还赋有距离 $d(\cdot, \cdot)$，使得元素的加法和数乘都按 d 所确定的极限是连续的，即

(1) $d(x_n, x) \to 0$，$d(y_n, y) \to 0 \Rightarrow d(x_n + y_n, x + y) \to 0$。

(2) $d(x_n, x) \to 0 \Rightarrow d(\alpha x_n, \alpha x) \to 0$，对任意数 $\alpha \in K$。

(3) $\alpha_n \to \alpha$，$x \in X \Rightarrow d(\alpha_n x, \alpha x) \to 0$。

那么线性空间 X 称为线性距离空间。

定义 A.6 设 $\{x_n\}_{n=1}^{\infty}$ 是距离空间 $\langle X, d \rangle$ 中的序列，如果对任意的 $\varepsilon > 0$，都有自然数 N，当 $n, m \geqslant N$ 时，有
$$d(x_n, x_m) < \varepsilon$$
则称 $\{x_n\}_{n=1}^{\infty}$ 为 Cauchy 序列。

显然凡是收敛序列都是 Cauchy 序列，但其逆不真，例如全体有理数构成的距离空间中就有不收敛的 Cauchy 序列。

定义 A.7 若距离空间 $\langle X, d \rangle$ 中任何 Cauchy 序列都收敛，则称 $\langle X, d \rangle$ 为完备的。

$[0,1]$ 上所有复值连续函数集合 $C[0,1]$ 是完备空间。

定义 A.8 对复（或实）线性空间 X，若有从 X 到 R 的函数，使

(1) $\|x\| \geqslant 0$；$\|x\| = 0$ 当且仅当 $x = 0$。

(2) $\|\alpha x\| = |\alpha| \|x\|$。

(3) $\|x + y\| \leqslant \|x\| + \|y\|$。

这里 $x, y \in X$，$\alpha \in C$（或 R），则称 X 为复（或实）线性赋范空间，称 $\|x\|$ 为 x 的范数。

完备的线性赋范空间称为 Banach 空间。完备的线性距离空间称为 F-空间。

定义 A.9 设 X 为复线性空间，如果对任给的 $x, y \in X$ 都恰有一个复数与之对应，记为 (x, y)，并且这个对应具有下列性质：

(1) $(x, x) \geqslant 0$；$(x, x) = 0$ 必须且只需 $x = 0$。

(2) $(x + y, z) = (x, z) + (y, z)$。

(3) $(\alpha x, y) = \alpha(x, y)$。

(4) $(x, y) = \overline{(y, x)}$。

对 $x, y \in X$，$\alpha \in C$，则称 (x, y) 为 x 与 y 的内积，称 X 为具有内积 $(\cdot, \cdot)$ 的内积空间。

定义 A.10 若内积空间 H 是完备的，则称 H 为 Hilbert 空间。

注：本节基于江泽坚和孙善利的《泛函分析》[136]整理了 Hilbert 空间等基本概念。

附录 B Fourier 变换

Fourier 变换是科学研究中非常有用的一种数学工具,它的核心是把一个非常难解的问题,变换成另一个容易解决的问题,求解后再通过逆变换变回原来的形式,从而达到解决问题的目的。对图像信息进行变换,使能量保持但重新分配,有利于加工、处理和滤除不必要信息(如噪声),加强/提取感兴趣的部分或特征。

B.1 连续 Fourier 变换

一维傅里叶变换及其反变换为

$$\Re: \quad F(u) = \int_{-\infty}^{\infty} f(x) e^{-j2\pi ux} dx$$

$$\Re^{-1}: \quad f(x) = \int_{-\infty}^{\infty} F(u) e^{j2\pi ux} du$$

傅里叶变换很容易推广到二维的情形。设函数 $f(x,y)$ 是连续可积的,且 $f(u,v)$ 可积,则存在如下的傅里叶变换对:

$$\boldsymbol{F}\{f(x,y)\} = F(u,v) = \int_{-\infty}^{\infty}\int_{-\infty}^{\infty} f(x,y) e^{-j2\pi(ux+vy)} dx dy$$

$$\boldsymbol{F}^{-1}\{F(u,v)\} = f(x,y) = \int_{-\infty}^{\infty}\int_{-\infty}^{\infty} F(u,v) e^{j2\pi(ux+vy)} du dv$$

B.2 离散 Fourier 变换

函数 $f(x)$ 的一维离散傅里叶变换由下式定义:

$$\Re: F(u) = \frac{1}{\sqrt{N}} \sum_{x=0}^{N-1} f(x) e^{-j2\pi ux/N}$$

式中,$u = 0,1,\cdots,N-1$。

$F(u)$ 的傅里叶反变换定义为:

$$\Re^{-1}: f(x) = \frac{1}{\sqrt{N}} \sum_{u=0}^{N-1} F(u) e^{j2\pi ux/N}$$

式中,$x = 0,1,\cdots,N-1$。

同连续函数的傅里叶变换一样,离散函数的傅里叶变换也可推广到二维的情形,其二维离散傅里叶变换定义为:

$$F(u,v) = \frac{1}{N} \sum_{x=0}^{N-1}\sum_{y=0}^{N-1} f(x,y) e^{-j2\pi(ux+vy)/N}$$

二维离散傅里叶反变换定义为

$$f(x,y) = \frac{1}{N} \sum_{u=0}^{N-1}\sum_{v=0}^{N-1} F(u,v) e^{j2\pi(ux+vy)/N}$$

式中,$x = 0,1,\cdots,N-1$,$y = 0,1,\cdots,N-1$,u 和 v 是频域变量。

二维函数的离散傅里叶谱、相位谱和能量谱分别为：

$$|F(u,v)| = \sqrt{R^2(u,v) + I^2(u,v)}$$

$$\phi(u,v) = \arctan \frac{I(u,v)}{R(u,v)}$$

$$P(u,v) = |F(u,v)|^2 = R^2(u,v) + I^2(u,v)$$

B.3 量子 Fourier 变换

量子 Fourier 变换与离散 Fourier 变换具有严格的形式相似性，只是量子 Fourier 变换（Quantum Fourier Transform，QFT）的记号与传统有些不同。量子 Fourier 变换定义为，在一组标准正交基 $|0\rangle, |1\rangle, \cdots, |N-1\rangle$ 上的一个线性算子，在基态上的作用为

$$|j\rangle \to \frac{1}{\sqrt{N}} \sum_{k=0}^{N-1} e^{2\pi i j k / N} |k\rangle$$

对任意状态的作用可写作

$$\sum_{j=0}^{N-1} x_j |j\rangle \to \sum_{k=0}^{N-1} y_k |k\rangle$$

式中幅度 y_k 是幅度 x_j 的离散 Fourier 变换值，可以证明，QFT 是幺正的。如图 B-1 所示为一个量子 Fourier 变换的有效线路，其中，门 R_k 表示幺正变换

$$R_k = \begin{pmatrix} 1 & 0 \\ 0 & e^{2\pi i / 2^k} \end{pmatrix}$$

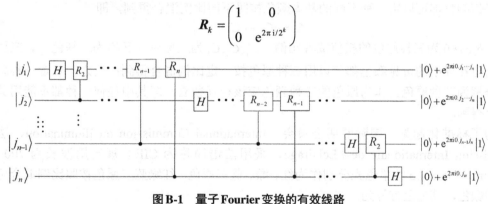

图 B-1 量子 Fourier 变换的有效线路

注：本节内容主要参考文献[3]。

附录 C 图像颜色空间

本节介绍数字图像处理中的彩色图像表示基础和两种颜色空间模型。色度空间划分是为了便于以一定标准指定各种各样的颜色，其实质是一个标准系统，通过系统中的点来代表每一种颜色。现阶段常用的色度空间分为两类：面向应用（如彩色动画）和面向硬件（如彩色显示器和打印机）。数字图像处理方面，面向硬件的模型通常在彩色显示器和彩色摄像机中使用 RGB [Red（红）、Green（绿）、Blue（蓝）] 模型；在彩色打印机中使用 CMY [Cyan（青），

Magenta（品红），Yellow（黄）] 模型和 CMYK [Cyan（青），Magenta（品红），Yellow（黄），Black（黑）] 模型 [注：在 CMYK 模型中，黑色用 K 表示，避免与蓝色（Blue）混淆] 等，这些常用的色度空间中 HSI [Hue（色调），Saturation（饱和度），Intensity（亮度）] 是最接近符合人类描述和解释的颜色，所以 HSI 天生有减少图像中色彩和灰度信息干扰的优势，因此 HSI 十分适合许多图像处理方法。色彩学作为一个包含众多应用领域的学科，实际上存在大量的色度模型无法一一指出，此处仅介绍常见的两个色度模型 RGB 和 HSI，并介绍两者之间的相互转化方法。

C.1 彩色基础

可见光是由电磁波谱中相对较窄的波段组成的，如果一个物体比较均衡地反射各种光谱，那么人看到的物体是白的。而如果一个物体对某些可见光谱反射得较多，那么人看到的物体就呈现相对应的颜色。例如，绿色物体反射具有 500～570 nm 范围的光，吸收其他波长光的多数能量。

人眼的锥状细胞是负责彩色视觉的传感器，锥状细胞可分为三个主要的感觉类别。大约 65% 的锥状细胞对红光敏感，33% 对绿光敏感，只有 2% 对蓝光敏感。由于人眼的这些吸收特性，因此被看到的彩色实际是所谓的原色红（R）、绿（G）和蓝（B）的各种组合。

C.1.1 三原色原理

任何颜色都可以用三种不同的基本颜色按照不同比例混合得到，即

$$C = aC_1 + bC_2 + cC_3$$

式中 $a, b, c \geq 0$ 为三种原色的权值或者比例，C_1, C_2, C_3 为三原色（又称为三基色）。三原色原理指出自然界中的可见颜色都可以用三种原色按一定比例混合得到；反之，任意一种颜色都可以分解为三种原色。作为原色的三种颜色应该相互独立，即其中任何一种都不能用其他两种混合得到。

为了标准化起见，国际照明委员会（International Commission on Illumination，法语：Commission Internationale de l'Eclairage，采用法语简称为 CIE）规定用波长为 700 nm、546.1 nm、435.8 nm 的单色光分别作为红、绿、蓝三原色。红绿蓝三原色按照比例混合可以得到各种颜色，其配色方程为：

$$C = aR + bG + cB$$

原色相加可产生二次色。例如：红色+蓝色=深红色（M, Magenta），绿色+蓝色=青色（C, Cyan），红色+绿色=黄色（Y, Yellow）。以一定的比例混合光的三种原色或者以一种二次色与其相反的原色相混合可以产生白色（W, White），即：红色+绿色+蓝色=白色。

C.1.2 颜色特征

相同亮度的三原色，人眼看去的感觉是，绿色光的亮度最亮，红色光其次，蓝色光最弱。如果用 W 表示白色光，即光的亮度（灰度），则有如下关系：

$$W = 0.299R + 0.587G + 0.114B$$

形成任何特殊颜色需要的红、绿、蓝的量称作三色值，并分别表示为 X, Y, Z。进一步，一种颜色可用它的三个色系数表示，它们分别是：

$$x = \frac{X}{X+Y+Z}, \quad y = \frac{Y}{X+Y+Z}, \quad z = \frac{Z}{X+Y+Z}$$

1931年，CIE制定了一个全色度图（Chromaticity Diagram），俗称马蹄图（Horseshoe）或舌形图，如图C-1所示，用组成某种颜色的三原色的比例来规定这种颜色。图中横轴代表红色色系数，纵轴代表绿色色系数，蓝色色系数可由 $z = 1-(x+y)$ 求得。

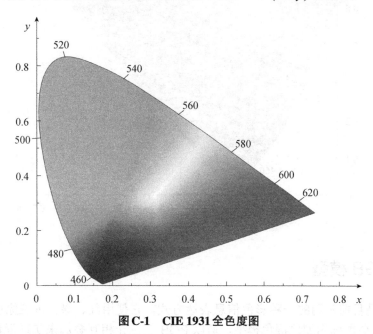

图C-1　CIE 1931全色度图

CIE-1931 XYZ颜色空间有一个大的缺陷，在计算色差时，各颜色区间允许的误差是不一样的。因仍无法与视觉颜色同步化，为了统一颜色的计算和比较，CIE又推出了均匀颜色空间。1937年Mac Adam将 (x,y) 转换成 (u,v) 色坐标系统，于1960年被CIE所采用：

$$u = 4x/(-2x+12y+3)$$
$$v = 6y/(-2x+12y+3)$$

(u,v) 色坐标系统仍无法与视觉颜色同步化，因此Mac Adam继续深化研究，最终在1973年决定将 v 坐标再加上50%，这个系统又被采纳为CIE 1976 UCS（Uniform Chromaticity Scale）色度坐标系统：

$$u' = u = 4x/(-2x+12y+3)$$
$$v' = 1.5v = 9y/(-2x+12y+3)$$

CIE 1976 UCS将CIE 1931色度坐标加以转换，使其所形成的色域接近均匀色度空间，让色彩差异得以量化，在各种文献中也称CIE LUV颜色空间，如图C-2所示。

区分颜色常用三种基本特性量：亮度、色调和饱和度。如果无彩色，那么就只有亮度一个维度的变化。色调是光波混合中与主波长有关的属性，表示观察者接收的主要颜色。因此，当说一个物体是红色、橘黄色、黄色时，是指它的色调。饱和度与一定色调的纯度有关，纯光谱色是完全饱和的，随着白光的加入饱和度逐渐减少。色调和饱和度一起称为彩色，因此，颜色用亮度和彩色表征。

彩色模型（也称彩色空间或彩色系统）的用途是在某些标准下用通常可接受的方式简化彩色规范。本质上，彩色模型是坐标系统和子空间的规范。位于系统中的每种颜色都由单个点来表示。

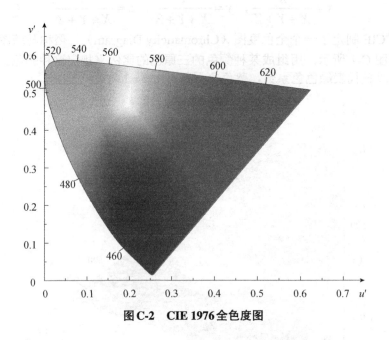

图 C-2　CIE 1976 全色度图

C.2　RGB 模型

RGB 模型是目前常用的一种彩色信息表达方式，它使用红、绿、蓝三原色的亮度来定量表示颜色。该模型也称为加色混色模型，是以 RGB 三色光相互叠加来实现混色的方法，因而适合于显示器等发光体的显示。

考虑 RGB 图像中的每一幅红、绿、蓝图像都是一幅 8 bit 图像，在这种条件下，每一个 RGB 彩色像素有 24 bit 深度（3 个图像平面乘以每平面比特数，即 3×8）。24 bit 的彩色图像也称全彩色图像。在 24 bit RGB 图像中颜色总数是 $2^{24}=16\,777\,216$。

一幅 $m\times n$（m,n 为正整数，分别表示图像的高度和宽度）的 RGB 彩色图像可以用一个 $m\times n\times 3$ 的矩阵来描述，图像中的每一个像素点对应于红、绿、蓝三个分量组成的三元组，RGB 模型如图 C-3 所示。

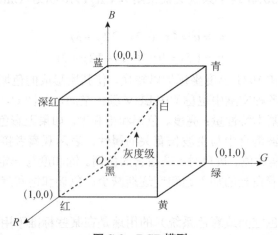

图 C-3　RGB 模型

在 MATLAB 中，不同的图像类型，其图像矩阵的取值范围也不一样。例如，若一幅 RGB 图像是 double 类型的，则其取值范围在[0, 1]，而如果是 uint8 或者 uint16 类型的，则其取值范围分别是[0, 255]和[0, 655 35]。

C.3 HSI 模型

HSI（Hue-Saturation-Intensity）模型用 H、S、I 三参数描述颜色特性。H 定义颜色的波长，称为色调；S 表示颜色的深浅程度，称为饱和度；I 表示强度或亮度。HSI 模型在图像处理和识别中广泛采用，主要基于两个重要的事实：其一，I 分量与图像的彩色信息无关；其二，H 和 S 分量与人感受颜色的方式是紧密相连的。包含彩色信息的两个参数是色度（H）和饱和度（S）。色度（H）由角度表示，彩色的色度反映了该彩色最接近什么样的光谱波长（即彩虹中的哪种颜色）。

不失一般性，可以假定 0°的颜色为红色，120°的颜色为绿色，240°的颜色为蓝色。色度从 0°～360°覆盖了所有可见光谱的彩色。饱和度 S 表示颜色的深浅程度，饱和度越高，颜色越深，如深红、深绿等。饱和度参数是色环的原点（圆心）到彩色点的半径的长度。在环的外围圆周是纯的或称饱和的颜色，其饱和度值为 1。在中心是中性（灰色），即饱和度为 0。亮度 I 是指光波作用于感受器所发生的效应，其大小由物体反射系数决定。反射系数越大，物体的亮度越大，反之越小。如果把亮度作为色环的垂线，那么 H、S、I 可构成一个柱形彩色空间。

HSI 模型的三个属性定义了一个三维柱形空间，如图 C-4 所示。

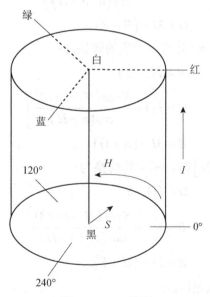

图 C-4 HSI 模型

C.4 模型转化

C.4.1 从 RGB 空间转换到 HSI 空间

假设 R, G, B 的值被标准化到 $[0,1]$ 内。给定一张彩色图像，强度取值范围是 $[0,1]$，被定

义为

$$I = \frac{1}{3}(R+G+B)$$

色调和饱和度描述为

$$H = \begin{cases} \theta, & G \geq B \\ 2\pi - \theta, & G < B \end{cases}$$

$$S = 1 - \frac{3\min(R,G,B)}{R+G+B}$$

式中，

$$\theta = \arccos\left\{\frac{(R-G)+(R-B)}{2\sqrt{(R-G)^2+(R-B)(G-B)}}\right\}$$

C.4.2　从 HSI 空间转换到 RGB 空间

设 I 的值落在 $[0,1]$ 上，R, G, B 的值也属于 $[0,1]$。

- 当 H 的值在 $[0, 2\pi/3]$ 时，从 HSI 到 RGB 的转换为：

$$B = I(1-S)$$

$$R = I\left[1 + \frac{S\cos H}{\cos(\pi/3 - H)}\right]$$

$$G = 3I - (B+R)$$

- 当 H 的值属于 $[2\pi/3, 4\pi/3]$ 时，相应的转换为：

$$R = I(1-S)$$

$$G = I\left[1 + \frac{S\cos(H - 2\pi/3)}{\cos(\pi - H)}\right]$$

$$B = 3I - (R+G)$$

- 当 H 的值属于 $[4\pi/3, 2\pi]$ 时，相应的转换为：

$$G = I(1-S)$$

$$B = I\left[1 + \frac{S\cos(H - 4\pi/3)}{\cos(5\pi/3 - H)}\right]$$

$$R = 3I - (G+B)$$

注：本节内容主要参考文献[117]。

参考文献

[1] 张登玉. 量子逻辑门与量子退相干[M]. 北京：科学出版社，2013.

[2] 宋辉. 量子计算机体系结构及模拟技术的研究与实现[D]. 长沙：国防科技大学，2003：7-23.

[3] Nielsen M A，Chuang I L. Quantum Computation and Quantum Information[M]. Cambridge：Cambridge University Press，2005.

[4] 闫飞，杨华民，蒋振刚. 量子图像处理及应用[M]. 北京：科学出版社，2016.

[5] Shende V V，Prasad A K，Markov I L，et al. Synthesis of Reversible Logic Circuits[J]. IEEE Transactions on Computer-Aided Design of Integrated Circuits & Systems，2003，22（6）：710-722.

[6] Saeedi M，Markov I L. Synthesis and Optimization of Reversible Circuits-a Survey[J]. ACM Computing Surveys（CSUR），2013，45（2）：1-34.

[7] 桑建芝. 量子彩色图像安全保护关键问题研究[D]. 黑龙江：哈尔滨工业大学，2017：7-8.

[8] Barenco A，Bennett C H，Cleve R，et al. Elementary Gates for Quantum Computation[J]. Physical Review A，1995，52（5）：1-31.

[9] Vedral V，Barenco A，Ekert A. Quantum Networks for Elementary Arithmetic Operations[J]. Physical Review A，1996，54（1）：147.

[10] Venegas-Andraca S E，Bose S. Storing，Processing，and Retrieving an Image using Quantum Mechanics[C]. The International Society for Optical Engineering，Orlando，F.L，USA，2003，5105：137-147.

[11] 姜楠. 量子图像处理[M]. 北京：清华大学出版社，2016.

[12] Li H S，Zhu Q X，Lan S，et al. Image Storage，Retrieval，Compression and Segmentation in a Quantum System[J]. Quantum Information Processing，2013，12（6）：2269-2290.

[13] Yuan S Z，Mao X，Xue Y L，et al. SQR：a Simple Quantum Representation of Infrared Images[J]. Quantum Information Processing，2014，13（6）：1353-1379.

[14] Latorre J I. Image Compression and Entanglement[J]. Computer Science，2005，1-4.

[15] Le P Q，Dong F Y，Hirota K. A Flexible Representation of Quantum Images for Polynomial Preparation，Image Compression，and Processing Operations[J]. Quantum Information Processing，2011，10（1）：63-84.

[16] Yang Y G，Jia X，Sun S J，et al. Quantum Cryptographic Algorithm for Color Images Using Quantum Fourier Transform and Double Random-Phase Encoding[J]. Information Sciences，2014，277：445-457.

[17] Li P C, Liu X D. Color Image Representation Model and Its Application Based on an Improved FRQI[J]. International Journal of Quantum Information, 2018, 16(15): 1850005.

[18] Zhang Y, Lu K, Gao Y H, et al. NEQR: a Novel Enhanced Quantum Representation of Digital Images[J]. Quantum Information Processing, 2013, 12(8): 2833-2860.

[19] Zhang Y, Lu K, Gao Y H, et al. A Novel Quantum Representation for Log-Polar Images[J]. Quantum Information Processing, 2013, 12(9): 3103-3126.

[20] Jiang N, Wang J, Mu Y. Quantum Image Scaling Up Based on Nearest-neighbor Interpolation with Integer Scaling Ratio[J]. Quantum Information Processing, 2015, 14(11): 4001-4026.

[21] Li H S, Chen X, Xia H, et al. A Quantum Image Representation based on Bitplanes[J]. IEEE Access, 2018, 6: 62396-62404.

[22] Sun B, Iliyasu A M, Yan F, et al. An RGB Multi-channel Representation for Images on Quantum Computers[J]. Journal of Advanced Computational Intelligence & Intelligent Informatics, 2013, 17(3): 404-417.

[23] Song X H, Wang S, Niu X M. Multi-channel Quantum Image Representation Based on Phase Transform and Elementary Transformations[J]. Journal of Information Hiding & Multimedia Signal Processing, 2014, 5(4): 574-585.

[24] Sang J Z, Wang S, Song X H, et al. A Novel Representation for Multi-channel Log-Polar Quantum Images[J]. Journal of Information Hiding and Multimedia Signal Processing, 2015, 6(2): 340-350.

[25] Sang J Z, Wang S, Li Q. A Novel Quantum Representation of Color Digital Images[J]. Quantum Information Processing, 2017, 16(2): 42.

[26] Wang L, Ran Q W, Ma J, et al. QRCI: a New Quantum Representation Model of Color Digital Images[J]. Optics Communications, 2019, 438: 147-158.

[27] Su J, Guo X C, Liu C Q. et al. An Improved Novel Quantum Image Representation and Its Experimental Test on IBM Quantum Experience[J]. Scientific Reports, 2021, 11(1): 1-13.

[28] Liu K, Zhang Y, Lu K, et al. An optimized quantum representation for color digital images[J]. International Journal of Theoretical Physics, 2018, 57: 2938-2948.

[29] Venegas-Andraca S E, Ball J L. Processing Images in Entangled Quantum Systems[J]. Quantum Information Processing, 2010, 9(1): 1-11.

[30] Li H S, Zhu Q X, Zhou R G, et al. Multi-dimensional Color Image Storage and Retrieval for a Normal Arbitrary Quantum Superposition State[J]. Quantum Information Processing, 2014, 13(4): 991-1011.

[31] Şahin E, Yilmaz I. QRMW: Quantum Representation of Multi Wavelength Images[J]. Turkish Journal of Electrical Engineering & Computer Sciences, 2018, 26(2): 768-779.

[32] Khan R A. An Improved Flexible Representation of Quantum Images[J]. Quantum Information Processing, 2019, 18(7): 201.

[33] Xu G L, Xu X G, Wang X, et al. Order-encoded Quantum Image Model and Parallel Histogram Specification[J]. Quantum Information Processing, 2019, 18(11): 346.

[34] Wang L, Ran Q W, Ma J. Double Quantum Color Images Encryption Scheme Based on

DQRCI[J]. Multimedia Tools and Applications，2020，79：6661-6687.

[35] Wang B，Hao M Q，Li P C，et al. Quantum Representation of Indexed Images and Its Applications[J]. International Journal of Theoretical Physics，2020，59（3）：374-402.

[36] Grigoryan A M，Agaian S S. New Look on Quantum Representation of Images：Fourier Transform Representation[J]. Quantum Information Processing，2020，19（5）：148.

[37] Yan F，Li N Q，Hirota K. QHSL：a Quantum Hue，Saturation，and Lightness Color Model[J]. Information Sciences，2021，577（4）：196-213.

[38] Chen G L，Song X H，Venegas-Andraca S E，et al. QIRHSI：Novel Quantum Image Representation based on HSI Color Space Model[J]. Quantum Information Processing，2022，21（1）：5.

[39] Zhu H H，Chen X B，Yang Y X. A Multimode Quantum Image Representation and Its Encryption Scheme[J]. Quantum Information Processing，2021，20（9）：315.

[40] Amankwah M G，Camps D，Bethel E W，et al. Quantum Pixel Representations and Compression for N-dimensional Images[J]. Scientific reports，2022，12（1）：7712.

[41] Dong H，Lu D，Li C. A Novel Qutrit Representation of Quantum Image[J]. Quantum Information Processing，2022，21（3）：108.

[42] Caraiman S，Manta V. Image Processing Using Quantum Computing[C]//2012 16th International Conference on System Theory，Control and Computing（ICSTCC）. IEEE，2012：1-6.

[43] Wang M，Lu K，Zhang Y，et al. FLPI：Representation of Quantum Images for Log-polar Coordinate[C]//Fifth International Conference on Digital Image Processing（ICDIP 2013）. SPIE，2013，8878：77-81.

[44] Li M M，Song X H，Abd El-Latif A A. EQIRHSI：Enhanced Quantum Image Representation Using Entanglement State Encoding in the HSI Color Model[J]. Quantum Information Processing，2023，22（9）：334.

[45] Zhou N，Yan X，Liang H，et al. Multi-image Encryption Scheme based on Quantum 3D Arnold Transform and Scaled Zhongtang Chaotic System[J]. Quantum Information Processing，2018，17：1-36.

[46] Li H S，Fan P，Xia H Y，et al. Quantum Implementation Circuits of Quantum Signal Representation and Type Conversion[J]. IEEE Transactions on Circuits and Systems I：Regular Papers，2018，66（1）：341-354.

[47] Zhu H H，Chen X B，Yang Y X. Image Preparations of Multi-mode Quantum Image Representation and Their Application on Quantum Image Reproduction[J]. Optik，2022，251：168321.

[48] Sun B，Le P Q，Iliyasu A M，et al. A Multi-channel Representation for Images on Quantum Computers Using the RGBα Color Space[C]. IEEE International Symposium on Intelligent Signal Processing，Floriana，Malta，2011：1-6.

[49] Li H S，Zhu Q，Li M C，et al. Multidimensional Color Image Storage，Retrieval，and Compression based on Quantum Amplitudes and Phases[J]. Information Sciences，2014，273：212-232.

[50] Chen G H，Song X H. Quantum Color Image Scaling on QIRHSI Model[C]//Data Science：7th International Conference of Pioneering Computer Scientists，Engineers and Educators，ICPCSEE

2021, Taiyuan, China, September 17-20, 2021, Proceedings, Part I 7. Springer Singapore, 2021: 453-467.

[51] Yan F, Iliyasu A M, Venegas-Andraca S E. A Survey of Quantum Image Representations[J]. Quantum Information Processing, 2016, 15: 1-35.

[52] Su J, Guo X, Liu C, et al. A New Trend of Quantum Image Representations[J]. IEEE Access, 2020, 8: 214520-214537.

[53] Iliyasu A M, Le P Q, Dong F, et al. A Framework for Representing and Producing Movies on Quantum Computers[J]. International Journal of Quantum Information, 2011, 9（6）: 1459-1497.

[54] Yan F, Iliyasu A M, Venegas-Andraca S E, et al. Video Encryption and Decryption on Quantum Computers[J]. International Journal of Theoretical Physics, 2015, 54: 2893-2904.

[55] Wang S. Frames Motion Detection of Quantum Video[C]. Advances in Intelligent Information Hiding and Multimedia Signal Processing: Proceeding of the Twelfth International Conference on Intelligent Information Hiding and Multimedia Signal Processing, Nov., 21-23, 2016, Kaohsiung, Taiwan, Volume 2. Springer International Publishing, 2017: 145-151.

[56] Le P Q, Iliyasu A M, Dong F Y, et al. Efficient Color Transformations on Quantum Images[J]. Journal of Advanced Computational Intelligence and Intelligent Informatics, 2011, 15（6）: 698-706.

[57] Le P Q, Iliyasu A M, Dong F Y, et al. Fast Geometric Transformations on Quantum Images[J]. International Journal of Applied Mathematics, 2010, 40（3）: 113-123.

[58] Le P Q, Iliyasu A M, Dong F Y, et al. Strategies for Designing Geometric Transformations on Quantum Images[J]. Theoretical Computer Science, 2011, 412（15）: 1406-1418.

[59] Wang J, Jiang N, Wang L. Quantum Image Translation[J]. Quantum Information Processing, 2015, 14（5）: 1589-1604.

[60] Fan P, Zhou R G, Jing N H, et al. Geometric Transformations of Multidimensional Color Images Based on NASS[J]. Information Sciences, 2016, 340: 191-208.

[61] Yan F, Chen K H, Venegas-Andraca S E, et al. Quantum Image Rotation by an Arbitrary Angle[J]. Quantum Information Processing, 2017, 16（11）: 282.

[62] Jiang N, Wang L. Quantum Image Scaling using Nearest Neighbor Interpolation[J]. Quantum Information Processing, 2014, 14（5）: 1559-1571.

[63] Sang J Z, Wang S, Niu X M. Quantum Realization of the Nearest-neighbor Interpolation Method for FRQI and NEQR[J]. Quantum Information Processing, 2016, 15（1）: 37-64.

[64] Zhou R G, Liu X G, Luo J. Quantum Circuit Realization of the Bilinear Interpolation Method for GQIR[J]. International Journal of Theoretical Physics, 2017, 56（9）: 2966-2980.

[65] Li P C, Liu X D. Bilinear Interpolation Method for Quantum Images Based on Quantum Fourier Transform[J]. International Journal of Quantum Information, 2018, 16（4）: 1850031.

[66] Zhou R G, Cheng Y, Qi X F, et al. Asymmetric Scaling Scheme Over the Two Dimensions of a Quantum Image[J]. Quantum Information Processing, 2020, 19（9）: 343.

[67] Jiang N, Lu X W, Hu H, et al. A Novel Quantum Image Compression Method Based on JPEG[J]. International Journal of Theoretical Physics, 2018, 57（3）: 611-636.

[68] Caraiman S, Manta V I. Image Segmentation on a Quantum Computer[J]. Quantum Information Processing, 2015, 14(5): 1693-1715.

[69] Li P C, Shi T, Zhao Y, et al. Design of Threshold Segmentation Method for Quantum Image[J]. International Journal of Theoretical Physics, 2020, 59(2): 514-538.

[70] Jiang N, Wu W Y, Wang L, et al. Quantum Image Pseudocolor Coding Based on the Density-stratified Method[J]. Quantum Information Processing, 2015, 14(5): 1735-1755.

[71] Li P C, Xiao H. An Improved Filtering Method for Quantum Color Image in Frequency Domain[J]. International Journal of Theoretical Physics, 2018, 57(5): 1-21.

[72] Zhang Y, Lu K, Xu K, et al. Local Feature Point Extraction for Quantum Images[J]. Quantum Information Processing, 2015, 14(5): 1573-1588.

[73] Fan P, Zhou R G, Hu W W, et al. Quantum Image Edge Extraction Based on Classical Sobel Operator for NEQR[J]. Quantum Information Processing, 2019, 18(1): 1-24.

[74] Jiang N, Ji Z X, Li H, et al. Quantum Image Interest Point Extraction[J]. Modern Physics Letters A, 2021, 36(9): 2150063.

[75] 鲍华良, 赵娅. 经典 Canny 边缘检测的量子实现[J]. 吉林大学学报(信息科学版), 2022, 40(1): 36-50.

[76] 鲍华良, 赵娅. 经典 Marr-Hildreth 边缘检测的量子实现[J]. 吉林大学学报(理学版), 2022, 60(3): 617-628.

[77] Yuan S Z, Mao X, Li T, et al. Quantum Morphology Operations Based on Quantum Representation Model[J]. Quantum Information Processing, 2015, 14(5): 1625-1645.

[78] Fan P, Zhou R G, Hu W W, et al. Quantum Circuit Realization of Morphological Gradient for Quantum Grayscale Image[J]. International Journal of Theoretical Physics, 2019, 58(2): 415-435.

[79] Yang Y G, Zhao Q Q, Sun S J. Novel Quantum Gray-scale Image Matching[J]. Optik-International Journal for Light and Electron Optics, 2015, 126(22): 3340-3343.

[80] Jiang N, Dang Y J, Wang J. Quantum Image Matching[J]. Quantum Information Processing, 2016, 15(9): 3543-3572.

[81] Luo G F, Zhou R G, Liu X A, et al. Fuzzy Matching Based on Gray-scale Difference for Quantum Images[J]. International Journal of Theoretical Physics, 2018, 57(8): 2447-2460.

[82] Yan F, Iliyasu A M, Khan A R, et al. Moving Target Detection in Multi-channel Quantum Video[C]//2015 IEEE 9th International Symposium on Intelligent Signal Processing(WISP) Proceedings. IEEE, 2015: 1-5.

[83] Yan F, Iliyasu A M, Khan A R, et al. Measurements-based Moving Target Detection in Quantum Video[J]. International Journal of Theoretical Physics, 2016, 55: 2162-2173.

[84] Wang S, Song X. Quantum Video Information Hiding Based on Improved LSQb and Motion Vector[J]. Journal of Internet Technology, 2017, 18(6): 1361-1368.

[85] Iliyasu A M, Le P Q, Dong F Y, et al. Watermarking and Authentication of Quantum Images Based on Restricted Geometric Transformations[J]. Information Sciences, 2012, 186(1): 126-149.

[86] Song X H, Wang S, Liu S, et al. A Dynamic Watermarking Scheme for Quantum Images Using Quantum Wavelet Transform[J]. Quantum Information Processing, 2013, 12(12): 3689-3706.

[87] Song X H, Wang S, Abd El-Latif A A, et al. Dynamic Watermarking Scheme for Quantum Images Based on Hadamard Transform[J]. Multimedia Systems, 2014, 20 (4): 379-388.

[88] Yan F, Iliyasu A M, Sun B, et al. A Duple Watermarking Strategy for Multi-channel Quantum Images[J]. Quantum Information Processing, 2015, 14 (5): 1675-1692.

[89] Heidari S, Naseri M. A Novel LSB Based Quantum Watermarking[J]. International Journal of Theoretical Physics, 2016, 55 (10): 1-14.

[90] Li P C, Zhao Y, Xiao H, et al. An Improved Quantum Watermarking Scheme Using Small-scale Quantum Circuits and Color Scrambling[J]. Quantum Information Processing, 2017, 16 (5): 127.

[91] Hu W W, Zhou R G, El-Rafei A, et al. Quantum Image Watermarking Algorithm based on Haar Wavelet Transform[J]. IEEE Access, 2019, 7: 121303-121320.

[92] Jiang N, Wu W Y, Wang L. The Quantum Realization of Arnold and Fibonacci Image Scrambling[J]. Quantum Information Processing, 2014, 13 (5): 1223-1236.

[93] Jiang N, Wang L. Analysis and Improvement of the Quantum Arnold Image Scrambling[J]. Quantum Information Processing, 2014, 13 (7): 1545-1551.

[94] Jiang N, Wang L, Wu W Y. Quantum Hilbert Image Scrambling[J]. International Journal of Theoretical Physics, 2014, 53 (7): 2463-2484.

[95] Zhou R G, Sun Y J, Fan P. Quantum Image Gray-code and Bit-plane Scrambling[J]. Quantum Information Processing, 2015, 14 (5): 1717-1734.

[96] Sang J Z, Wang S, Shi X, et al. Quantum Realization of Arnold Scrambling for IFRQI[J]. International Journal of Theoretical Physics, 2016, 55 (8): 3706-3721.

[97] Jiang N, Zhao N, Wang L. LSB Based Quantum Image Steganography Algorithm[J]. International Journal of Theoretical Physics, 2016, 55 (1): 107-123.

[98] Sang J Z, Wang S, Li Q. Least Significant Qubit Algorithm for Quantum Images[J]. Quantum Information Processing, 2016, 15 (11): 1-20.

[99] Qu Z, Chen S, Ji S. A Novel Quantum Video Steganography Protocol with Large Payload based on MCQI Quantum Video[J]. International Journal of Theoretical Physics, 2017, 56 (11): 3543-3561.

[100] Chen S, Qu Z. Novel Quantum Video Steganography and Authentication Protocol with Large Payload[J]. International Journal of Theoretical Physics, 2018, 57 (12): 3689-3701.

[101] Song X H, Wang S, Sang J Z, et al. Flexible Quantum Image Secret Sharing Based on Measurement and Strip[C]. The Tenth International Conference on Intelligent Information Hiding and Multimedia Signal Processing, Kitakyushu, Japan, 2014: 215-218.

[102] Wang H Q, Song X H, Chen L L, et al. A Secret Sharing Scheme for Quantum Gray and Color Images Based on Encryption[J]. International Journal of Theoretical Physics, 2019, 58 (5): 1626-1650.

[103] Yang Y G, Xia J, Jia X, et al. Novel Image Encryption/Decryption Based on Quantum Fourier Transform and Double Phase Encoding[J]. Quantum Information Processing, 2013, 12 (11): 3477-3493.

[104] Song X H, Wang S, Abd El-Latif A A, et al. Quantum Image Encryption Based on

Restricted Geometric and Color Transformations[J]. Quantum Information Processing,2014,13（8）：1765-1787.

[105] Zhou N R,Hua T X,Gong L H,et al. Quantum Image Encryption Based on Generalized Arnold Transform and Double Random-Phase Encoding[J]. Quantum Information Processing,2015,14（4）：1193-1213.

[106] Gong L H,He X T,Cheng S,et al. Quantum Image Encryption Algorithm Based on Quantum Image XOR Operations[J]. International Journal of Theoretical Physics,2016,55（7）：3234-3250.

[107] Wang H,Wang J,Geng Y C,et al. Quantum Image Encryption Based on Iterative Framework of Frequency-spatial Domain Transforms[J]. International Journal of Theoretical Physics,2017,56（8）：1-21.

[108] Ran Q W,Wang L,Ma J,et al. A Quantum Color Image Encryption Scheme Based on Coupled Hyper-chaotic Lorenz System with Three Impulse Injections[J]. Quantum Information Processing,2018,17（8）：1-30.

[109] Khan M,Rasheed A. Permutation-based Special Linear Transforms with Application in Quantum Image Encryption Algorithm[J]. Quantum Information Processing,2019,18（10）：1-21.

[110] Abd El-Latif A A,Abd-El-Atty B,Venegas-Andraca S E. Controlled Alternate Quantum Walk-based Pseudo-random Number Generator and Its Application to Quantum Color Image Encryption[J]. Physica A：Statistical Mechanics and Its Applications,2019,547：123869.

[111] Liu X B,Xiao D,Liu C. Three-level Quantum Image Encryption Based on Arnold Transform and Logistic Map[J]. Quantum Information Processing,2021,20（1）：23.

[112] Song X H,Chen G L,Abd El-Latif A A. Quantum Color Image Encryption Scheme based on Geometric Transformation and Intensity Channel Diffusion[J]. Mathematics,2022,10（17）：3038.

[113] Yan F,Iliyasu A M,Venegas-Andraca S E,et al. Video Encryption and Decryption on Quantum Computers[J]. International Journal of Theoretical Physics,2015,54（8）：2893-2904.

[114] Song X H,Wang H Q,Venegas-Andraca S E,et al. Quantum Video Encryption Based on Qubit-planes Controlled-XOR Operations and Improved Logistic Map[J]. Physica A：Statistical Mechanics and its Applications,2019,537：122660.

[115] 王冬,刘志昊,朱皖宁等. 基于多目标扩展通用Toffoli门的量子比较器设计[J],计算机科学学报,2012,39（9）：302-306.

[116] 黎海生. 量子图像处理关键技术研究[D]. 四川：电子科技大学,2014：68.

[117] 杨杰,黄朝兵. 数字图像处理及MATLAB实现[M]. 北京：电子工业出版社,2010.

[118] Barenco A,Ekert A,Suominen K A,et al. Approximate Quantum Fourier Transform and Decoherence[J]. Physical Review A,1996,54（1）：139.

[119] Fijany A,Williams C P. Quantum Wavelet Transforms：Fast Algorithms and Complete Circuits[M]. Vol. 1509. Berlin：Springer,1999.

[120] Klappenecker A,Rotteler M. Discrete Cosine Transforms on Quantum Computers[C]. ISPA 2001. Proceedings of the 2nd International Symposium on Image and Signal Processing and

Analysis. In conjunction with 23rd International Conference on Information Technology Interfaces（IEEE Cat）. IEEE，2001：464-468.

[121] Labunets V，Labunets-Rundblad E，Egiazarian K，et al. Fast Classical and Quantum Fractional Walsh Transforms[C]//ISPA 2001. Proceedings of the 2nd International Symposium on Image and Signal Processing and Analysis. In conjunction with 23rd International Conference on Information Technology Interfaces（IEEE Cat）. IEEE，2001：558-563.

[122] Abd El-Latif A A，Niu X M，Amin M. A New Image Cipher in Time and Frequency Domains[J]. Optics Communications，2012，285（21/22）：4241-4251.

[123] Goggin M E，Sundaram B，Milonni P W. Quantum Logistic Map[J]. Physical Review A，1990，41（10）：5705.

[124] Akhshani A，Akhavan A，Mobaraki A，et al. Pseudo Random Number Generator Based on Quantum Chaotic Map[J]. Communications in Nonlinear Science & Numerical Simulation，2014，19（1）：101-111.

[125] Wu L L，Zhang J W，Deng W T，et al. Arnold Transformation Algorithm and Anti-Arnold Transformation Algorithm[C]. IEEE International Conference on Information Science and Engineering，Nanjing，China，2009：1164-1167.

[126] Zou J C，Ward R K，Qi D X. The Generalized Fibonacci Transformations and Application to Image Scrambling[C]. IEEE International Conference on Acoustics，Speech，and Signal Processing，Montreal，Q.C.，Canada，2004：385.

[127] Refregier P，Javidi B. Optical Image Encryption Using Input Plane and Fourier Plane Random Encoding[C]. International Symposium on Optical Science，Engineering，and Instrumentation，San Diego，C.A.，United States，1995：767-769.

[128] Weber A. The USC-SIPI Image Database[DB/OL]. 1977[2021-10-19]. https://sipi.usc.edu/database/database.php.

[129] Abd-El-Atty B，Abd El-Latif A A，Venegas-Andraca S E. An Encryption Protocol for NEQR Images Based on One-particle Quantum Walks on a Circle[J]. Quantum Information Processing，2019，18（9）：1-26.

[130] 王玲. 彩色数字图像的量子表示及加密算法研究[D]. 黑龙江：哈尔滨工业大学，2020：94-95.

[131] Shamir A. How to Share a Secret[J]. Communications of the ACM，1979，22（11）：612-613.

[132] Blakley G R. Safeguarding cryptographic keys[C]//Managing Requirements Knowledge，International Workshop on. New York：IEEE Computer Society，1899：313.

[133] Hillery M，Buzek V，Berthiaume A. Quantum secret sharing[J]. Physical Review A，1999，59（3）：1829.

[134] Cleve R，Gottesman D，Lo H K. How to Share a Quantum Secret[J]. Physical Review Letters，1999，83（3）：648.

[135] Rui L. New Algorithm for Color Image Encryption Using Improved 1D Logistic Chaotie Map[J]. The Open Cybernetics & Systemics Journal，2015，9（1）：210-216.

[136] 江泽坚，孙善利. 泛函分析[M]. 北京：高等教育出版社，1994.